新工科机器人工程专业系列教材

Design of Robot Mechanisms

机器人机构设计

主　编　郑莉芳　周晓敏　刘鸿飞
副主编　马　飞　栗　琳　董凯捷　段京良

清华大学出版社
北京

内容简介

本书围绕机器人的机构设计，分7章介绍了机器人的发展历程与现状、机器人的分类与性能，机器人运动学基础，机器人速度分析与力学分析，机器人驱动-传动系统设计，机器人本体分析与设计，机器人手腕与末端执行器设计及典型机器人设计实例。通过本书的学习，读者能够较为深入地了解机器人的发展状态，能够初步掌握机器人机构设计的基本理论与方法，能够独立地进行典型机器人系统的结构设计。书中各章节配有习题，紧扣主要内容，以巩固知识要点。

本书可以作为机器人工程专业高年级本科生、硕士研究生及博士研究生的教学用书，也可以作为机器人和自动化装备等应用研发领域技术人员的参考用书。

图书在版编目（CIP）数据

机器人机构设计 / 郑莉芳，周晓敏，刘鸿飞主编. -- 北京 ：清华大学出版社，2024. 10.
（新工科机器人工程专业系列教材）. -- ISBN 978-7-302-67534-1

Ⅰ. TP24

中国国家版本馆 CIP 数据核字第 2024FP0041 号

责任编辑： 苗庆波
封面设计： 常雪影
责任校对： 薄军霞
责任印制： 曹婉颖

出版发行： 清华大学出版社
网　　址： https://www.tup.com.cn，https://www.wqxuetang.com
地　　址： 北京清华大学学研大厦 A 座　　**邮　　编：** 100084
社 总 机： 010-83470000　　**邮　　购：** 010-62786544
投稿与读者服务： 010-62776969，c-service@tup.tsinghua.edu.cn
质量反馈： 010-62772015，zhiliang@tup.tsinghua.edu.cn
印 装 者： 三河市人民印务有限公司
经　　销： 全国新华书店
开　　本： 185mm×260mm　　**印　张：** 13.5　　**字　　数：** 322 千字
版　　次： 2024 年 10 月第 1 版　　**印　　次：** 2024 年 10 月第1 次印刷
定　　价： 48.00 元

产品编号：089177-01

前言

FOREWORD

《机器人机构设计》是对现代机器人技术及其结构设计原理的深入探讨，旨在为读者提供一个全面的理论框架，通过对机器人关键技术、概念与应用的综合讨论，帮助读者理解机器人机构设计的复杂性和创新性。

机器人技术作为21世纪最具革命性的领域之一，正迅速从科学幻想变为现实。在过去的几十年里，我们见证了从简单自动化设备到复杂智能系统的演进。现代机器人不仅在工业生产中扮演着关键角色，在医疗、服务、探索甚至家庭生活中也发挥着越来越重要的作用，这一变化归功于机械设计、电子工程、计算机科学和人工智能等领域的突破。

本书是编者从事"机器人结构设计基础""机器人学"相关课程授课及多年研究经验的积累和结晶，初衷是希望读者通过本书能够深入理解机器人当前的发展状态和机构设计的基础理论，并展望这一领域的未来，从而在机器人机构设计的创新和应用中发挥积极作用。

本书围绕机器人机构设计需要掌握的基础知识点分为7章，内容包括：绪论、机器人运动学基础、速度分析与力学分析、机器人驱动-传动系统设计、机器人本体分析与设计、机器人手腕与末端执行器设计及典型机器人设计实例，内容涵盖了机器人学、机械动力学、机械原理、机械设计、理论力学、材料力学、电工学、控制工程基础等多学科知识要点，同时设置实践环节，使学生能够将理论知识运用到实践中，加强对知识的理解与掌握。

第1章对机器人的发展历程及现状、组成部分、结构类型及机器人分类和性能指标进行了概述。

第2章是机器人运动学基础，介绍连杆的矩阵表示、机器人位姿的正逆解及机器人工作空间计算的相关内容。

第3章在第2章机器人运动学的基础上，详细介绍机器人的速度与力学分析（力学分析包含静力学分析与动力学分析），介绍了常用的机器人动力学算法。

第4章主要介绍机器人的核心组成——驱动-传动系统的相关设计，包括常用的传动机构类型、常用的驱动类型及其控制技术。

第5章介绍机器人本体分析与设计，包括机型的选择、构型方法，以及关节、臂杆的设计与分析，机器人静力学性能与动态特性分析等内容。

第6章主要介绍机器人手腕及末端执行器的设计，包括3种不同自由度的手腕、3种不同工作原理的末端执行器等。

第7章是综合实践环节，由学生的优秀设计案例整理改编而成，主要介绍了直角坐标型机器人与关节型机器人的设计过程，基于逆向工程思维，学生独立设计两种机器人本体，促使学生充分掌握本课程的内容，对机器人结构设计方法融会贯通。同时，进一步培养、提高学生的实践能力与工程素养。

书中各章节均配有习题，紧扣主要内容，用于巩固知识要点。

本书由郑莉芳、周晓敏、刘鸿飞主编，参加本书编写工作的还有马飞、栗琳、董凯捷、段京良。本书在编写过程中得到北京科技大学教材建设经费资助，在此表示衷心感谢。

由于本书内容的广泛性和作者自身知识的局限性，书中难免存在不足之处，恳请广大读者批评指正，并提出宝贵意见与建议。

编　者

2024 年 5 月

目 录

CONTENTS

第 1 章 绪论

1.1 工业机器人简介

1.1.1 工业机器人的定义

人类长期以来的愿望是创造出一种能够像人一样执行各种工作的机器或“人造人”，以替代人类从事多种工作，这成为“机器人”概念的思想基础。1920 年，捷克作家卡雷尔·凯佩克(Karel Capek)发表了科幻剧本《罗萨姆的万能机器人》。在该剧本中，凯佩克将捷克语中表示“奴隶”的词汇“Robota”写作了“Robot”。当时，这部剧引起了广泛关注，并被认为是“机器人”一词的来源。

由于机器人一词带有“人”字，再加上科幻小说和影视作品的宣传，人们往往把机器人想象成外貌像人的机电装置。但事实并非如此，特别是工业机器人，其外貌与人并无相像之处。在国家标准《机器人与机器人装备词汇》(GB/T 12643—2013)中，工业机器人被定义为：“一种能自动定位控制、可重复编程的、多功能的、多自由度的操作机。它能搬运材料、零件或操持工具，用以完成各种作业。”操作机(manipulator)，又称执行机构，是机器人完成任务的机械实体，其具有类似于人手臂的动作功能，可以在空间抓取、释放物体或进行其他操作。工业机器人是一个复杂的机电系统，其中执行机构是机器人的机械主体，负责完成各种任务。它与电子器件密切相关，其灵活性和动态性能直接影响机器人系统的工作质量。本书的目的在于阐述工业机器人执行机构的设计方法，旨在为从事工业机器人设计和应用的专业人员提供有益的信息。

1.1.2 工业机器人的发展

1954 年，美国人 George C. Devol 提出了一个关于工业机器人的技术方案，随后被注册成为专利。1960 年，美国 Unimation 公司推出了工业机器人的实验样机。并于 1961 年推出了第一台名为“尤尼梅特”(Unimate，见图 1-1)的工业机器人，用于模铸生产。与此同时，美国 AMF 公司也推出了一台名为“Versatran”的数控自动通用机电装置，并以“Industrial Robot”作为商品广告投入市场。随后，工业机器人在美国工业生产中得到了大力发展和广泛应用。

自 1967 年起，日本的丰田、川崎、安川及发那科等公司开始引进或自主开发工业机器人技术。到 20 世纪 80 年代，工业机器人在日本工业中得到了广泛应用。如今，日本在机器人数量和制造技术方面都居于世界领先地位。截至 2021 年 2 月，安川公司的 MOTOMAN 系列机器人累计生产数量已达到 50 万台。该公司还建立了由机器人主导的自动装配、测试生产线，为机器人技术的进步作出了贡献。其他国家，如瑞典、德国、意大利等，也在积极推动工业机器人的研究和生产，这些国家拥有各自著名的工业机器人品牌，为全球机器人技术的发展作出了贡献。

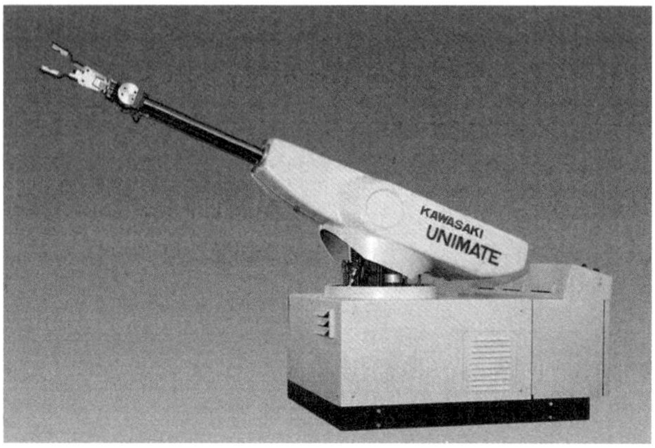

图 1-1　Unimate 工业机器人（在 Genaral Motors 工厂的模铸机上使用）

机器人是“制造业皇冠顶端的明珠”，其研发、制造、应用是衡量一个国家科技创新和高端制造业水平的重要标志。我国的机器人技术起步较晚，但经过“七五”“九五”攻关计划和“863”计划，已经取得了较大进展。目前，国内工业机器人市场已经成熟，应用上遍布各行各业，机器人产业规模快速增长，2020 年机器人产业营业收入首次突破 1000 亿元，机器人产业蓬勃发展，正极大地改变着人类的生产和生活方式，为经济社会发展注入了强劲动能。为进一步推进机器人产业向中高端迈进，2021 年由工业和信息化部等 15 个部门起草发布了《“十四五”机器人产业发展规划》提出到 2025 年中国成为全球机器人技术创新策源地、高端制造集聚地和集成应用新高地，机器人产业营业收入年均增长超过 20%，制造业机器人密度实现翻番。

图 1-2　FANUC 发那科示教器

从技术发展历程来看，工业机器人经历了三个不同的发展时期：

目前大多数工业机器人仍使用 George C. Devol 提出的示教/再现（teach-in/playback）控制方案。该方案的最初形式是：人们用手抓住机器人的“手”，缓慢地进行“示教”，同时检测并储存决定“手”的位置、姿态等运动数据。工作时，再把这些储存的数据作为命令指挥机器人复现已经进行过的示教动作。由于手把手示教比较繁重，目前更多的是采用示教盒进行示教。示教盒是一个如图 1-2 所示的小型操作按钮“盘”，利用不同按钮可手动慢速操作机器人进行工作并储存所需要的数据，从而完成示教要求。人们将这种以示教/再现方式进行工作而没有感知功能（如力感觉、视觉、听觉等）的机器人称为第一代工业机器人。

随着科学技术的发展，出现了带视觉感知、触觉感知、听觉感知等感知功能的机器人，即第二代机器人。

第三代机器人是人们正在研制的智能化机器人，它不仅具有更发达的感知功能，还具有逻辑判断和决策功能，可根据作业要求和环境信息，自行工作。

1.2 工业机器人的组成

工业机器人通常由执行机构、驱动-传动系统、控制系统和智能系统四部分组成，如图 1-3 所示。这些部分之间的相互作用可用图 1-4 所示的方框图表示。

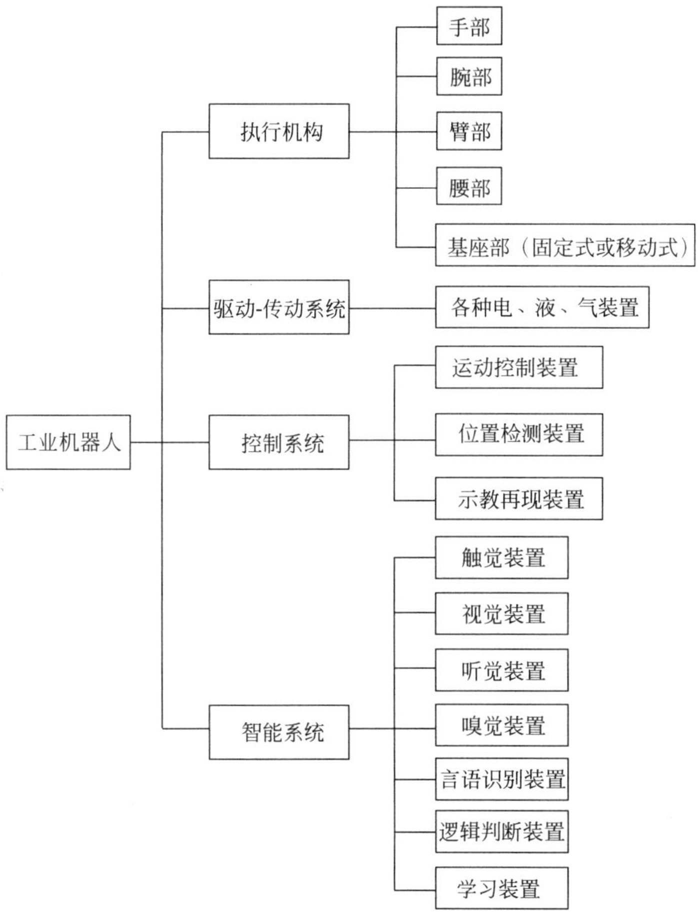

图 1-3 机器人的组成

1.2.1 执行机构

执行机构是机器人赖以完成工作任务的实体，通常由连杆和关节组成。如图 1-5 所示，从功能的角度，执行机构可分为：手部、腕部、臂部、腰部和基座部等。

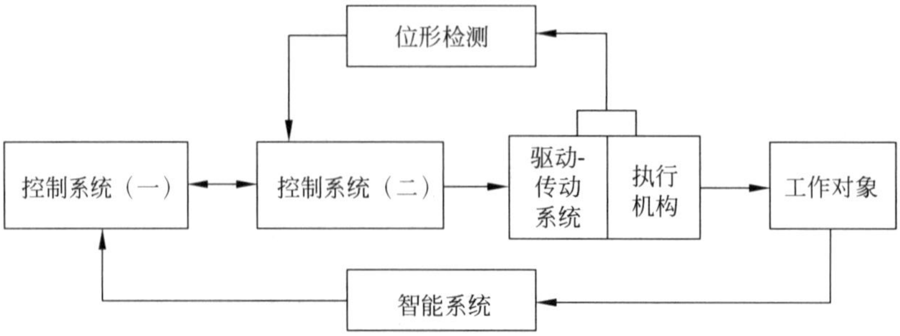

图 1-4 工业机器人各组成部分之间的关系

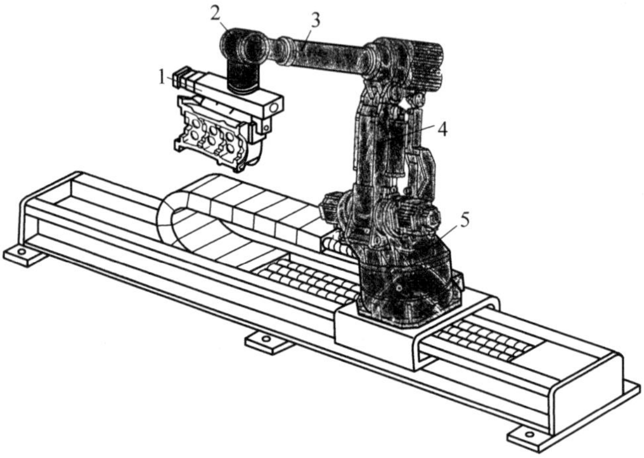

1—手部；2—腕部；3—臂部；4—腰部；5—基座部。

图 1-5 执行机构

（1）手部。手部又称末端执行器，是工业机器人直接进行工作的部分，可以是各种夹持器。有时人们也常把诸如电焊枪、油漆喷头等划归为机器人的手部。

（2）腕部。腕部与手部相连，通常有 3 个自由度，多为轮系结构，主要功用是带动手部完成预定姿态，是执行机构中结构最为复杂的部分。

（3）臂部。臂部用以连接腰部和腕部，通常由小臂和大臂两个臂组成，用以带动腕部做平面运动。

（4）腰部。腰部在机器人中充当着连接臂和基座的要件，通常为回转部件。通过腰部的回转运动，再结合臂部的平面运动，机器人的腕部可以在空间灵活运动。腰部作为执行机构的关键组成部分，其制造误差、运动精度及平稳性直接影响着机器人的定位精度。

（5）基座部。基座是整个机器人的支撑部分，有固定式和移动式两种。该部件必须具有足够的刚度和稳定性。

1.2.2 驱动-传动系统

工业机器人的驱动-传动系统包括传动机构和驱动器两部分，它们通常与执行机构连成一体。传动机构常用的有谐波减速器、滚珠丝杠、链、带及各种齿轮轮系。驱动器通常有电动机、液动和气动装置，电动机又可以分为直流（direct current，DC）伺服电动机、步进电动机和交流(alternating current,AC)伺服电动机,目前驱动器中使用最多的是 AC 伺服电动机。

1.2.3 控制系统

控制系统一般由控制计算机和伺服控制器组成。前者发出指令协调各关节驱动器之间的运动,同时还要完成编程、示教/再现及其他环境状况(传感器信息)、工艺要求、外部相关设备(如电焊机)之间的信息传递和协调工作。后者控制各关节驱动器,使各件按一定的速度、加速度和位置要求进行运动。图 1-6 所示是 PUMA 机器人的控制系统框图,该系统由 n 台数字伺服控制系统和一台控制计算机组成,每台数字伺服控制系统由一台单片机控制。

图 1-7 所示是 MOTOMAN 机器人的控制系统 YASNAC-ERC,该系统由 HIB 和 TIB 两部分组成。HIB 是人机接口部分,有一个用于人机交换信息的 CPU,还有显示器、示教盒、键盘,既可与个人计算机连接,又可与车间控制计算机联网。TIB 是轨迹控制部分,有一个用于运动控制的 CPU,可根据不同机种进行轨迹规划,该部分可与工作中的各种传感器(如摄像机)相连,有 I/O 控制接口,可用于控制机器人 6 个运动轴的伺服控制器,同时当机器人工作时也可以控制周边设备 2×3 个运动轴的数字伺服控制器。HIB 和 TIB 之间有双向存储器,用以交换信息,存储数据。图 1-8 所示是 TIB 部分的数字伺服系统框图,像 PUMA 一样,每台伺服系统也是由一台单片机组成的三闭环位控系统,采用了软件伺服、AC 伺服电动机和绝对式光码盘。

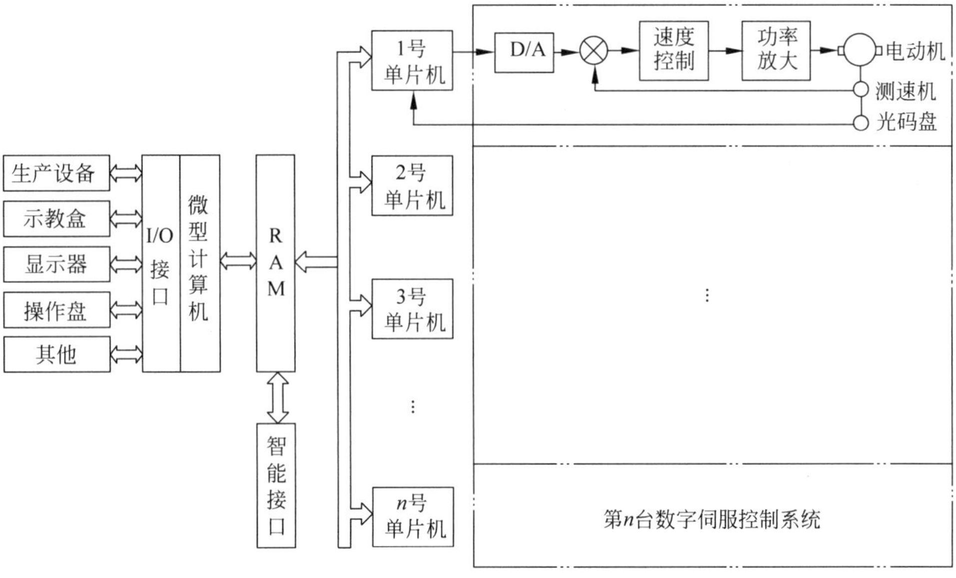

图 1-6 PUMA 机器人的控制系统

1.2.4 智能系统

智能系统是目前机器人系统中一个不够完善但发展很快的子系统,它可分为感知系统和分析-决策智能系统两部分,前者主要靠硬件(各类传感器)实现,后者主要靠软件(如专家

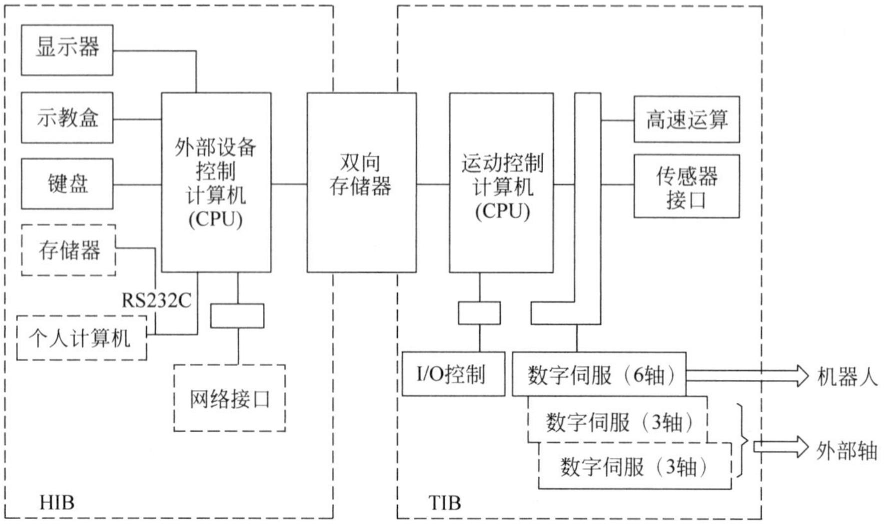

图 1-7 MOTOMAN 机器人控制系统

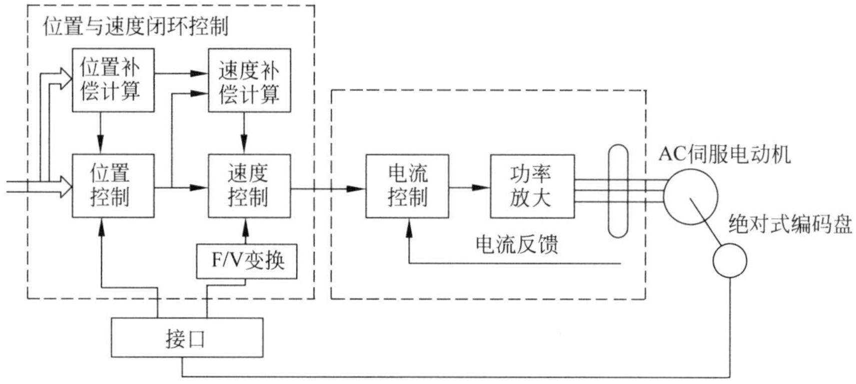

F/V—频率/电压。

图 1-8 YASNAC-ERC 的数字伺服系统

系统)实现。现有的机器人智能控制方法主要依赖感知系统获取外部环境信息和自身状态信息,随后由分析决策系统对获得的数据进行深入处理,最终生成精确的控制指令。以图 1-9 所示的六维力感知传感器为例,它可装于机器人的手部,以感知手部 3 个方向的力和 3 个方向的力矩。在装配作业中,这种力感知是很重要的信息,机器人的控制系统可以根据这一组力感知,调整手部位姿,以顺利完成装配作业。在弧焊机器人系统中已运用了基于激光视觉检测的焊缝跟踪系统,用以感知焊丝与焊缝之间的偏差,当偏差超过一定值时,控制系统便会自动调整焊丝的位置,使焊接能够顺利地进行。

图 1-9 六维力感知传感器 HEX

对于决策控制系统而言,针对不同的机器人任务场景,已经涌现出多种智能决策方法,代表性的有专家系统、监督学习、强化学习和模型预测控制等方法。

在具备充分先验决策参考信息的情况下，专家系统和知识图谱等方法表现出卓越性能。如图1-10所示，基于规划的机器人规划专家系统由知识库、推理机和控制策略三部分组成。知识库用于存储某些特定领域的专家知识和经验，包括机器人工作环境的世界模型、初始状态、物体描述等事实和可行操作或规则等；推理机用于记忆所采用的规则、控制策略及推理策略，根据知识库的信息，推理机能够使整个机器人规划系统以逻辑方式协调地工作，进行推理并做出决策，找到理想的机器人操作序列；控制策略包含综合机制，确定系统应当采用何种规则及采取何种方式寻找该规则，具体实施机制包括搜索、匹配和回溯等环节。

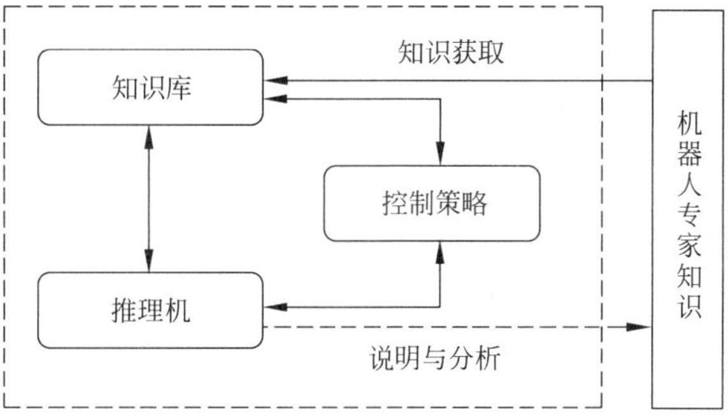

图1-10 基于专家系统的机器人决策机制

基于监督学习的机器人端到端决策控制方法(见图1-11)依赖大量标注好的训练数据，在数据充足的前提下表现出较好的决策和控制效果。这种方法的基本思路是利用机器人在不同情境下的输入和相应的期望输出(或者行为)，使机器人学习并模仿高质量的样本决策，使得模型输出与样本数据的误差尽可能小。该方法的应用主要包括数据收集、数据预处理、模型选择、训练模型、模型评估、调优和改进、部署和应用等环节。

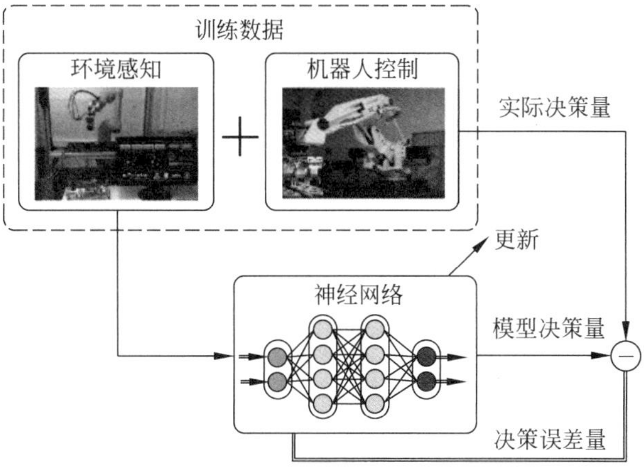

图1-11 基于监督学习的机器人决策控制框架

依托深度神经网络的监督学习又被称为深度学习。目前常用的深度学习网络结构包括多层感知器(multi-layer perceptron，MLP)、卷积神经网络(convolutional neural networks，CNN)、循环神经网络(recurrent neural network，RNN)、长短时记忆网络(long short-term memory networks，LSTM)和Transformer模型等。其中，MLP的优势是能够处理复杂的非线性关系，具有强大的拟合能力，适用于多种数据类型。此外，MLP的结构相对简单，易于理解和实现。CNN 主要用于图像处理任务，其特点是通过卷积层有效提取图像中的特征，具有平移不变性，适用于图像分类、物体检测等领域。RNN 和 LSTM 适用于序列数据，能够处理时序信息，但存在梯度消失和爆炸问题。Transformer 则通过自注意力机制解决了这些问题，广泛用于自然语言处理任务，如机器翻译、文本生成等。针对机器人决策的不同任务，如场景辨识、机构控制、指令理解和任务解构等，需要针对性地选择不同的网络结构实现不同的功能。

相较于监督学习，强化学习(reinforcement learning，RL)是一类拟人的决策控制方法，不依赖带有标签的机器人决策数据(见图 1-12)。这种方法利用收益函数(reward)作为激励，采用探索试错的方式自主学习决策网络，以最大化累积回报。这使得强化学习特别适用于现有数据量少的机器人控制任务。目前主流的强化学习算法包括 distributional soft actor-critic(DSAC)、soft actor-critic(SAC)、proximal policy optimization(PPO)等，代表性的强化学习求解工具链有 GOPS(general optimal control problem solver)等。

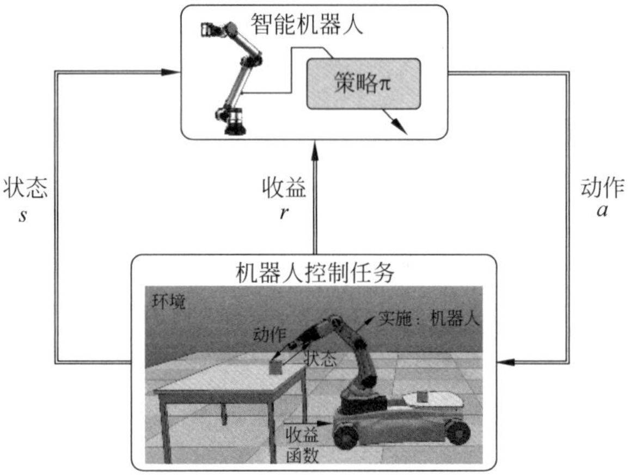

图 1-12 基于强化学习的机器人决策控制框架

如图 1-13 所示，基于模型预测控制方法(model predictive control，MPC)的机器人决策控制通过结合预测、优化和实时反馈，使机器人能够在复杂和动态环境中做出智能决策，这

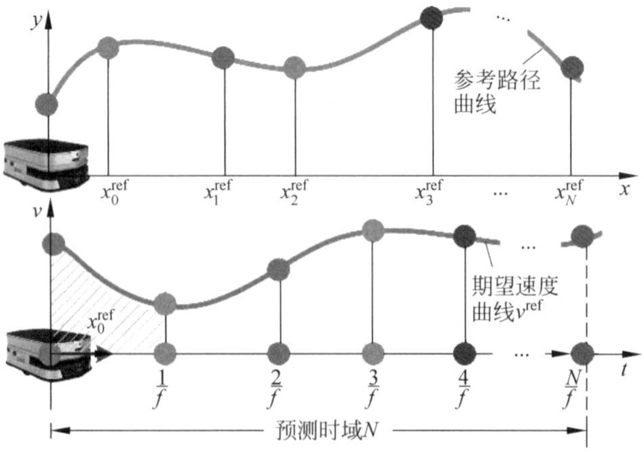

图 1-13 基于 MPC 的机器人决策控制框架

种方法在需要高度系统稳定性而实时性要求相对较低的场景中有极为优异的表现。MPC 通过在每个时间步骤上求解优化问题来确定控制输入，以实现系统的最佳性能。为了求解这些优化问题，需要使用专门的求解器。常有的 MPC 求解器有 IPOPT 和 qpOASES 等。

此外，在人机协同控制场景下，借助大模型进行任务分解和推理决策也已成为一种切实可行的选择。这些方法各自具备独特的优势，能够根据不同的应用场景提供最佳决策，实现机器人的智能控制，而先进的决策方法进一步提升了机器人系统的场景自适应能力和任务功能泛化能力。

1.3 工业机器人的主要结构类型

机器人属于一类空间机构，由于结构上的原因，运动副通常只用转动副和移动副两类。其中，用转动副相连的关节称作转动关节（记作 R），与移动副相连的则称为移动关节（记作 P）。这些关节之中，凡单独驱动的称为主动关节，反之称为从动关节。单独驱动的主动关节数目称作工业机器人的自由度[①]数目。通常，运动链的自由度和手部运动的自由度在数量上是相等的，图 1-14 所示的 PUMA 工业机器人属于 6 自由度开链串联型，大体可分为基座部、腰部、臂部（大臂和小臂）和手腕 4 部分。前 3 个关节（由基座算起）具有 3 个转动自由度，功用是确定手部在空间的位置，所以这 3 个关节和连接它们的臂杆所构成的机构被称作机器人的位置机构。后 3 个关节的主要功用是确定手部在空间的姿态，即手部固联坐标系相对于参考坐标系的方向，所以这 3 个关节和连接它们的连杆所构成的机构被称作姿态机构。位置机构可基本确定机器人的空间工作范围，所以前 3 个关节的运动通常称作机器人的主运动。机器人可根据前 3 个关节的不同运动组合形式进行分类。

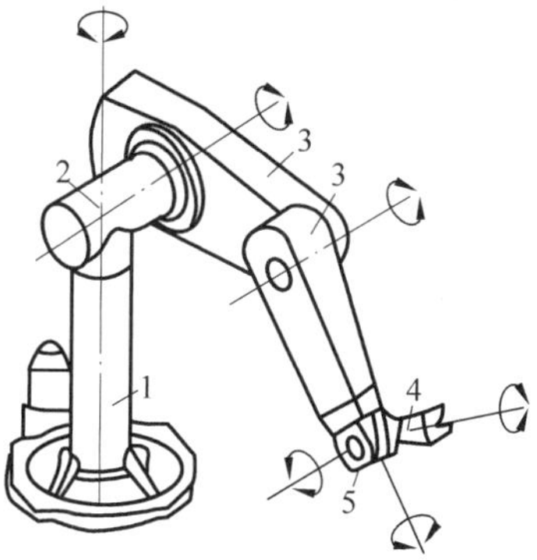

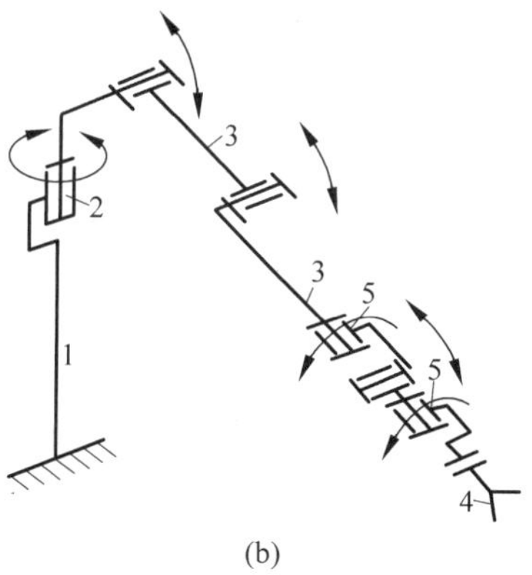

1—基座部；2—腰部；3—臂部；4—手部；5—腕部。

图 1-14 PUMA 机器人

（a）立体图；（b）机构简图

① 自由度在机器人机构学领域更普遍的理解应为：确定机械系统位形或位姿所需要的独立变量或广义坐标数，一个刚体最多具有 6 个自由度。主动关节数定义为活动度数目更为合适。目前工程与许多教材、文献中仍有大量将驱动数目定义为自由度数目的案例，阅读时需注意区分，下面不再赘述。

根据机器人位置机构的结构类型可将机器人分为直角坐标型机器人、圆柱坐标型机器人、球坐标型机器人、关节型机器人和并联机器人等。

1.3.1 直角坐标型机器人

直角坐标型机器人通过 3 个互相垂直的轴线位移来改变手部的空间位置。其前 3 个关节为移动关节(PPP),运动形式如图 1-15 所示。该类机器人易于实现高定位精度,空间轨迹易于求解,但当具有相同的工作空间时,机体所占空间体积较大。

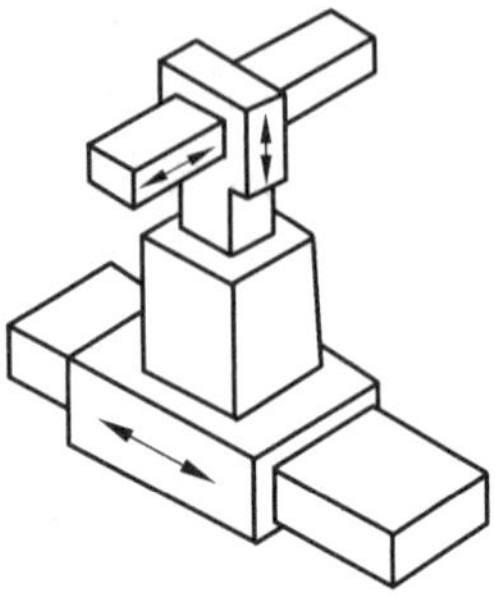

图 1-15 直角坐标型机器人

1.3.2 圆柱坐标型机器人

圆柱坐标型机器人通过 2 个移动和 1 个转动(PPR)来实现手部的空间位置变化,如图 1-16 所示。图 1-17 所示的 Versatran 机器人就是一种圆柱坐标型机器人。在相同的工作空间条件下,该机器人机体所占空间体积小于直角坐标型机器人。其结构简单,便于几何计算,通常用于搬运机器人。

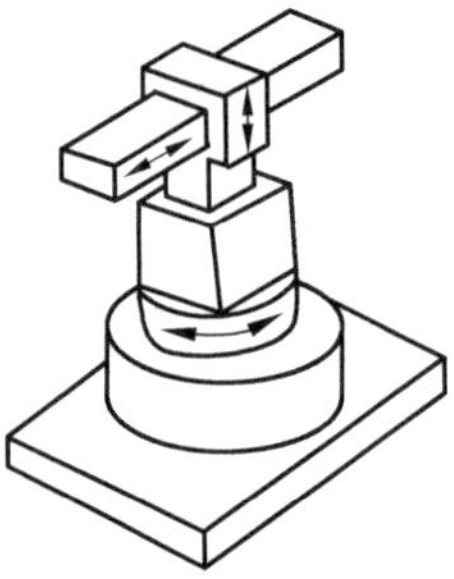

图 1-16 圆柱坐标型机器人

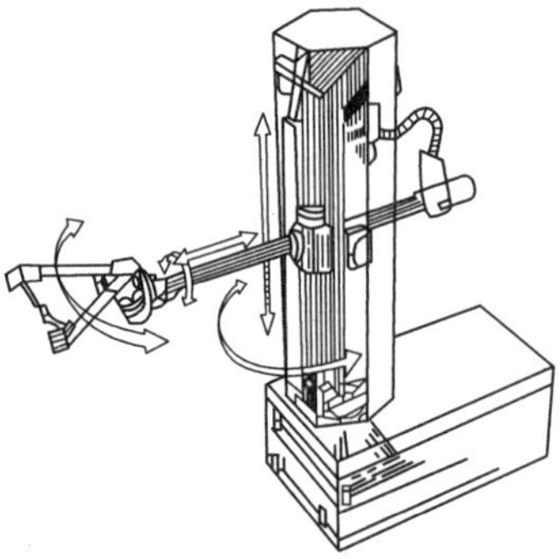

图 1-17 Versatran 机器人

(图片来源:工业机器人的发展 自动控制网(eadianqi.com))

1.3.3 球坐标型机器人

球坐标型机器人用 2 个转动和 1 个移动(RRP)来改变手部的空间位置。一般是腰关节可绕 z 轴转动,大臂可在 z-x 平面内俯仰(转动),小臂可伸缩移动,如图 1-18 所示。著名的 Unimate 机器人(见图 1-1)就是这种类型的机器人。这种机器人的特点是结构紧凑,所占空间体积小,但目前应用较少。

1.3.4 关节型机器人

关节型机器人通过模拟人的上臂进行工作。它的前 3 个关节是转动关节(RRR),腰关

节绕 z 轴转动，臂的 2 个关节绕平行于 y 轴的两轴线转动，如图 1-19 所示。它利用顺序的三次圆弧运动来改变"手"的空间位置，其特点是结构紧凑，所占空间体积小，相对的工作空间大，还能绕过基座周围的一些障碍物。这是机器人中使用最多的一种结构形式。PUMA、CINCINNATI T3、MO-TOMAN、ABB、KUKA 等品牌机器人都采用这种形式。

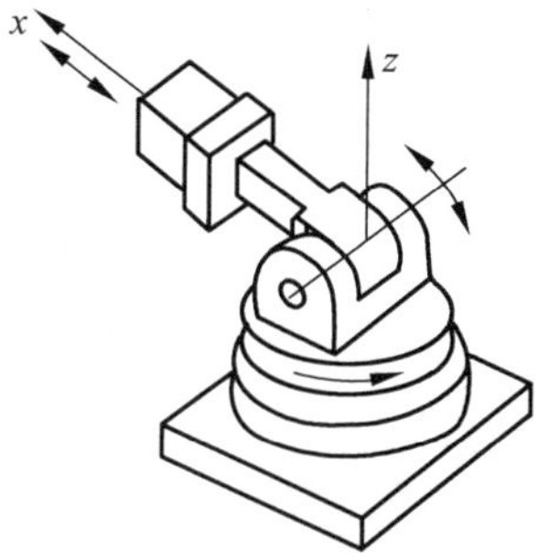

图 1-18 球坐标型机器人

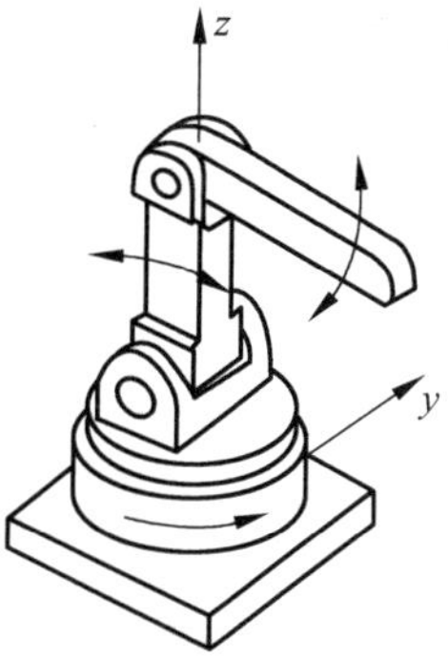

图 1-19 关节型机器人

1.3.5 并联机器人

并联机器人，又称为并联机构(parallel mechanism，PM)，是指动平台和定平台通过至少 2 个独立的运动链相连接，机构具有 2 个或 2 个以上自由度，且以并联方式驱动的一种闭环机构。如图 1-20 所示，典型的 Stewart 并联机器人具有动、定 2 个平台，这 2 个平台通过 6 个独立的 UPS 运动链相连接，因此 Stewart 并联机器人又称为 6-UPS 机构。Stewart 并联机器人具有 6 个自由度，驱动单元为 6 个 P 副。

与串联机器人相比较，并联机器人具有以下特点：

(1) 无累积误差，精度较高。

(2) 驱动装置可置于定平台上或接近定平台的位置，因而运动部分重量轻，速度快，动态响应好。

(3) 结构紧凑，刚度大，承载能力强。

(4) 完全对称的并联机构具有较好的各向同性。

(5) 工作空间较小。

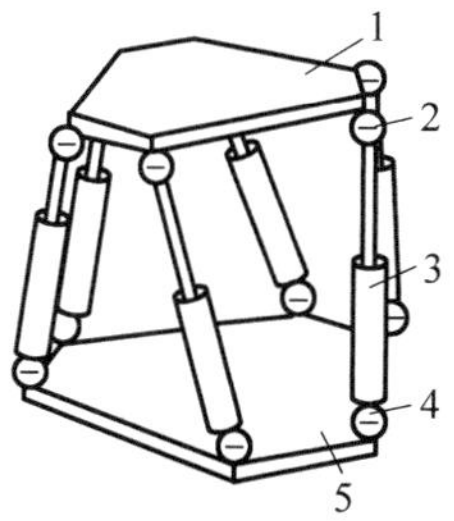

1—动平台；2—S副；3—P副；4—U副；5定平台。

图 1-20 Stewart 并联机器人

并联机器人具有结构刚度好、承载能力强、控制精度高等优点，广泛应用于军工装备、航天航空、制造业等领域，如图 1-21 所示。

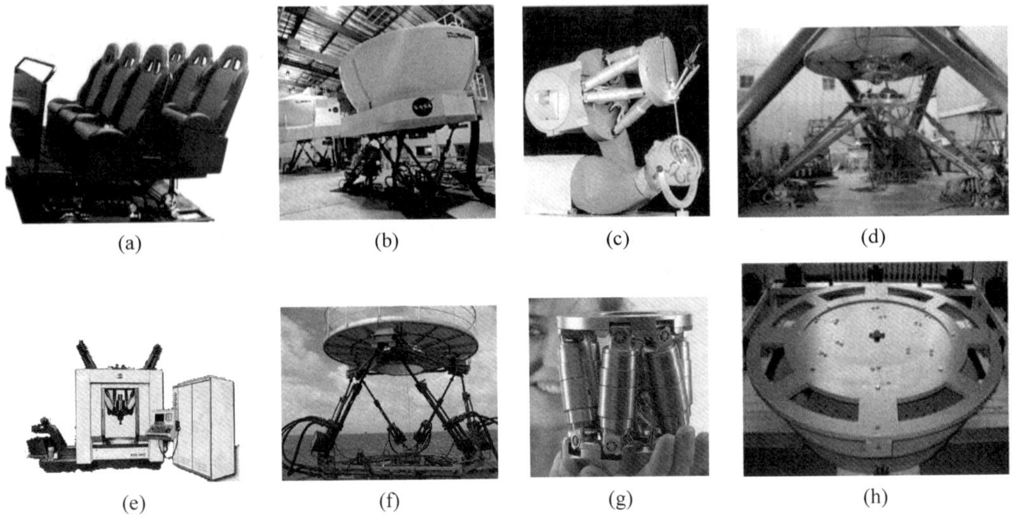

图 1-21　并联机器人的典型应用

(a) 动感座椅；(b) 飞行器模拟；(c) 医疗机器人；(d) 航天器对接装置；(e) 并联机床；(f) 减隔震平台；(g) 微动平台；(h) 六维力检测平台

1.4　机器人的分类和主要性能指标

1.4.1　机器人的分类

目前，对于机器人的分类，国家已制定分类标准 GB/T 39405—2020。然而每台机器人都有其独特的功能，并且总体上，机器人的大小、形状和功能差异很大，所以对它们进行分类较为困难。机器人大致按以下原则分类：

(1) 宜从多个维度进行分类。

(2) 同一维度下应避免交叉重叠，应尽可能涵盖各种机器人。

(3) 相同功能的机器人应用于不同领域时，应按一级分类中机器人的定义进行分类。

遵循以上原则，下面简要介绍几种分类方法。

1. 按驱动方式分类

按驱动装置的动力源不同，机器人可分为以下几种：

1) 液压式机器人

如图 1-22(a)所示，这种机器人的驱动系统通常由液动机(各种油缸、油马达)、伺服阀、油泵、油箱等组成，通常具有很大的抓举能力并且结构紧凑，动作平稳，耐冲击、耐振动，防爆性好，但对制造精度和密封性能要求较高，否则易发生漏油而污染环境。

2) 气压式机器人

气压式机器人的驱动系统通常由气缸、气阀、气罐和空气压缩机组成，特点是气源方便、动作迅速、结构简单、造价较低、维修方便，但难以进行速度控制，且因气压不可太高，所以抓举能力较小。图 1-22(b)所示为 FESTO 公司研发的一款气动肌肉仿生手臂。

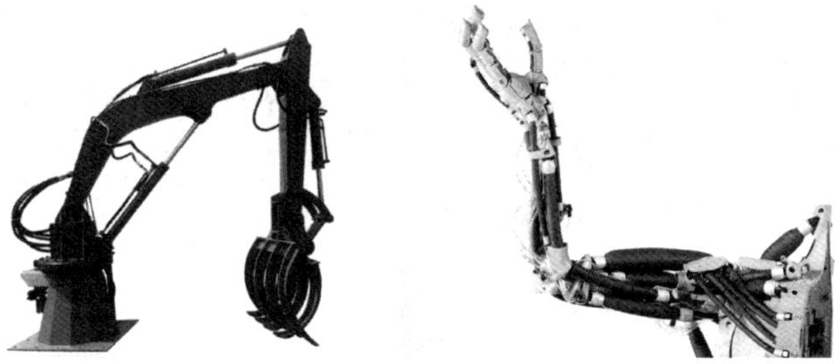

(a) (b)

图 1-22 液压式与气压式机器人

(a) 液压式机器人；(b) FESTO 气动肌肉机器人

3）电动式机器人

电力驱动是目前机器人用得最多的一种驱动方式，其特点是电源方便，响应快，驱动力较大，信号检测、传递、处理方便，可以采用多种灵活的控制方案。驱动电动机一般采用 AC 伺服电动机、DC 伺服电动机和步进电动机。由于电动机速度高，通常还须采用减速机构，如谐波减速机构、轮系减速机构、滚珠丝杠和多杆机构。目前也有一些机器人采用特制电动机直接驱动，以简化机构，提高控制精度。

此外，还有采用混合驱动的机器人，如液-气混合驱动机器人或电-气混合驱动机器人。

2. 按应用领域分类

根据机器人的应用领域不同，机器人可分为工业机器人、服务机器人（个人/家用、公共）和特种机器人。

1）工业机器人

工业机器人按其使用用途可分为搬运作业/上下料机器人、焊接机器人、喷涂机器人、加工机器人、装配机器人、洁净机器人和其他工业机器人，如图 1-23 所示。

（1）搬运机器人。这种机器人用途很广，一般只需点位控制，即被搬运零件无严格的运动轨迹要求，只要起始点和终止点位姿准确即可，如机床用的上下料机器人、工件堆垛机器人等。

（2）喷涂机器人。这种机器人多用于喷漆生产线，常为手把手示教型，重复位姿精度要求不高，但由于漆雾易燃，以前多采用液压驱动，目前更多地采用防爆电动机或 AC 伺服电动机驱动。

（3）焊接机器人。这是汽车生产线上使用最多的一类机器人，又可分为点焊机器人和弧焊机器人两类，点焊机器人负荷大、动作快，一般要有 6 个自由度，但只需实现点位控制即可。弧焊机器人负荷小、速度低，通常 5 个自由度即能进行工作，但对运动轨迹要求较严，必须实现连续路径控制，即在运动轨迹的每一点都必须实现预定的位姿要求，目前大多采用 6 自由度。

（4）装配机器人。这类机器人要求有较高的位姿精度，或者手腕应具有较大的柔性。装配机器人目前大多用于电器插件的装配，而如何应用于一些难度较大的装配作业正是人们大力研究的课题。装配机器人通常要有 6 个自由度，还要求有一定的智能，如力感知或视

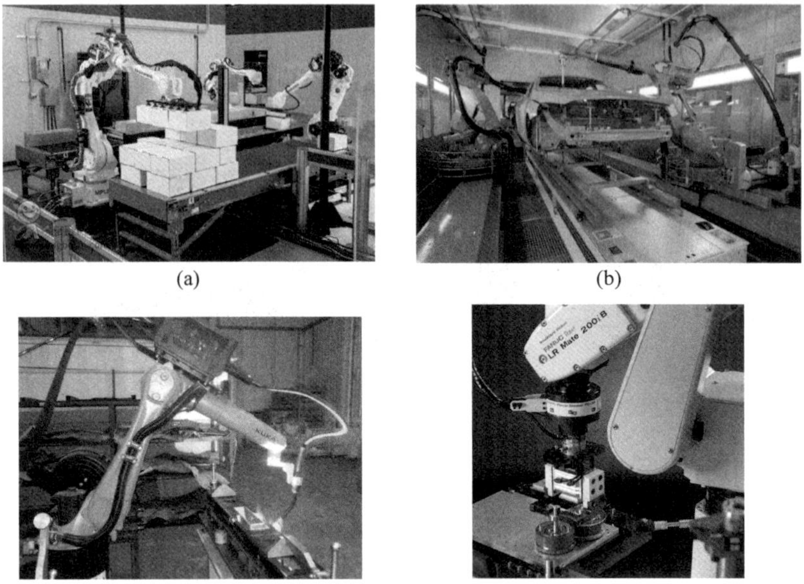

(a) (b) (c) (d)

图 1-23 工业机器人

(a) 安川码垛机器人；(b) ABB 喷涂机器人；(c) KUKA 焊接机器人；(d) FANUC 装配机器人

觉，有时还要求使用双臂协调动作的机器人或多机器人协调工作。

2）服务机器人

服务机器人又可以分为个人/家用服务机器人和公共服务机器人。

（1）个人/家用服务机器人按其用途可分为家务机器人、教育机器人、娱乐机器人、养老助残机器人、家用安监机器人、个人运输机器人和其他个人/家用服务机器人，图 1-24(a)所示为斯坦福大学研制的一款基于开源操作系统 Mobile ALOHA 的家政机器人，它通过对人类重复动作的学习掌握技能。图 1-24(b)所示为海尔集团研制的一款陪伴机器人 Ubot，它能够成为孩子的“小伙伴”，仿人类的双臂可以做出各种情感表达的动作。除此以外，Ubot 还具有其他强大的角色功能，如家庭管家、儿童启蒙陪伴、老人贴心陪护、日常生活助手等，可以全方位地满足家庭互动需求。

（2）公共服务机器人按其用途可分为餐饮机器人、讲解导引机器人、多媒体机器人、公共游乐机器人、公共代步机器人和其他公共服务机器人。图 1-24(c)所示为送餐机器人，目前已在餐厅、酒店大量应用。图 1-24(d)所示为京东研制的配送机器人，它具备高度的智能化和自主学习能力，依靠发达的感知系统和智能决策规划技术，它能够在判断障碍物的同时判断出行人位置，并判断出障碍物与行人的运动方向和速度，通过不断深度学习与运算，做出智能行为的决策。

3）特种机器人

特种机器人按其用途可分为检查维修机器人、专业检测机器人、搜救机器人、专业巡检机器人、侦察机器人、排爆机器人、专业安装机器人、采掘机器人、专业运输机器人、手术机器人、康复机器人和其他特种机器人，典型的特种机器人如图 1-25 所示。

3. 按机器人的运动方式分类

根据机器人的运动方式不同，机器人可分为轮式机器人、足式机器人、履带式机器人、蠕

(a)

(b)

(c)

(d)

图 1-24　服务机器人

(a) 斯坦福大学家政机器人；(b) 海尔集团家庭陪伴机器人；(c) 送餐机器人；(d) 京东配送机器人

(a)

(b)

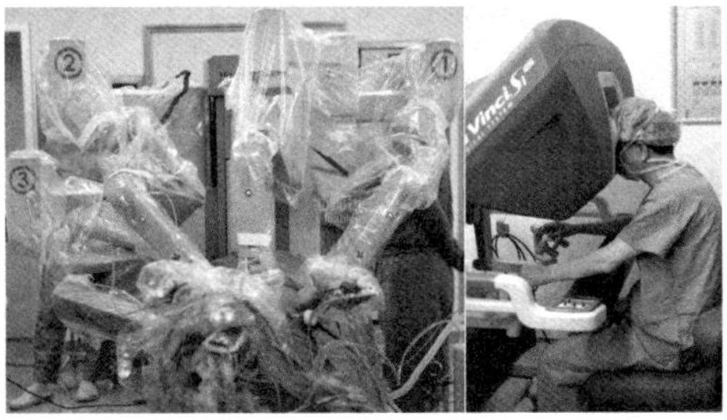

(c)

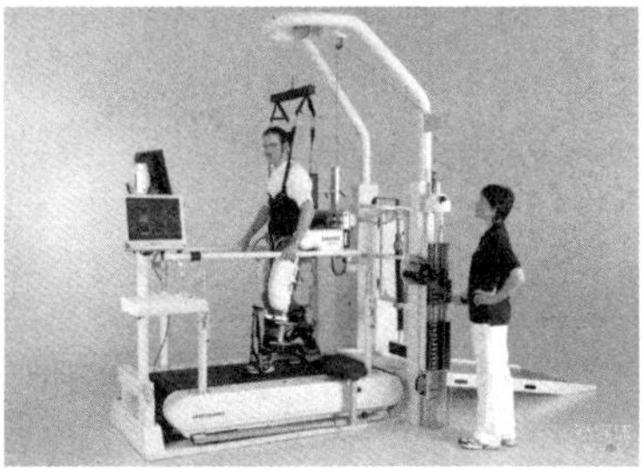

(d)

图 1-25　特种机器人

(a) 电力巡检机器人；(b) 军事侦察机器人；(c) 达芬奇手术机器人；(d) 康复机器人

动式机器人、浮游式机器人、潜游式机器人、飞行式机器人和其他运动方式机器人。

1）轮式机器人

轮式机器人按其驱动方式可分为双轮驱动机器人、三轮驱动机器人、全方位驱动机器人和其他轮式机器人。轮式机器人是最普通的机器人移动方式，图 1-24(c)(d)所示的服务机器人都是轮式机器人，其中，图 1-24(c)所示为采用两轮驱动的机器人，利用两轮的差速转动实现灵活转向。

2）足式机器人

足式机器人主要包括腿足机器人、人形机器人、四足机器人、六足机器人等，其中人形机器人和四足机器人由于在灵活性与适应性方面展现出显著的优势，已成为足式机器人的主要研究方向。四足机器人则模仿哺乳动物的四肢运动，通常具有四条腿和一个载荷平台。典型的四足机器人包括波士顿动力公司的 Spot（见图 1-26(a)）和 ANYbotics 公司的 Anymal(见图 1-26(b))等。人形机器人模仿人的外貌，包括头部、躯干、双臂和双腿。典型的人形机器人有图 1-26(c)(d)所示的波士顿动力公司的 Atlas 机器人和本田公司的 Asimo 机器人。它们的优点在于动作模式类似人类，可适应人类的生活环境，能够执行更加灵活的行走和抓取动作。

(a)

(b)

(c)

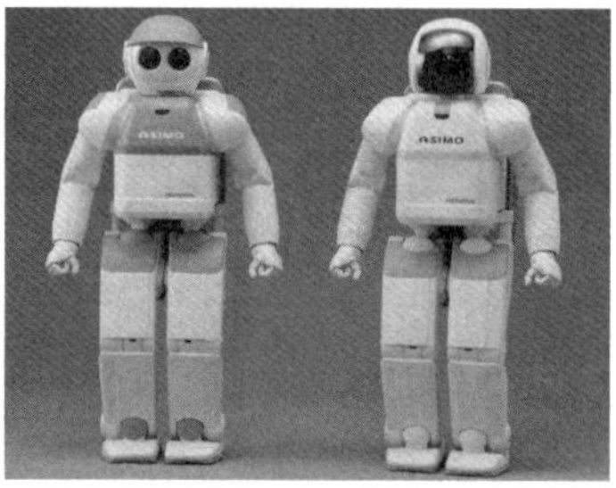

(d)

图 1-26 足式机器人

(a) 波士顿动力公司 Spot 机器人；(b) Anymal 机器人；(c) Atlas 机器人；(d) Asimo 机器人

3）履带式机器人

履带式机器人按其驱动履带及关节数量可分为单节双履机器人、双节双履机器人、多节多履机器人和其他履带式机器人。履带式机器人具有牵引力大、不易打滑、越野性能好等优点。图 1-25(b)所示的军事侦察机器人采用履带底盘，能够在草地、水泥地、泥泞路面、城市废墟等多种地形条件下快速移动。

除以上几种常见的运动方式机器人外，为适应不同环境下的运动需求，还有图 1-27(a)～(d)所示的蠕动式机器人、浮游式机器人、潜游式机器人、飞行式机器人等。

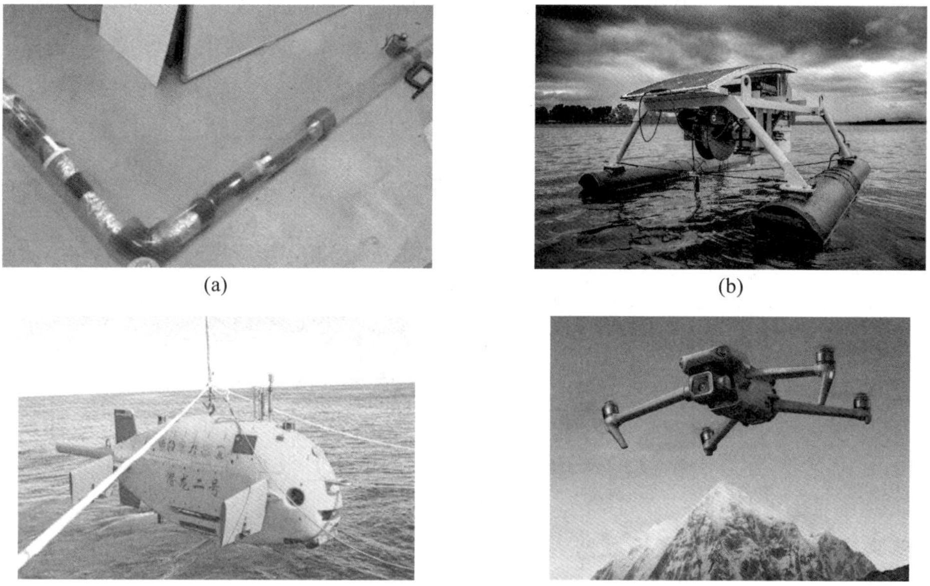

(a)　(b)　(c)　(d)

图 1-27　其他运动方式机器人

(a) 蠕动式管道机器人；(b) 浮游式机器人；(c)“潜龙二号”自主水下机器人；(d) 大疆无人机

1.4.2　工业机器人的主要性能指标

工业机器人的性能指标很多，下面简要介绍一些与机器人的分析和设计关系最为密切的性能指标。

1. 负荷性能指标

与负荷有关的性能指标主要有：

(1) 额定负荷，即在正常运行条件下施加到机械接口处的最大负荷容许值，其中也包括末端执行器、附件和工件的惯性力。

(2) 限定负荷，即在额定负荷状态所限定的运行条件下使机器人机构部分不被破坏或不产生故障时机械接口处所能承受的最大负荷。

(3) 最大推力和最大扭矩，即在保证机构不发生损坏的条件下作用到机械接口处的最大推力(不包括惯性力)和最大扭矩。

2. 运动性能指标

与运动有关的性能指标主要有：

(1) 自由度，即机器人独立驱动的关节数。

(2) 单轴最大工作范围和工作速度。

(3) 合成速度，即各轴的速度分量的合成速度，常表现为机械接口中心或腕中心的线速度。

3. 几何空间性能指标

(1) 工作空间。工作空间决定了工作范围，通常以腕部中心点在机器人运动时所占有的体积表示，在特性图上，用该空间的主剖面边界及向基座的正投影的边界两个视图表示。

(2) 灵活度。灵活度表示机器人在工作空间各点抓取物体的灵活程度，可有不同的数量指标，通常认为机器人末杆位姿图最能直观且准确地表示这一特性。所谓末杆位姿图，是末杆在工作空间最大边界的一些转折点(关键点)上的两个极限位置的投影图，如图 2-24 所示。

4. 精度性能指标

与精度有关的性能指标主要有绝对定位精度和重复定位精度。

(1) 绝对定位精度，指机器人末端执行器的实际位置与目标位置之间的偏差，主要由机械误差、控制误差、控制算法与系统分辨率等部分组成。

(2) 重复定位精度，指在相同环境、相同条件、相同目标动作、相同命令的条件下，机器人重复运动若干次时，其位置会在一个平均值附近变化，变化的幅度代表重复定位精度。重复定位精度是关于精度的一个统计数据，是衡量示教再现型工业机器人水平的重要指标。

简单来说，重复定位精度是机器人需要运行 10 mm 的距离，第一次走到了 9.98 mm，第二次走到了 10.01 mm，这两个数据的差值 0.03 mm 就是重复定位精度(非严格定义)，而绝对定位精度是机器人需要运行 10 mm 的距离，却实际走了 10.04 mm，这两个数据的差值 0.04 mm 就是绝对定位精度。从二维平面的角度具体来讲，重复定位精度和绝对定位精度的定义可由图 1-28 描述。

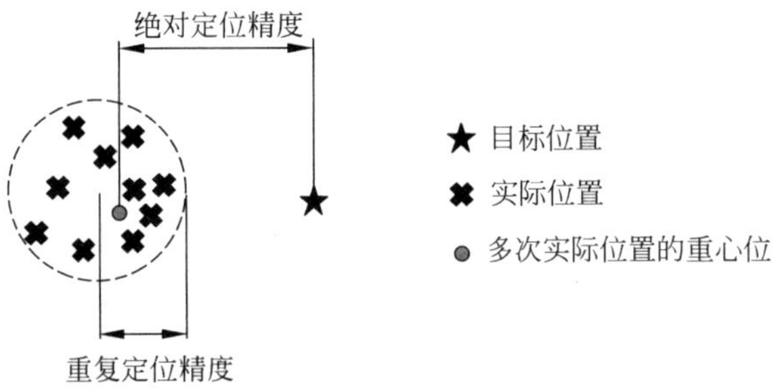

图 1-28　重复定位精度和绝对定位精度的二维平面意义描述

机器人的重复定位精度和绝对定位精度在实际使用中并没有绝对的关联性，一般会出现如图 1-29 所示的 4 种情况。

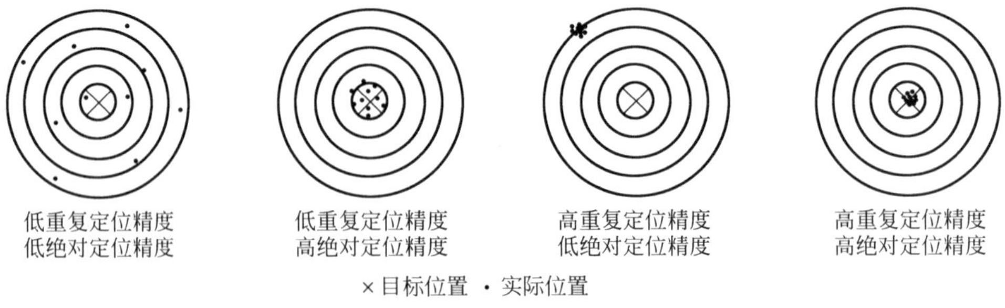

图 1-29　机器人可能出现的重复定位精度与绝对定位精度测量情况

5. 动力源和控制性能指标

与动力源和控制方面有关的性能指标主要有驱动方式(电、液、气)和容量、程序存储容量、插补方式、编程方式及分辨率等。其中,分辨率是指机器人各轴可有效反应的最小距离或角度。

6. 产品样本图表

产品样本必须列出机器人的主要性能指标。图 1-30 所示为日本安川公司 MOTOMAN HP6 系列机器人的产品样本图。

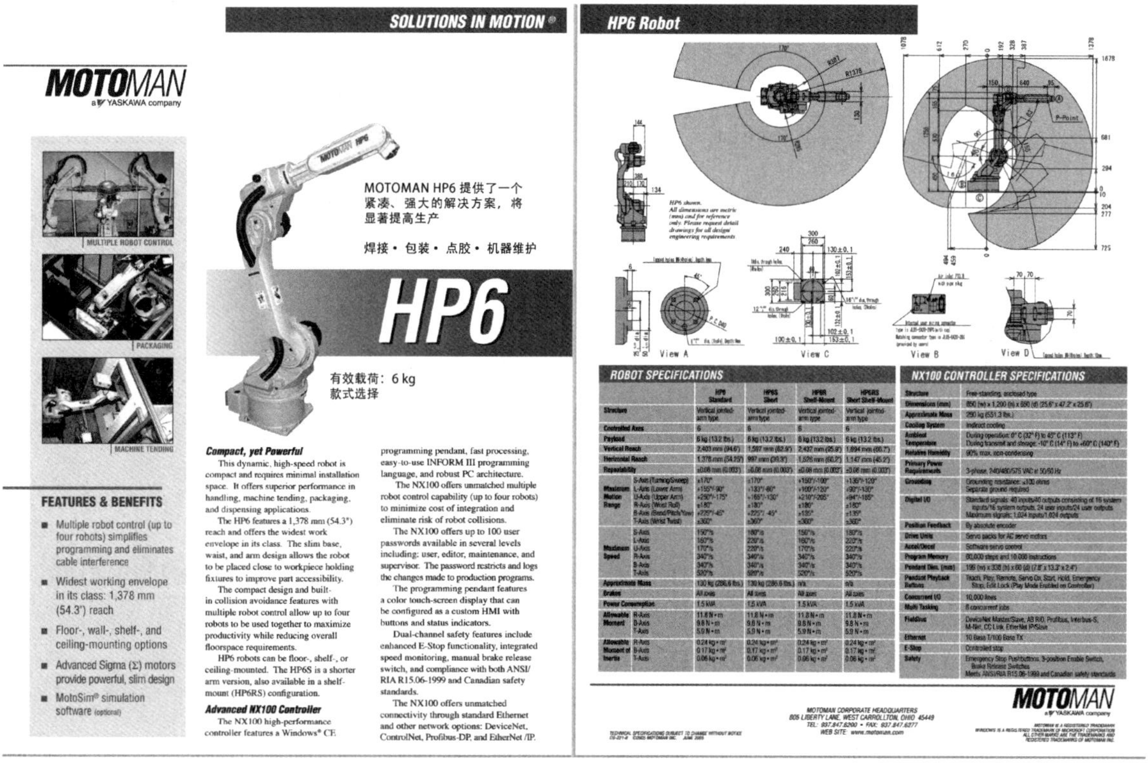

图 1-30 安川 MOTOMAN HP6 产品样本图①

1.5 工业机器人的设计步骤

工业机器人是一种多自由度组成的高精度空间运动机械,所以必须具有运动的灵活性和准确性,以及动态性能的平稳性。因此,工业机器人与普通机械设备相比,除满足强度、刚度、可靠性的要求外,还必须具有轻巧灵活的构型和良好的动态性能,其设计步骤可归纳于表 1-1。

---

① 取自安川公司产品样本,稍有删减,其中视图采用第三角画法。

表 1-1 机器人设计步骤

序　　号	步　　骤	目的与任务
1	作业分析	列出作业时序表,画出空间工件位姿图
2	方案设计	确定动力源；确定机型、自由度和驱动器容量；确定传动方式和速比，优化“杆长”及各轴的运动范围；确定平衡方式及平衡质量
3	几何分析、运动分析及图形仿真	验证工作空间和灵活度；列写运动方程并进行图形(动画)仿真
4	结构设计	关节及连杆的结构设计；传动配置及其结构设计；“走线”及电器接口设计
5	动态特性	估算惯性参数,列写刚体动力学方程并进行仿真分析,以验证动力容量和速比的正确性；弹性动力分析以确定其结构固有频率和响应特性
6	施工设计	绘制全套零件图并进行精度分析

需要强调的是,设计时必须对现有工业机器人产品的主要类型进行分析以供借鉴。对于重大改进或创新的关键部件应进行模型试验,以期达到预期的效果。

习　　题

1-1　简述机器人的定义。

1-2　机器人三原则是什么？如何理解其含义？

1-3　机器人的结构组成有哪些？各部分的作用是什么？

1-4　工业机器人的主要类型有哪些？请给出各类型的功能特点及其对应的机构简图。

1-5　简述机器人的分类方法。

1-6　机器人的主要性能指标有哪些？

第 2 章 机器人运动学基础

2.1 刚体位姿的矩阵表示

2.1.1 位姿矩阵的建立

刚体的位置、姿态可由其上的任一点(通常选择为物体的质心,称为基准点)及通过该点的坐标系相对于参考坐标系的关系来确定。

选择刚体 A 上的一点 O_A 为基准点,过 O_A 置坐标系 $S_A(O_A\text{-}x_Ay_Az_A)$。选择一个参考坐标系 $S_0(O_0\text{-}x_0y_0z_0)$,如图 2-1 所示。则刚体 A 的空间位置和姿态可由向量 $\boldsymbol{P}_{0A}(=O_0O_A)$ 和 S_A 的向量基 $\boldsymbol{i}_A$、$\boldsymbol{j}_A$、$\boldsymbol{k}_A$ 相对于 S_0 的关系来确定,即

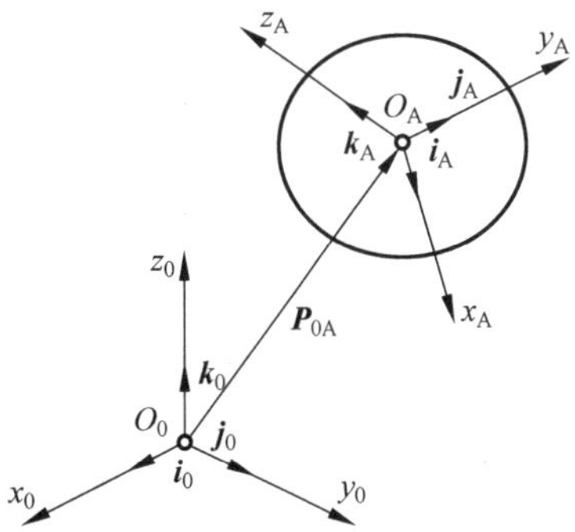

图 2-1 刚体 A 的位姿确定

$$\boldsymbol{P}_{0A}^0=(O_0O_A)^0=\begin{bmatrix}x_{0A}\\y_{0A}\\z_{0A}\end{bmatrix}=\begin{bmatrix}p_{x_0}\\p_{y_0}\\p_{z_0}\end{bmatrix}\tag{2-1}$$

和

$$\boldsymbol{R}_A^0=\begin{bmatrix}i_{Ax_0} & j_{Ax_0} & k_{Ax_0}\\i_{Ay_0} & j_{Ay_0} & k_{Ay_0}\\i_{Az_0} & j_{Az_0} & k_{Az_0}\end{bmatrix}=\begin{bmatrix}\cos i_Ai_0 & \cos j_Ai_0 & \cos k_Ai_0\\\cos i_Aj_0 & \cos j_Aj_0 & \cos k_Aj_0\\\cos i_Ak_0 & \cos j_Ak_0 & \cos k_Ak_0\end{bmatrix}\tag{2-2}$$

式中,$\boldsymbol{P}_{0A}^0$ 为 O_A 点的向径 $\boldsymbol{P}_{0A}$ 在坐标系 S_0 中的表示,是 3×1 列阵(位置列阵);$\boldsymbol{R}_A^0$ 为坐标系 S_A 在坐标系 S_0 中的表示,是 3×3 方阵(姿态矩阵),其中,$\boldsymbol{i}_{Ax_0}$、$\boldsymbol{j}_{Ax_0}$、$\boldsymbol{k}_{Ax_0}$ 分别表示 S_A 中的向量基 $\boldsymbol{i}_A$、$\boldsymbol{j}_A$、$\boldsymbol{k}_A$ 在 S_0 中沿 $i_0(x_0)$、$j_0(y_0)$、$k_0(z_0)$的投影;$\cos i_Ai_0$、$\cos j_Ai_0$、$\cos k_Ai_0$ 分别表示向量基 $\boldsymbol{i}_A$ 与 $\boldsymbol{i}_0$、$\boldsymbol{j}_A$ 与 i_0、$\boldsymbol{k}_A$ 与 $\boldsymbol{i}_0$ 等夹角的余弦。

为方便起见,可用 4×4 方阵同时把位置和姿态表示出来,记作 $\boldsymbol{T}_A^0$,称作位姿矩阵,即

$$\boldsymbol{T}_A^0=\begin{bmatrix}\boldsymbol{R}_A^0 & \boldsymbol{P}_{0A}^0\\\boldsymbol{0} & 1\end{bmatrix}\tag{2-3}$$

2.1.2 位姿矩阵的逆阵

由于姿态矩阵是正交方阵，所以有

$$(\boldsymbol{R}_j^i)^{-1}=(\boldsymbol{R}_j^i)^{\mathrm{T}}=\boldsymbol{R}_i^j$$

即姿态矩阵的逆阵就是它自身的转置矩阵，只要写出用余弦元素表示的 $\boldsymbol{R}_j^i$ 和 $\boldsymbol{R}_i^j$ 进行矩阵相乘得到单位矩阵即可证明。

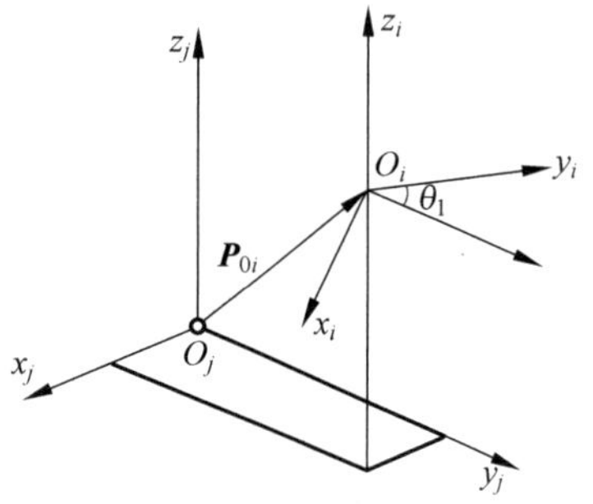

图 2-2 位姿矩阵求逆

由图 2-2 可得

$$\boldsymbol{e}_i=\boldsymbol{R}_j^i\boldsymbol{e}_j$$

和

$$\boldsymbol{P}_{0i}^j=\boldsymbol{R}_i^j\boldsymbol{P}_{0i}^i=-\boldsymbol{R}_i^j\boldsymbol{P}_{0j}^i$$

式中，$\boldsymbol{e}_i$ 为 $\boldsymbol{S}_i$ 的向量基；$\boldsymbol{e}_j$ 为 $\boldsymbol{S}_j$ 的向量基。而

$$\boldsymbol{T}_j^i=\begin{bmatrix}\boldsymbol{R}_j^i & \boldsymbol{P}_{0j}^i\\ \boldsymbol{0} & 1\end{bmatrix}\quad \boldsymbol{T}_i^j=\begin{bmatrix}\boldsymbol{R}_i^j & \boldsymbol{P}_{0i}^j\\ \boldsymbol{0} & 1\end{bmatrix}$$

所以

$$(\boldsymbol{T}_j^i)^{-1}=\boldsymbol{T}_i^j=\begin{bmatrix}(\boldsymbol{R}_j^i)^{\mathrm{T}} & -(\boldsymbol{R}_j^i)^{\mathrm{T}}\boldsymbol{P}_{0j}^i\\ \boldsymbol{0} & 1\end{bmatrix}\tag{2-4}$$

位姿矩阵的逆阵也可用线性代数中求逆的一般公式求出。

2.1.3 多刚体位姿关系的表述

设空间有图 2-3 所示的两组刚体：A_1、A_2、…、A_n，$A_{1'}$、$A_{2'}$、…、$A_{n'}$。在每一刚体上选一基点 O_1、O_2、…、O_n，$O_{1'}$、$O_{2'}$、…、$O_{n'}$。过各基点分别置一坐标系 S_1、S_2、…、S_n，$S_{1'}$、$S_{2'}$、…、$S_{n'}$。再在空间选一参考坐标系 S_0，分别求出相互的位姿关系矩阵：$\boldsymbol{T}_1^0$、$\boldsymbol{T}_2^1$、…、$\boldsymbol{T}_n^{n-1}$，$\boldsymbol{T}_{1'}^0$、$\boldsymbol{T}_{2'}^{1'}$、…、$\boldsymbol{T}_{n'}^{(n-1)'}$。由于图 2-3 所示的坐标系间的关系是串联的，故刚体 A_n、$A_{n'}$ 相对于 S_0 的位姿矩阵 $\boldsymbol{T}_n^0$、$\boldsymbol{T}_{n'}^0$ 可按下面的连乘积求得

$$\boldsymbol{T}_n^0=\boldsymbol{T}_1^0\boldsymbol{T}_2^1\boldsymbol{T}_3^2\cdots\boldsymbol{T}_n^{n-1}\tag{2-5a}$$

$$\boldsymbol{T}_{n'}^0=\boldsymbol{T}_{1'}^0\boldsymbol{T}_{2'}^{1'}\boldsymbol{T}_{3'}^{2'}\cdots\boldsymbol{T}_{n'}^{(n-1)'}\tag{2-5b}$$

式(2-5)称作位姿矩阵方程式。利用该方程，可以求出任一未知矩阵。例如，若 $\boldsymbol{T}_2^1$ 为要求出的未知矩阵，则由式(2-5)可得

$$\boldsymbol{T}_2^1=(\boldsymbol{T}_1^0)^{-1}\boldsymbol{T}_n^0(\boldsymbol{T}_n^{n-1})^{-1}\cdots(\boldsymbol{T}_3^2)^{-1}\tag{2-6}$$

若已知 $\boldsymbol{T}_n^0$ 和 $\boldsymbol{T}_{n'}^0$，为了求得刚体 A_n 对于刚体 $A_{n'}$ 的位姿矩阵 $\boldsymbol{T}_n^{n'}$，由图 2-3 可得

$$\boldsymbol{T}_n^0=\boldsymbol{T}_{n'}^0\boldsymbol{T}_n^{n'}$$

所以

$$\boldsymbol{T}_n^{n'}=(\boldsymbol{T}_{n'}^0)^{-1}\boldsymbol{T}_n^0=(\boldsymbol{T}_{n'}^{(n-1)'})^{-1}\cdots(\boldsymbol{T}_{2'}^{1'})^{-1}(\boldsymbol{T}_{1'}^0)^{-1}\boldsymbol{T}_1^0\boldsymbol{T}_2^1\cdots\boldsymbol{T}_n^{n-1}\tag{2-7}$$

式(2-7)可表示为图 2-4 所示的算图，其中，$\boldsymbol{T}_n^{n'}$ 正好等于由尾 $\boldsymbol{T}_{n'}^{(n-1)'}$ 反向到 O，再由 O 正向到 $\boldsymbol{T}_n^{n-1}$，$\boldsymbol{T}_n^{n'}$ 就表示为沿上述路径巡回一遍的矩阵连乘形式，即得公式(2-7)。

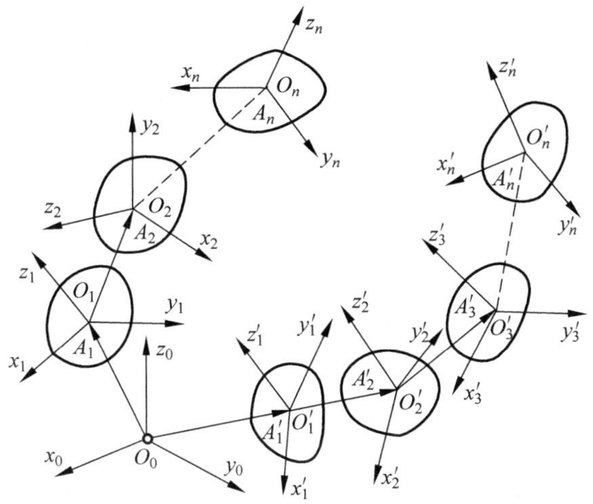

图 2-3 多刚体之间的位姿关系

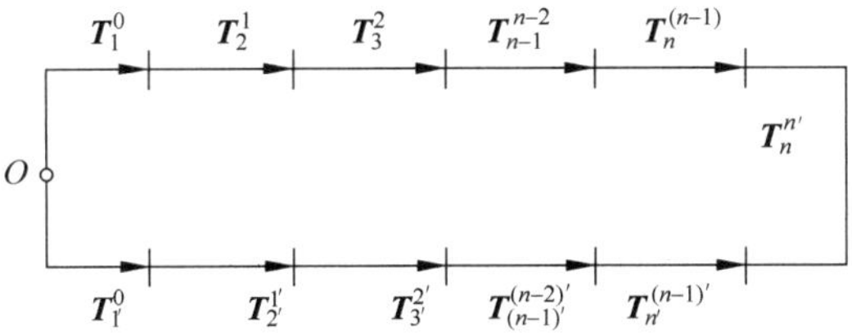

图 2-4 矩阵方程算图

利用图 2-4 可以求出其中任一环，如 $\boldsymbol{T}_2^1$ 可由尾 $\boldsymbol{T}_1^0$ 反向到 O，再由 O 正向到 $\boldsymbol{T}_n^{n'}$，再反向到 $\boldsymbol{T}_3^2$ 的尾（即 $\boldsymbol{T}_2^1$ 的头），其表达式为

$$\boldsymbol{T}_2^1=(\boldsymbol{T}_1^0)^{-1}\boldsymbol{T}_{1'}^0\cdots\boldsymbol{T}_{n'}^{(n-1)'}(\boldsymbol{T}_n^{n-1})^{-1}\cdots(\boldsymbol{T}_3^2)^{-1} \tag{2-8}$$

2.2 运动姿态和方向角

2.2.1 用旋转序列表示运动姿态

如前所述，姿态矩阵是具有 9 个元素的方向余弦矩阵，根据余弦矩阵的性质，它只有 3 个不在同一行或同一列的元素是独立的，因此可用 3 个参量来表示姿态矩阵。换句话说，物体的姿态只由 3 个独立变量决定，这 3 个独立变量可以表示为绕 3 个轴的转角。

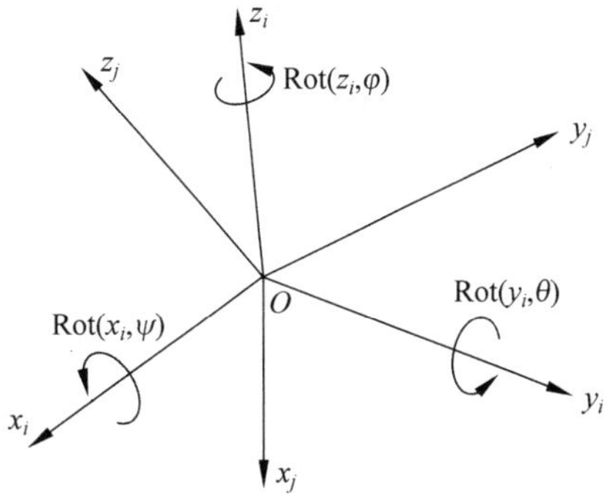

图 2-5 绕定轴三次旋转变换

如图 2-5 所示，确定物体姿态的标架 S_j 是由与参考坐标系（基础坐标系）S_i 重合的某一坐标系经过三次旋转变换得到的，即首先绕 z_i 右旋 φ 角，得

到标架 S_1；再以 S_1 的 x_1 轴为轴，右旋 θ 角得到 S_2；最后以 z_2 为轴，右旋 ψ 角得到 S_j。

令三次旋转变换分别表示为

$$\boldsymbol{R}_1^i=\mathrm{Rot}(z_i,\varphi),\quad \boldsymbol{R}_1^2=\mathrm{Rot}(x_1,\theta),\quad \boldsymbol{R}_j^2=\mathrm{Rot}(z_2,\psi)$$

并把这三次连续变换后得到的姿态矩阵记作 $\boldsymbol{R}_j^i(\varphi,\theta,\psi)$，则

$$\boldsymbol{R}_j^i(\varphi,\theta,\psi)=\begin{bmatrix}\mathrm{c}\varphi & -\mathrm{s}\varphi & 0\\ \mathrm{s}\varphi & \mathrm{c}\varphi & 0\\ 0 & 0 & 1\end{bmatrix}\begin{bmatrix}1 & 0 & 0\\ 0 & \mathrm{c}\theta & -\mathrm{s}\theta\\ 0 & \mathrm{s}\theta & \mathrm{c}\theta\end{bmatrix}\begin{bmatrix}\mathrm{c}\psi & -\mathrm{s}\psi & 0\\ \mathrm{s}\psi & \mathrm{c}\psi & 0\\ 0 & 0 & 1\end{bmatrix}$$

$$=\begin{bmatrix}\mathrm{c}\varphi\mathrm{c}\psi-\mathrm{s}\varphi\mathrm{c}\theta\mathrm{s}\psi & -\mathrm{c}\varphi\mathrm{s}\psi-\mathrm{s}\varphi\mathrm{c}\theta\mathrm{c}\psi & \mathrm{s}\varphi\mathrm{s}\theta\\ \mathrm{s}\varphi\mathrm{c}\psi+\mathrm{c}\varphi\mathrm{c}\theta\mathrm{s}\psi & -\mathrm{s}\varphi\mathrm{s}\psi+\mathrm{c}\varphi\mathrm{c}\theta\mathrm{c}\psi & -\mathrm{c}\varphi\mathrm{s}\theta\\ \mathrm{s}\theta\mathrm{s}\psi & \mathrm{s}\theta\mathrm{c}\psi & \mathrm{c}\theta\end{bmatrix} \tag{2-9}$$ ①

式中，φ、θ、ψ 统称为欧拉角。

下面分析欧拉角与方向余弦之间的关系。为了便于书写，仍把一般的旋转变换 $\boldsymbol{R}_j^i$ 记作：

$$\boldsymbol{R}_j^i=\begin{bmatrix}n_x & o_x & a_x\\ n_y & o_y & a_y\\ n_z & o_z & a_z\end{bmatrix} \tag{2-10}$$

令 $\boldsymbol{R}_j^i(\varphi,\theta,\psi)=\boldsymbol{R}_j^i$，即式(2-9)与式(2-10)两矩阵的对应元素相等，可得：

(1) $-\mathrm{c}\varphi\mathrm{s}\theta=a_y$，$\mathrm{s}\varphi\mathrm{s}\theta=a_x$，则

$$\varphi=\arctan(-a_x/a_y) \tag{2-11}$$

(2) $\mathrm{s}\theta\mathrm{c}\psi=o_z$，$\mathrm{s}\theta\mathrm{s}\psi=n_z$，则

$$\psi=\arctan(n_z/o_z) \tag{2-12}$$

(3) $\mathrm{s}^2\varphi\mathrm{s}^2\theta+\mathrm{c}^2\varphi\mathrm{s}^2\theta=a_x^2+a_y^2$ 及 $c\theta=a_z$，则

$$\theta=\arctan\left(\pm\sqrt{a_x^2+a_y^2}/a_z\right) \tag{2-13}$$

2.2.2 用绕基础坐标轴转角表示运动姿态

综上所考虑的三个欧拉角(φ、θ、ψ)是绕分属三个不同坐标系的三个坐标轴的右旋角，被称为动轴欧拉角。其物理模型可看作陀螺仪上的框架和陀螺体，其中两个坐标系固联在框架上，一个坐标系固联在陀螺体上。也可用同属基础坐标系的三个坐标轴的右旋角来确定坐标系 S_j（物体姿态）的方向，这被称为"定轴欧拉角"，如图 2-5 所示（未画中间过渡坐标系）。其物理模型可看作图 2-6 所示航行中的船体，前进方向的正上方为 z，侧向为 y，三者按右手系取正向。根据绕基础坐标轴变换矩阵须左乘的规则，可得

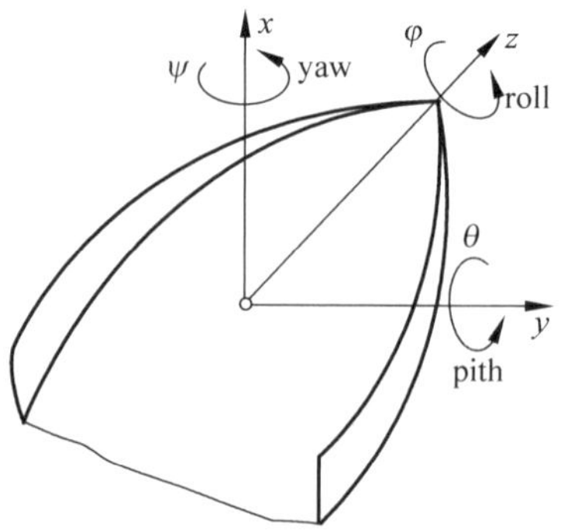

图 2-6 "定轴欧拉角"模型

① 式中为简便起见，将 cos 简写为 c，sin 简写为 s，下同。

$$\boldsymbol{R}_j^i(\varphi,\theta,\psi)=\mathrm{Rot}(z_i,\varphi)\mathrm{Rot}(y_i,\theta)\mathrm{Rot}(x_i,\psi)$$
$$=\begin{bmatrix}c\varphi & -s\varphi & 0\\ s\varphi & c\varphi & 0\\ 0 & 0 & 1\end{bmatrix}\begin{bmatrix}c\theta & 0 & s\theta\\ 0 & 1 & 0\\ -s\theta & 0 & c\theta\end{bmatrix}\begin{bmatrix}1 & 0 & 0\\ 0 & c\psi & -s\psi\\ 0 & s\psi & c\psi\end{bmatrix}$$
$$=\begin{bmatrix}c\varphi c\theta & c\varphi s\theta s\psi-s\varphi c\psi & c\varphi s\theta c\psi+s\varphi s\psi\\ s\varphi c\theta & s\varphi s\theta s\psi+c\varphi c\psi & s\varphi s\theta c\psi-c\varphi s\psi\\ -s\theta & c\theta s\psi & c\theta c\psi\end{bmatrix} \tag{2-14}$$

仿前可得

$$\varphi=\arctan(n_y/n_x) \tag{2-15}$$

$$\psi=\arctan(o_z/a_z) \tag{2-16}$$

$$\theta=\arctan(-n_z/\pm\sqrt{n_x^2+n_y^2}) \tag{2-17}$$

式中，φ 为滚转角(roll)；θ 为俯仰角(pith)；ψ 为偏摆角(yaw)。

2.3　两连杆位姿矩阵的建立

2.3.1　连杆参数与关节变量的规定

机器人作为多杆系统，两杆间的位姿矩阵是求得机器人手部位姿矩阵的基础。两杆间的位姿矩阵取决于两杆之间的结构参数、运动形式和运动参数，以及这些参数按不同顺序建立的几何模型。常见的模型分为两类：固联坐标系前置和后置。这里只介绍前置模型。

考虑以转动副连接的两相邻连杆(见图 2-7)，一个为 $i-1$ 号杆(L_{i-1})，另一个为 i 号杆(L_i)。前者靠近基座，后者靠近手爪(L_i 执行器)。连接两连杆的运动副称作关节，其编号是：L_{i-1} 与 L_i 的关节为 i 号关节，L_i 与 L_{i+1} 的关节为 $i+1$ 号关节。连杆 L_i 的固联坐标系 S_i 有两种方法：坐标系前置和坐标系后置。坐标系前置方法有助于简化连杆的位置关系描述，应用更为普遍，具体可描述为：令 S_i 的 z_i 轴置于 i 号关节的旋转轴上，这时 S_i 的原点 O_i 落在 i 号关节的轴线上，即坐标系 S_i 置于杆 L_i 靠近基座的关节上。基于这一设置，有以下规定：设连杆 L_i 的两轴线为 z_i 和 z_{i+1}，前者为 L_{i-1} 与 L_i 的相对转动轴线，后者为 L_{i+1} 与 L_i 的转动轴线。

选两转动轴 z 的公垂线为 x 轴，z_{i-1} 与 z_i 轴的公垂线为 x_{i-1}，z_i 和 z_{i+1} 的公垂线为 x_i 轴。x_{i-1} 与 z_{i-1} 的交点为连杆 L_{i-1} 固联坐标系 S_{i-1} 的原点，x_i 与 z_i 的交点为连杆 L_i 固联坐标系 S_i 的原点 o_i。两坐标系都按右手系确定 y_{i-1}、y_i 轴(见图 2-7)。z_{i-1} 与 z_i 的交错角为 α_{i-1}，z_i 和 z_{i+1} 的交错角为 α_i，两者分别以绕 x_{i-1}、x_i 轴右旋为正。x_{i-1} 与 x_i 轴的交错角为 θ_i，以绕 z_i 右旋为正。x_{i-1} 与 z_i 轴的交点为 c_i，c_i 到 o_i 的距离为 d_i，顺 z_i 轴为正。转动轴(关节轴)公垂距分别记作 a_{i-1}、a_i(见图 2-7)，顺 x_{i-1}、x_i 为正。

若两杆以移动副相连，如图 2-8 所示，L_{i-1} 与 L_i 用棱柱销、轴(或借助花键、滑键)相连。图中各符号的意义均与图 2-7 相同。

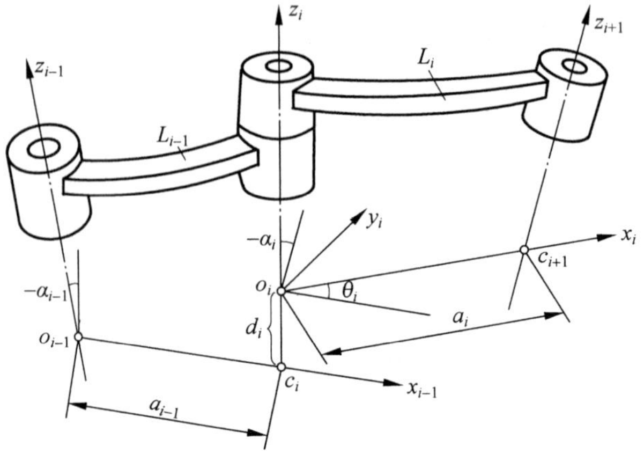

图 2-7 转动副连接的两连杆(坐标系前置)

由图 2-7、图 2-8 可知,α_{i-1}、a_{i-1}、d_i、θ_i 四个参数完全确定了两杆(L_{i-1}、L_i)之间的相对关系。在一般情况下,α_{i-1}、a_{i-1} 为常量,前者称作杆 L_{i-1} 的扭角,后者称作 L_{i-1} 的杆长。对于回转关节,d_i 为常量,称为偏距;θ_i 为变量,称为关节转角。对于移动关节,d_i 为变量,称为关节位移量;θ_i 为常量,称为偏角。上述 2 类关节各有 3 个常量,即连杆自身的结构参数;各有一个变量,即两连杆间的运动参数(位移参数)。

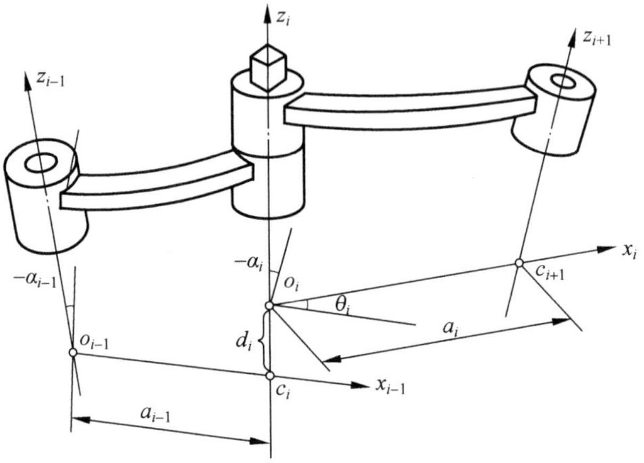

图 2-8 移动副连接的两连杆(坐标系前置)

2.3.2 两连杆位姿矩阵的表示

根据上述建立的几何模型,按变换组合得出最终公式。使用时只需根据具体情况定出四个参数值,代入公式即可求得两杆之间的位姿矩阵。

由图 2-7、图 2-8 可知,杆 L_i 的固联坐标系 S_i 可以认为是相对于 S_{i-1} 先绕 x_{i-1} 转 α_{i-1} 角,记作 $\mathrm{Rot}(x_{i-1},\alpha_{i-1})$;再沿 x_{i-1} 平移 a_{i-1},记作 $\mathrm{Trans}(x_{i-1},a_{i-1})$;再沿 z_i 平移 d_i,记作 $\mathrm{Trans}(z_i,d_i)$;再绕 z_i 转 θ_i 角,记作 $\mathrm{Rot}(z_i,\theta_i)$。于是,$S_i$ 相对 S_{i-1} 的位姿矩阵通过旋转(α_{i-1})—平移(a_{i-1})—平移(d_i)—旋转(θ_i)得到,其变换矩阵是

$$T_i^{i-1}=\mathrm{Rot}(x_{i-1},\alpha_{i-1})\mathrm{Trans}(x_{i-1},a_{i-1})\mathrm{Trans}(z_i,d_i)\mathrm{Rot}(z_i,\theta_i)$$

即

$$T_i^{i-1}=\begin{bmatrix} c\theta_i & -s\theta_i & 0 & a_{i-1} \\ c\alpha_{i-1}s\theta_i & c\alpha_{i-1}c\theta_i & -s\alpha_{i-1} & -d_i s\alpha_{i-1} \\ s\alpha_{i-1}s\theta_i & s\alpha_{i-1}c\theta_i & c\alpha_{i-1} & d_i c\alpha_{i-1} \\ 0 & 0 & 0 & 1 \end{bmatrix} \tag{2-18}$$

已知 α_{i-1}、a_{i-1}、d_i、θ_i 四个参数，即可利用式(2-18)求出 L_i 相对 L_{i-1} 的位姿矩阵，即标架 S_i 相对标架 S_{i-1} 的变换矩阵 T_i^{i-1}。

但在使用上述公式时，必须严格按照图 2-7(或图 2-8)所示的规则设立坐标系和关节变量的初始值。对于移动关节，取 d_i 为关节变量。这种确定两杆相对运动的方法，称为 Denavit-Hartenberg 方法，简称为 D-H 法。

2.4　机器人位姿的正逆解

末端执行器(对多数机器人表现为手爪)上标架相对于基础坐标系的位姿矩阵 T_e^0，就是机器人的位姿(运动)方程。有时为了简化研究，常略去末端执行器类型复杂的影响，以末端的位姿矩阵 T_n^0 代替 T_e^0 作为研究对象。由位姿矩阵所表示的机器人的位姿(运动)方程是以各杆之间的关节参数为变量的方程。正运动学过程是已知各杆的结构参数和关节变量，求末端执行器的空间位置和姿态(T_e^0 中各元素的值)的过程；逆运动学求解则是已知满足某工作要求时末端执行器的空间位置和姿态(T_e^0)及各杆的结构参数，求各关节变量。求逆解在机器人学中是更为重要和困难的问题，可实现对机器人的精确控制，因为只有使各关节按逆解中所得的值移动(或转动)，才能使末端执行器达到工作所要求的位置和姿态。

根据机器人的结构类型，下面分两种情况讨论。

2.4.1　开链机器人

1. 位姿正解

设有一开链机器人，其简图如图 2-9 所示。该机器人实质上是一个转动副(因运动副形式不影响解题方法，故只考虑转动副)相连的串联多刚体系统，根据式(2-5)，末端执行器上的标架 S_e 相对于基坐标系的位姿矩阵是

$$T_e^0=T_1^0T_2^1\cdots T_n^{n-1}T_e^n$$

现举例说明如下。

【例 2-1】　设有图 2-10 所示的三杆平面机器人，试求 T_e^0。

解：(1) 设坐标系。共设 S_0、S_1、S_2、S_3、$S_e=(S_4)$五个坐标系，如图 2-10 所示。图中 z_i 轴均指向纸外。

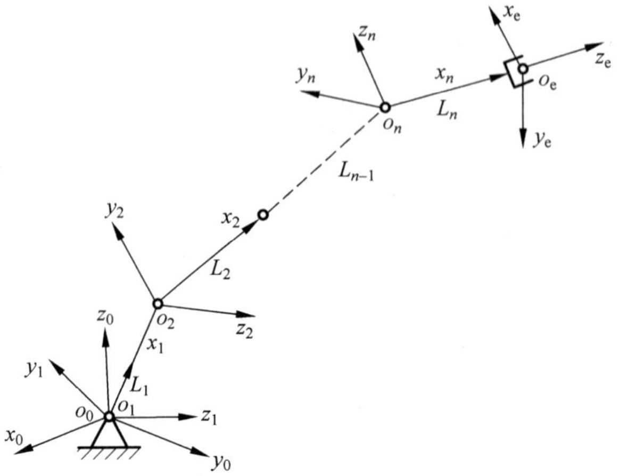

图 2-9 开链机器人简图

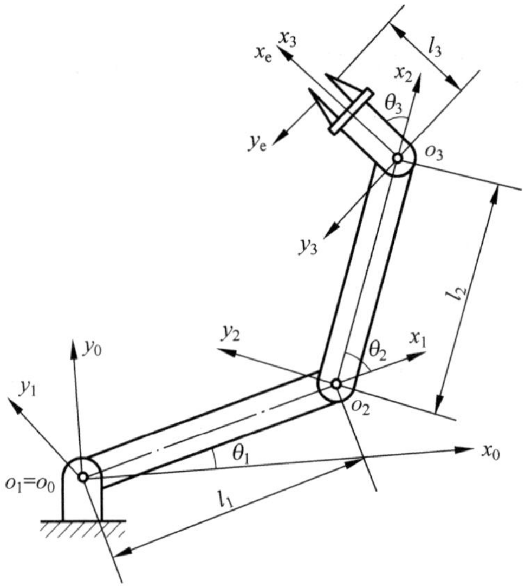

图 2-10 三杆机器人简图

（2）确定结构参数和关节变量。因机器人为全回转关节，故 d_i 是结构参数，θ_i（θ_1、θ_2、θ_3）为关节变量，见表 2-1。

表 2-1 结构参数和关节变量

i	α_{i-1}	a_{i-1}	d_i	θ_i
1	0	0	0	θ_1
2	0	l_1	0	θ_2
3	0	l_2	0	θ_3
4	0	l_3	0	0

（3）求两杆间的位姿矩阵 $\boldsymbol{T}_i^{i-1}$。将表 2-1 中的数据代入式(2-18)可得

$$\boldsymbol{T}_1^0=\begin{bmatrix} c\theta_1 & -s\theta_1 & 0 & 0 \\ s\theta_1 & c\theta_1 & 0 & 0 \\ 0 & 0 & 1 & 0 \\ 0 & 0 & 0 & 1 \end{bmatrix} \tag{例 2-1a}$$

$$\boldsymbol{T}_2^1=\begin{bmatrix} c\theta_2 & -s\theta_2 & 0 & l_1 \\ s\theta_2 & c\theta_2 & 0 & 0 \\ 0 & 0 & 1 & 0 \\ 0 & 0 & 0 & 1 \end{bmatrix} \tag{例 2-1b}$$

$$\boldsymbol{T}_3^2=\begin{bmatrix} c\theta_3 & -s\theta_3 & 0 & l_2 \\ s\theta_3 & c\theta_3 & 0 & 0 \\ 0 & 0 & 1 & 0 \\ 0 & 0 & 0 & 1 \end{bmatrix} \tag{例 2-1c}$$

$$\boldsymbol{T}_e^3=\begin{bmatrix} 1 & 0 & 0 & l_3 \\ 0 & 1 & 0 & 0 \\ 0 & 0 & 1 & 0 \\ 0 & 0 & 0 & 1 \end{bmatrix} \tag{例 2-1d}$$

(4) 求末端执行器的位姿矩阵。

$$\begin{aligned}\boldsymbol{T}_e^0&=\boldsymbol{T}_1^0\boldsymbol{T}_2^1\boldsymbol{T}_3^2\boldsymbol{T}_e^3\\&=\begin{bmatrix} c_{123} & -s_{123} & 0 & c_{123}l_3+c_{12}l_2+c_1l_1 \\ s_{123} & c_{123} & 0 & s_{123}l_3+s_{12}l_2+s_1l_1 \\ 0 & 0 & 1 & 0 \\ 0 & 0 & 0 & 1 \end{bmatrix}\end{aligned} \tag{例 2-1e}$$ [①]

式中，θ_1、θ_2、θ_3 为关节变量。

(5) 求末端执行器的位置和姿态。根据式(2-3)，该平面机器人末端执行器的姿态和位置分别是

$$\boldsymbol{R}_e^0=\begin{bmatrix} c_{123} & -s_{123} & 0 \\ s_{123} & c_{123} & 0 \\ 0 & 0 & 1 \end{bmatrix} \tag{例 2-1f}$$

$$\boldsymbol{P}_e^0=\begin{bmatrix} l_3c_{123}+l_2c_{12}+l_1c_1 \\ l_3s_{123}+l_2s_{12}+l_1s_1 \\ 0 \end{bmatrix} \tag{例 2-1g}$$

【例 2-2】 试求图 2-11 所示 PUMA560 六杆机器人的末杆位姿矩阵。

解：(1) 设坐标系。自基础到末杆不考虑手爪坐标系的标架分别如图 2-11 所示。注意：在设置坐标系时要考虑使尽可能多的结构参数为零，不必完全按实物的自然结构设置，而且一般情况下在结构简图上无须表示出关节变量。在图 2-11 中，S_0 的原点未设在基

---

① 式中，c_1、s_1、c_{12}、s_{12}、c_{123}、s_{123} 分别表示 $\cos\theta_1$、$\sin\theta_1$、$\cos(\theta_1+\theta_2)$、$\sin(\theta_1+\theta_2)$、$\cos(\theta_1+\theta_2+\theta_3)$、$\sin(\theta_1+\theta_2+\theta_3)$，下同。

座上。

(2) 确定各杆的结构参数与关节变量。各杆的结构参数如图 2-11 所示，各关节变量均为绕 z_i 的转角，分别表示为 θ_1、θ_2、…、θ_6。结构参数和关节变量见表 2-2。

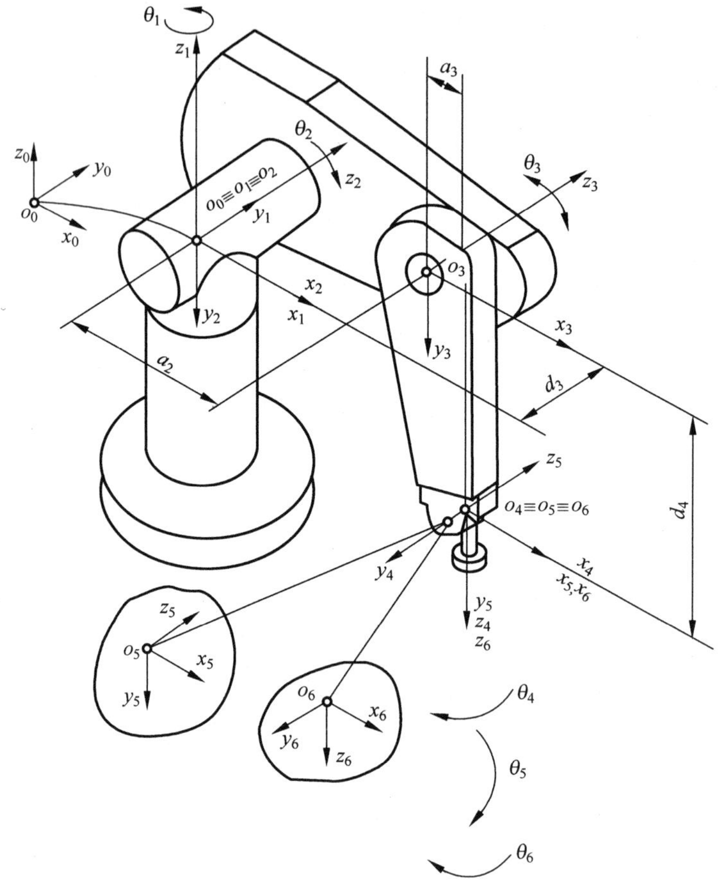

图 2-11 PUMA560 轴测简图

表 2-2 结构参数与关节变量

i	α_{i-1}	a_{i-1}	d_i	θ_i
1	0	0	0	θ_1
2	$-90°$	0	0	θ_2
3	0	a_2	d_3	θ_3
4	$-90°$	a_3	d_4	θ_4
5	$90°$	0	0	θ_5
6	$-90°$	0	0	θ_6

(3) 确定两杆之间的位姿矩阵。将表 2-2 中的参数代入式(2-18)，即得

$$
\left\{
\begin{array}{ll}
\boldsymbol{T}_1^0=\begin{bmatrix} c\theta_1 & -s\theta_1 & 0 & 0 \\ s\theta_1 & c\theta_1 & 0 & 0 \\ 0 & 0 & 1 & 0 \\ 0 & 0 & 0 & 1 \end{bmatrix} & \boldsymbol{T}_2^1=\begin{bmatrix} c\theta_2 & -s\theta_2 & 0 & 0 \\ 0 & 0 & 1 & 0 \\ -s\theta_2 & -c\theta_2 & 0 & 0 \\ 0 & 0 & 0 & 1 \end{bmatrix} \\
\boldsymbol{T}_3^2=\begin{bmatrix} c\theta_3 & -s\theta_3 & 0 & a_2 \\ s\theta_3 & c\theta_3 & 0 & 0 \\ 0 & 0 & 1 & d_3 \\ 0 & 0 & 0 & 1 \end{bmatrix} & \boldsymbol{T}_4^3=\begin{bmatrix} c\theta_4 & -s\theta_4 & 0 & a_3 \\ 0 & 0 & 1 & d_4 \\ -s\theta_4 & -c\theta_4 & 0 & 0 \\ 0 & 0 & 0 & 1 \end{bmatrix} \\
\boldsymbol{T}_5^4=\begin{bmatrix} c\theta_5 & -s\theta_5 & 0 & 0 \\ 0 & 0 & -1 & 0 \\ s\theta_5 & c\theta_5 & 0 & 0 \\ 0 & 0 & 0 & 1 \end{bmatrix} & \boldsymbol{T}_6^5=\begin{bmatrix} c\theta_6 & -s\theta_6 & 0 & 0 \\ 0 & 0 & 1 & 0 \\ -s\theta_6 & -c\theta_6 & 0 & 0 \\ 0 & 0 & 0 & 1 \end{bmatrix}
\end{array}
\right. \tag{例 2-2a}
$$

(4) 求末杆的位姿矩阵 $\boldsymbol{T}_6^0$：

$$
\boldsymbol{T}_6^0=\boldsymbol{T}_1^0\boldsymbol{T}_2^1\boldsymbol{T}_3^2\boldsymbol{T}_4^3\boldsymbol{T}_5^4\boldsymbol{T}_6^5=\begin{bmatrix} n_x & o_x & a_x & p_x \\ n_y & o_y & a_y & p_y \\ n_z & o_z & a_z & p_z \\ 0 & 0 & 0 & 1 \end{bmatrix} \tag{例 2-2b}
$$

式中，$n_x=c_1[c_{23}(c_4c_5c_6-s_4s_6)-s_{23}s_5c_6]+s_1(s_4c_5c_6+c_4s_6)$

$n_y=s_1[c_{23}(c_4c_5c_6-s_4s_6)-s_{23}s_5c_6]-c_1(s_4c_5c_6+c_4s_6)$

$n_z=-s_{23}(c_4c_5c_6-s_4s_6)-c_{23}s_5c_6$

$o_x=c_1[c_{23}(-c_4c_5s_6-s_4c_6)+s_{23}s_5s_6]+s_1(c_4c_6-s_4c_5s_6)$

$o_y=s_1[c_{23}(-c_4c_5s_6-s_4c_6)+s_{23}s_5s_6]-c_1(c_4c_6-s_4c_5s_6)$

$o_z=-s_{23}(-c_4c_5s_6-s_4c_6)+c_{23}s_5s_6$

$a_x=-c_1(c_{23}c_4s_5+s_{23}c_5)-s_1s_4s_5$

$a_y=-s_1(c_{23}c_4s_5+s_{23}c_5)+c_1s_4s_5$

$a_z=s_{23}c_4s_5-c_{23}c_5$

$p_x=c_1(a_2c_2+a_3c_{23}-d_4s_{23})-d_3s_1$

$p_y=s_1(a_2c_2+a_3c_{23}-d_4s_{23})+d_3c_1$

$p_z=-a_3s_{23}-a_2s_2-d_4c_{23}$

通过上面的例子可知，在进行开链机器人末端执行器（或末杆）位姿矩阵（运动方程）正解过程中，设置坐标时应注意以下几点：

(1) 使机器人处于操作的零位，由基座开始先设立固定的基础（参考）坐标系 S_0，其 z_0 的正向最好与重力加速度反向，原点 O_0 在第一关节轴线上，x_0 位于机器人工作空间的对称平面内。

(2) 应尽量使 x_i 与 x_{i-1} 保持同向，O_i 与 O_{i-1} 在 z_i 方向保持同“高”，否则关节变量 θ_i（或 d_i）要加初始值。

(3) 末端执行器坐标架 S_e 的原点 O_e 选择为“手”心点，z_e 的正向指向（或背离）工件。

2．位姿逆解

位姿逆解法可分为四类：代数法、几何法、数值解法和神经网络求逆解法。前两种解法的具体步骤和最终公式因机器人的具体构型而异，数值解法是目前人们寻求位姿逆解的通解而得到的方法，由于计算量大，计算时间往往不能满足实时控制的需要，所以这一方法目前只具有理论意义。在机械臂的逆运动学问题中，通常存在着多个关节和复杂的映射关系，这使得传统的解析方法难以应对。因此，随着机器学习算法的不断进步，利用神经网络进行机械臂逆运动学求解的趋势日益显著。

代数法作为一种经典方法，其相关研究已比较成熟，并且在业界已有众多实际应用案例。下面先介绍代数法的基本原理。

为了便于说明，设末杆位姿矩阵为 $\boldsymbol{T}_6^0$（即六杆机器人，且不考虑末端执行器坐标系 S_e）：

$$\boldsymbol{T}_6^0=\boldsymbol{T}_1^0\boldsymbol{T}_2^1\boldsymbol{T}_3^2\boldsymbol{T}_4^3\boldsymbol{T}_5^4\boldsymbol{T}_6^5 \tag{2-19}$$

并用 q_i 代替 θ_i 或 d_i 表示关节变量（q_i 称作广义关节变量）。

若已知末杆某一特定的位姿矩阵 $\boldsymbol{T}_6^0$：

$$\boldsymbol{T}_6^0=\begin{bmatrix} n_x & o_x & a_x & p_x \\ n_y & o_y & a_y & p_y \\ n_z & o_z & a_z & p_z \\ 0 & 0 & 0 & 1 \end{bmatrix} \tag{2-20}$$

为了求解 q_1，可用 $(\boldsymbol{T}_1^0)^{-1}$ 同时左乘式(2-19)的两端，可得

$$(\boldsymbol{T}_1^0)^{-1}\boldsymbol{T}_6^0=\boldsymbol{T}_2^1\boldsymbol{T}_3^2\boldsymbol{T}_4^3\boldsymbol{T}_5^4\boldsymbol{T}_6^5 \tag{2-21}$$

根据 $\boldsymbol{T}_i^j$ 中只有 q_1、q_2、…、q_i，如式(2-21)的左端只有 q_1，利用两端矩阵的对应元素相等，可得 12 个方程，其中 9 个是独立的，从中可以用若干方程消去 q_2、q_3、…、q_6，从而求得 q_1，由此可得出一般的逆推解题步骤如下：

$$\begin{cases} (\boldsymbol{T}_1^0)^{-1}\boldsymbol{T}_6^0=\boldsymbol{T}_2^1\boldsymbol{T}_3^2\boldsymbol{T}_4^3\boldsymbol{T}_5^4\boldsymbol{T}_6^5\Rightarrow q_1 \\ (\boldsymbol{T}_2^1)^{-1}(\boldsymbol{T}_1^0)^{-1}\boldsymbol{T}_6^0=\boldsymbol{T}_3^2\boldsymbol{T}_4^3\boldsymbol{T}_5^4\boldsymbol{T}_6^5\Rightarrow q_2 \\ \quad\vdots \\ (\boldsymbol{T}_5^4)^{-1}(\boldsymbol{T}_4^3)^{-1}(\boldsymbol{T}_3^2)^{-1}(\boldsymbol{T}_2^1)^{-1}(\boldsymbol{T}_1^0)^{-1}\boldsymbol{T}_6^0=\boldsymbol{T}_6^5\Rightarrow q_5、q_6 \end{cases} \tag{2-22}$$

注意：通常上述递推并不需要做完就可以利用等号两端矩阵对应元素相等的关系求出全部关节变量。

【例 2-3】 求例 2-2 中 PUMA560 六杆机器人的位姿逆解。其中已知 $\boldsymbol{T}_6^0$，见式(例 2-2b)。

(1) 求 θ_1。

根据 $(\boldsymbol{T}_1^0)^{-1}\boldsymbol{T}_6^0=\boldsymbol{T}_6^1$，由例 2-2 得

$$(\boldsymbol{T}_1^0)^{-1}\boldsymbol{T}_6^0=\begin{bmatrix} \mathrm{c}_1 & \mathrm{s}_1 & 0 & 0 \\ -\mathrm{s}_1 & \mathrm{c}_1 & 0 & 0 \\ 0 & 0 & 1 & 0 \\ 0 & 0 & 0 & 1 \end{bmatrix}\begin{bmatrix} n_x & o_x & a_x & p_x \\ n_y & o_y & a_y & p_y \\ n_z & o_z & a_z & p_z \\ 0 & 0 & 0 & 1 \end{bmatrix}$$

$$=\begin{bmatrix} c_1n_x+s_1n_y & c_1o_x+s_1o_y & c_1a_x+s_1a_y & c_1p_x+s_1p_y \\ -s_1n_x+c_1n_y & -s_1o_x+c_1o_y & -s_1a_x+c_1a_y & -s_1p_x+c_1p_y \\ n_z & o_z & a_z & p_z \\ 0 & 0 & 0 & 1 \end{bmatrix}$$

$$\boldsymbol{T}_6^1=\boldsymbol{T}_2^1\cdots\boldsymbol{T}_6^5=\begin{bmatrix} n'_x & o'_x & a'_x & p'_x \\ n'_y & o'_y & a'_y & p'_y \\ n'_z & o'_z & a'_z & p'_z \\ 0 & 0 & 0 & 1 \end{bmatrix}$$

式中，$n'_x=c_{23}(c_4c_5c_6-s_4s_6)-s_{23}s_5c_6$

$n'_y=-s_4c_5c_6-c_4s_6$

$n'_z=-s_{23}(c_4c_5c_6-s_4s_6)-c_{23}s_5c_6$

$o'_x=-c_{23}(c_4c_5c_6+s_4s_6)+s_{23}s_5s_6$

$o'_y=s_4c_5s_6-c_4c_6$

$o'_z=s_{23}(c_4c_5s_6+s_4c_6)+c_{23}s_5s_6$

$a'_x=-c_{23}c_4s_5-s_{23}c_5$

$a'_y=s_4s_5$

$a'_z=s_{23}c_4s_5-c_{23}c_5$

$p'_x=a_2c_2+a_3c_{23}-d_4s_{23}$

$p'_y=d_3$

$p'_z=-a_3s_{23}-a_2s_2-d_4c_{23}$

因为

$$(\boldsymbol{T}_1^0)^{-1}\boldsymbol{T}_6^0=\boldsymbol{T}_6^1 \tag{例 2-3a}$$

令式(例 2-3a)两端矩阵的(2,4)元素相等，可得

$$-s_1p_x+c_1p_y=d_3 \tag{例 2-3b}$$

下面做三角代换，令 $p_x=\rho\cos\varphi$，$p_y=\rho\sin\varphi$，则

$$\rho=\sqrt{p_x^2+p_y^2},\varphi=\arctan(p_y/p_x)$$

将 ρ，φ 代入式(例 2-3b)，可得

$$c_1s_\varphi-s_1c_\varphi=d_3/\rho$$

则有

$$\sin(\varphi-\theta_1)=d_3/\rho,\quad \cos(\varphi-\theta_1)=\pm\sqrt{1-d_3^2/\rho^2}$$

$$\theta_1=\arctan(p_y/p_x)-\arctan(d_3/\pm\sqrt{\rho^2-d_3^2}) \tag{例 2-3c}$$

(2) 利用式(例 2-3a)还可求 θ_3。

令式(例 2-3a)两侧矩阵的(1,4)及(3,4)元素相等，可得

$$c_1p_x+s_1p_y=a_3c_{23}-d_4s_{23}+a_2c_2$$

$$-p_z=a_3s_{23}+d_4c_{23}+a_2s_2$$

将上面两式左右进行二次方相加，再与式(例 2-3b)左右进行二次方相加，可得

$$a_3s_3-a_4s_3=k \tag{例 2-3d}$$

$$k=\frac{p_x^2+p_y^2+p_z^2-a_2^2-a_3^2-d_3^2-d_4^2}{2a_2} \tag{例 2-3e}$$

式(例 2-3d)与式(例 2-3b)相似，仿之得

$$\theta_3=\arctan(a_3/d_4)-\arctan(k/\pm\sqrt{a_3^2+d_4^2-k^2}) \tag{例 2-3f}$$

(3) 求 θ_2。

因为已求出了 θ_3，可以利用式(例 2-3g)求 θ_2：

$$(\boldsymbol{T}_3^2)^{-1}(\boldsymbol{T}_2^1)^{-1}(\boldsymbol{T}_1^0)^{-1}\boldsymbol{T}_6^0=\boldsymbol{T}_4^3\boldsymbol{T}_5^4\boldsymbol{T}_6^5 \tag{例 2-3g}$$

$$式(例 2\text{-}3g)左边=\begin{bmatrix} c_1c_{23} & s_1c_{23} & -s_{23} & -a_2c_3 \\ -c_1s_{23} & -s_1s_{23} & -c_{23} & a_2s_3 \\ -s_1 & c_1 & 0 & -d_3 \\ 0 & 0 & 0 & 1 \end{bmatrix}\begin{bmatrix} n_x & o_x & a_x & p_x \\ n_y & o_y & a_y & p_y \\ n_z & o_z & a_z & p_z \\ 0 & 0 & 0 & 1 \end{bmatrix}$$

考虑到例 2-2：

$$式(例 2\text{-}3g)右边=\begin{bmatrix} c_4c_5c_6-s_4s_6 & -c_4c_5s_6-s_4c_6 & -c_4s_5 & a_3 \\ s_5c_6 & -s_5s_6 & c_5 & d_4 \\ -s_4c_5c_6-c_4s_6 & s_4c_5s_6-c_4c_6 & s_4s_5 & 0 \\ 0 & 0 & 0 & 1 \end{bmatrix}$$

令式(例 2-3g)两侧矩阵的(1,4)(2,4)元素分别相等，可得

$$c_1c_{23}p_x+s_1c_{23}p_y-s_{23}p_z-a_2c_3=a_3$$

$$-c_1s_{23}p_x+s_1s_{23}p_y-c_{23}p_z+a_2s_3=d_4$$

联立上两式求解 s_{23}、c_{23}：

$$s_{23}=[p_z(-a_3-a_2c_3)+A(a_2s_3-d_4)]/(p_z^2+A^2)$$

$$c_{23}=[p_z(a_2s_3-d_4)-A(-a_3-a_2c_3)]/(p_z^2+A^2)$$

式中，$A=c_1p_x+s_1p_y$。

于是，有

$$\theta_{23}=\arctan\frac{p_z(-a_3-a_2c_3)+A(a_2s_3-d_4)}{p_z(a_2s_3-d_4)-A(-a_3-a_2c_3)}$$

因为 $\theta_{23}=\theta_2+\theta_3$，

所以 $\theta_2=\theta_{23}-\theta_3$

$$=\arctan\frac{p_z(-a_3-a_2c_3)+A(a_2s_3-d_4)}{p_z(a_2s_3-d_4)-A(-a_3-a_2c_3)}-\left(\arctan\frac{a_3}{d_4}-\arctan k/\pm\sqrt{a_3^2+d_4^2-k^2}\right) \tag{例 2-3h}$$

(4) 求 θ_4。

仍可利用式(例 2-3g)，令两侧的(1,3)和(3,3)元素相等，得

$$a_xc_1c_{23}+a_ys_1c_{23}-a_zs_{23}=-c_4s_5$$

$$-a_xs_1+a_yc_1=s_4s_5$$

因为 θ_1、θ_2、θ_3 都是已知数，只要 $s_5\neq0$，即可联立上两式求解 θ_4：

$$\theta_4=\arctan\frac{-a_xs_1+a_yc_1}{-a_xc_1c_{23}-a_ys_1c_{23}+a_zs_{23}} \tag{例 2-3i}$$

注意：当 $s_5=0$ 时，$\theta_5=0$，这时 z_4 与 z_6 轴重合，θ_4 与 θ_6 的转动效果相同，所以此时可任取 θ_4，再算出相应的 θ_6。

(5) 求 θ_5。

利用公式

$$(\boldsymbol{T}_4^3)^{-1}(\boldsymbol{T}_3^2)^{-1}(\boldsymbol{T}_2^1)^{-1}(\boldsymbol{T}_1^0)^{-1}\boldsymbol{T}_6^0=\boldsymbol{T}_5^4\boldsymbol{T}_6^5$$

即

$$(\boldsymbol{T}_4^0)^{-1}\boldsymbol{T}_6^0=\boldsymbol{T}_6^4 \tag{例 2-3j}$$

由例 2-2 得

$$(\boldsymbol{T}_4^0)^{-1}=\begin{bmatrix} c_1c_{23}c_4+s_1s_4 & s_1c_{23}c_4-c_1s_4 & -s_{23}c_4 & -a_2c_3c_4+d_3s_4-a_3c_4 \\ -c_1c_{23}s_4+s_1c_4 & -s_1c_{23}s_4-c_1c_4 & s_{23}c_4 & a_2c_3s_4+d_3c_4+a_3s_4 \\ -c_1s_{23} & -s_1s_{23} & -c_{23} & a_2s_3-d_4 \\ 0 & 0 & 0 & 1 \end{bmatrix}$$

$$\boldsymbol{T}_6^4=\begin{bmatrix} c_5c_6 & -c_5s_6 & -s_5 & 0 \\ s_6 & c_6 & 0 & 0 \\ s_5c_6 & -s_5s_6 & c_5 & 0 \\ 0 & 0 & 0 & 1 \end{bmatrix}$$

令式(例 2-3j)两侧的(1,3)(3,3)元素相等，得

$$a_x(c_1c_{23}c_4+s_1s_4)+a_y(s_1c_{23}c_4-c_1s_4)-a_z(s_{23}c_4)=-s_5 \tag{例 2-3k}$$

$$a_x(-c_1s_{23})+a_y(-s_1s_{23})+a_z(-c_{23})=c_5 \tag{例 2-3l}$$

于是

$$\theta_5=\arctan\frac{-s_5}{c_5} \tag{例 2-3m}$$

式(例 2-3m)中的 s_5、c_5 分别由(例 2-3k)(例 2-3l)两式给出。

(6) 求 θ_6。

$$(\boldsymbol{T}_5^0)^{-1}\boldsymbol{T}_6^0=\boldsymbol{T}_6^5 \tag{例 2-3n}$$

利用例 2-2 中的 $\boldsymbol{T}_1^0$、$\boldsymbol{T}_2^1$、…、$\boldsymbol{T}_5^4$ 先求出 $\boldsymbol{T}_5^0$，再求出 $(\boldsymbol{T}_5^0)^{-1}$，并将 $\boldsymbol{T}_6^0$、$\boldsymbol{T}_6^5$ 一同代入式(例 2-3n)，令式(例 2-3n)两侧的(3,1)(1,1)元素相等，得

$$s_6=-n_x(c_1c_{23}s_4-s_1c_4)-n_y(s_1c_{23}s_4+c_1c_4)+n_zs_{23}s_4 \tag{例 2-3o}$$

$$c_6=n_x[(c_1c_{23}c_4+s_1s_4)c_5-c_1s_{23}s_5]+n_y[(s_1c_{23}c_4-c_1s_4)c_4-s_1s_{23}s_5]-n_z(s_{23}c_4c_5+c_{23}s_5) \tag{例 2-3p}$$

式(例 2-3o)(例 2-3p)中含有的 θ_1、θ_2、…、θ_5 已由前面相应的公式求得，故

$$\theta_6=\arctan\frac{s_6}{c_6} \tag{例 2-3q}$$

式中，s_6、c_6 由(例 2-3o)(例 2-3p)两式求得。

至此已求出了全部的关节变量，即求得位姿矩阵 $\boldsymbol{T}_6^0$ 的逆解。

由求得的 θ_1、θ_2、…、θ_6 各式可以看出，只有 θ_1、θ_2、θ_3 三式中有 p_x、p_y、p_z，故它们确定了末杆标架原点 O_6 的空间位置。结合式(2-9)、式(2-10)可知，θ_4、θ_5、θ_6 三式中有 n_x、n_y、…，所以它们确定了末杆标架的姿态(或称方位)。由此可以得出：当六关节机器人的后

3 个关节轴线交于一点时，前、后 3 个关节具有不同的功用。前 3 个关节连同它的连杆，称作位置机构；后 3 个关节连同它的连杆，称作姿态机构。

由该例可知求逆解的一般原则为：

（1）方法，即等号两端的矩阵中对应元素相等。

（2）步骤，即利用矩阵方程进行递推，每递推一次可解一个或多于一个的变量公式。

（3）技巧，即利用三角方程进行置换。

（4）问题，即解题过程中有增根，故要根据机器人构型的可能性，选用合适的最终公式。

下面对依托神经网络的求逆方法进行简要介绍。该方法旨在以神经网络为载体，构建网络优化目标，利用梯度下降等网络优化方法学习得到末端执行器的目标位置和姿态到各个关节角度或位置的映射关系。换言之，当已知末端位姿向量时，可以利用末端位置坐标和欧拉角作为神经网络模型的输入，准确预测机械臂各个关节的角度或位置。这个过程可以分为以下步骤：

（1）数据采集。首先需要构建一个数据集，其中包括已知末端位姿和相应的关节角度或位置。这些数据将用于训练神经网络模型。

（2）神经网络架构。设计一个深度神经网络，通常包括输入层、隐藏层和输出层。输入层接受末端位姿向量和欧拉角，输出层生成关节角度或位置的预测值。

（3）训练模型。使用数据集对神经网络进行训练，目标是使模型能够在输入末端位姿时输出关节变量。这通常涉及优化模型参数，使其最小化预测值与真实值之间的误差。

（4）测试与验证。经过训练后，需要对模型进行测试和验证，以确保其在未见过的数据上表现良好。这有助于验证模型的泛化能力。

（5）应用。训练好的神经网络模型能够准确预测逆运动学解，因此它可以被嵌入机械臂的控制系统中，用于机械臂的实际控制任务。

下面围绕六杆机器人案例简单讲述神经网络求逆过程。

根据上述提到的六杆机器人旋转矩阵 $\boldsymbol{T}_6^0$，对输入参数进行 RPY 欧拉角变化，得到逆运动学输入向量 $\boldsymbol{P}$，其表达式为

$$\boldsymbol{P}=[\alpha,\beta,\gamma,p_x,p_y,p_z]^{\mathrm{T}} \tag{2-23}$$

式中，α、β、γ 为机器人末端姿态，p_x、p_y、p_z 为机器人末端位置。

RPY 角欧拉变换为

$$\begin{cases}\alpha=a\tan2(n_y,n_x)\\ \beta=a\tan2(-n_z,n_x\cos\alpha+n_y\sin\alpha)\\ \lambda=a\tan2(a_x\sin\alpha-a_y\cos\alpha,-o_x\sin\alpha+o_y\cos\alpha)\end{cases} \tag{2-24}$$

将 $\boldsymbol{P}$ 作为神经网络输入，6 个待求解的关节变量作为输出，构造多层全连接神经网络。网络的隐藏层层数、每层神经元个数和激活函数可自行设置。所构造神经网络可表示为

$$\boldsymbol{\Theta}=f(\boldsymbol{P};\omega) \tag{2-25}$$

式中，f 表示求逆网络；ω 为待优化网络参数；$\boldsymbol{\Theta}=[\theta_1,\theta_2,\theta_3,\theta_4,\theta_5,\theta_6]$为输出的 6 个关节变化量。

整个运算流程如图 2-12 所示，根据网络输出，利用 D-H 法进行正运动学运算求得预测位姿向量 $\bar{\boldsymbol{P}}$，其表达式为

$$\overline{\boldsymbol{P}}=[\bar{\alpha},\bar{\beta},\bar{\gamma},\bar{p}_x,\bar{p}_y,\bar{p}_z]^{\mathrm{T}} \tag{2-26}$$

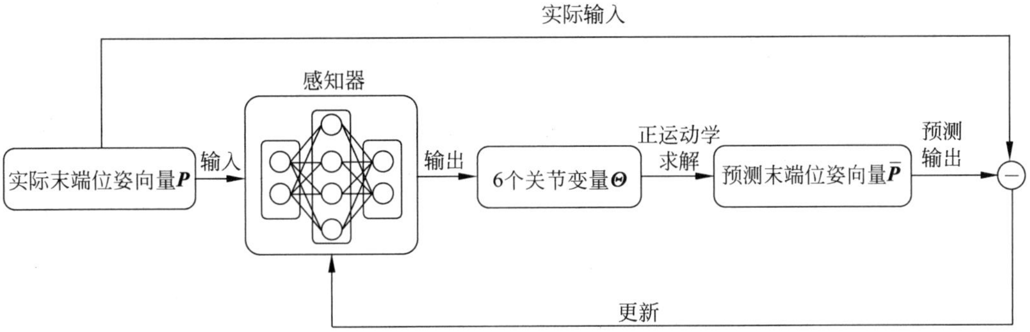

图 2-12 PUMA 型机器人的神经网络运算流程图

利用预测位姿向量和目标位姿向量构造逆运动学求解损失函数：

$$L(\omega)=\|\overline{\boldsymbol{P}}-\boldsymbol{P}\|^2 \tag{2-27}$$

求得损失函数后，通常使用梯度下降方法来更新网络结构的权重，以最小化损失函数。梯度下降的一般形式为

$$\omega'=\omega-\alpha\frac{\mathrm{d}L(\omega)}{\mathrm{d}\omega} \tag{2-28}$$

式中，ω'代表更新后的权重；ω 代表当前的权重；α 是学习率，控制着更新的步长；$\frac{\mathrm{d}L(\omega)}{\mathrm{d}\omega}$是损失函数关于权重的梯度，表明损失函数在当前权重值处的变化方向。通过不断迭代更新权重，模型会逐渐收敛到损失函数的最小值，从而提高模型的性能，其关系如图 2-13(a)所示，x 轴、y 轴分别代表两个权值，z 轴代表给定两个特定权值的情况下损失函数的值，目标点就是曲线对应的“谷底”数值，输出该网络参数对应的关节变量，即可实现高精度逆运动学求解；图 2-13(b)展示了模型在训练集、测试集上的表现，预测值不断向真实值靠拢，从而达到学习的目的。

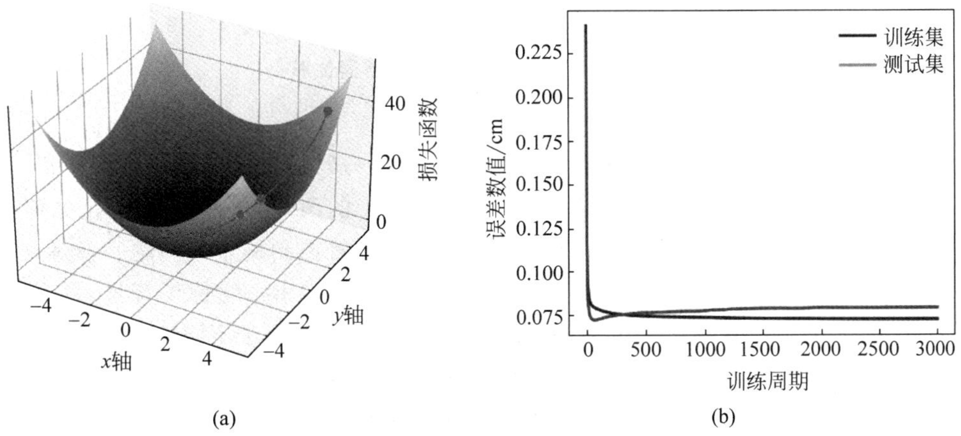

图 2-13 损失函数训练曲线

(a) 权重与损失函数的关系；(b) 模型在训练集、测试集上的表现

目前，机器学习在逆运动学求解方法方面得到了广泛的应用，特别是在工业机器人的装配和焊接任务等领域，展现出了精准的定位和控制能力。甚至在一些具有复杂冗余结构的机械臂，如八自由度的凿岩台车钻臂上，神经网络求逆解时间可以达到毫秒级别，求解精度也可以保持在毫米级别。

机器学习在逆运动学求解中的应用为自动化领域带来了许多潜在优势，但也伴随着一系列挑战。例如，在实际应用中，为满足对不同机械臂的求解需求，通常需要构造适应任务的数据集。不同的数据集可能会导致训练出的模型差异较大。因此，了解机械臂本身的机构组成和具备个人的先验知识，可以大幅提升求解性能。通过继续深入研究和开发可以逐步解决这些挑战，并进一步提高机器人和自动化系统的性能和适用性。在机器学习领域不断取得进展的同时，工业和自动化领域也将受益于这些创新，以实现更高效、更精确的任务。

3. 关节角的多解问题

用代数法和几何法进行位姿逆解时，关节角的解都是多解(多值的)的。如用几何法，这种多值解可以方便地由解图直接判定。如图 2-14 所示，为达到目标点，机器人的上臂(杆 2)和下臂(杆 3)可有两种位形关系。对于下臂，还可以由图中所示的在基座右面转到基座的左面。这样，到达目标点可解得 4 种不同的位形。

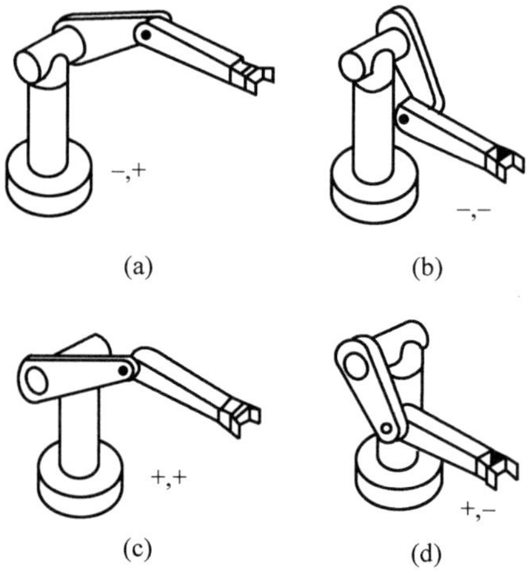

图 2-14 PUMA 型机器人的不同位形

(a) 臂左，肘上；(b) 臂左，肘下；(c) 臂右，肘上；(d) 臂右，肘下

与这 4 组位形对应的 4 组 θ_1 和 θ_2 的组合解为：$\theta_1 \leftrightarrow \theta_2$、$\theta_1 \leftrightarrow \theta_2'$、$\theta_1' \leftrightarrow \theta_2$、$\theta_1' \leftrightarrow \theta_2'$。再考虑到 θ_3，共可得到 8 组解的组合。如何在算式中区别 θ_i 的两个解(θ_i，θ_i')，以及如何把 θ_1、θ_1'，θ_2、θ_2'，…，θ_i、θ_i'，…进行搭配，已成为求逆解和进行位置控制的重要问题。参考文献[4]提出了一种解决该问题的标识符号法，即根据连杆坐标系，定出一组标识符号，每个符号有正、负两个值，将它们代入关节变量的计算公式中，即可得出对应于不同位形的计算值。

对于下臂，由图 2-14 可知，相对基座，可有两种位形，即处于基座的右方和左方，据此即可对下臂(杆 2)给出标识符 ARM，当臂在右时，ARM 取“＋”值，当臂在左时，ARM 取“－”值。

对于上臂和下臂的相对位形，可有“肘在上”(即关节 3 在上)和“肘在下”(即关节 3 在下)两种位形，标识符取为 ELB。“肘在上”，ELB 取“＋”值；“肘在下”，ELB 取“－”值。

由此，对于图 2-14 所示的 4 种情况，标识符的组合值是：臂在左，肘在上，ARM-ELB⇒－，＋；臂在左，肘在下，ARM-ELB⇒－，－。臂在右，肘在上，ARM-ELB⇒＋，＋；臂在右，肘在下，ARM-ELB⇒＋，－。

对于 θ_1，由臂在左或在右，可得两个解算图，如图 2-15 所示。可以看出，图 2-15(a)相当于臂右置，即 ARM⇒＋，此时，$\theta_1=\varphi+\alpha$；图 2-15(b)相当于臂左置，ARM⇒－，此时，$\theta_1=\theta_1'=\varphi-\alpha$。

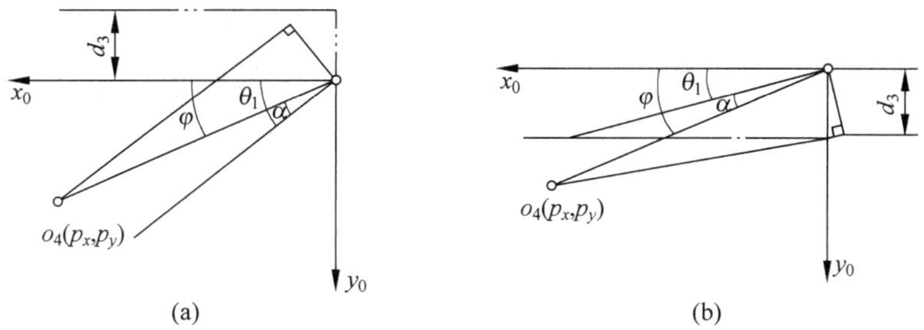

图 2-15　θ_1 的解算图

于是，例 2-3 中的公式(例 2-3c)可以写作：

$$\theta_1=\arctan\frac{p_y}{p_x}-\arctan\frac{\mathrm{ARM}\cdot d_3}{\sqrt{p_x^2+p_y^2-d_3^2}}$$

$$\arctan\frac{p_y}{p_x}=\varphi,\quad \arctan\frac{d_3}{\sqrt{p_x^2+p_y^2-d_3^2}}=\alpha$$

式中，ARM 为臂标识符，在右取“＋”，在左取“－”。

以上述方法解决了相应于不同位形时关节角的取值问题。至于关节角间的搭配，操作者可根据工作需要和场地等情况预先做出规划。

与该方法有关的讨论见参考文献[4]。在该文献中，还给出了用局部投影法(即对不同关节取不同的投影方向，该方向为相应关节轴的反向)求解关节变量的几何法。

2.4.2　含局部闭链的机器人运动学求解

当机器人具有局部闭链机构或关节之间的运动传递有诱发现象时，将无法直接采用前面介绍的建立位姿矩阵的方法，因为决定末端执行器位姿的主要连杆之间的相对转角(关节角)中，有些是被间接驱动的。有些关节运动时，另一些关节会由于结构上的原因产生附加运动。所以在求解时，必须先分析运动特点，找出直接决定末端位姿的关节角，把它们分离出来，组成等价的开链机构，然后再求解。有时为了控制驱动电动机，还必须求出电动机转角方程式。下面以 YG-1 型机器人为例，加以说明。

【例 2-4】　设有图 2-16 所示的五自由度全旋转关节机器人，试求其位姿正、逆解，并求出电动机转角方程式。

解：(1) 运动分析。由图 2-16 可知，腰部旋转(即 S 轴旋转)是由 400 W 的 DC 伺服电动机通过谐波减速器减速后带动回转壳绕竖轴旋转的。

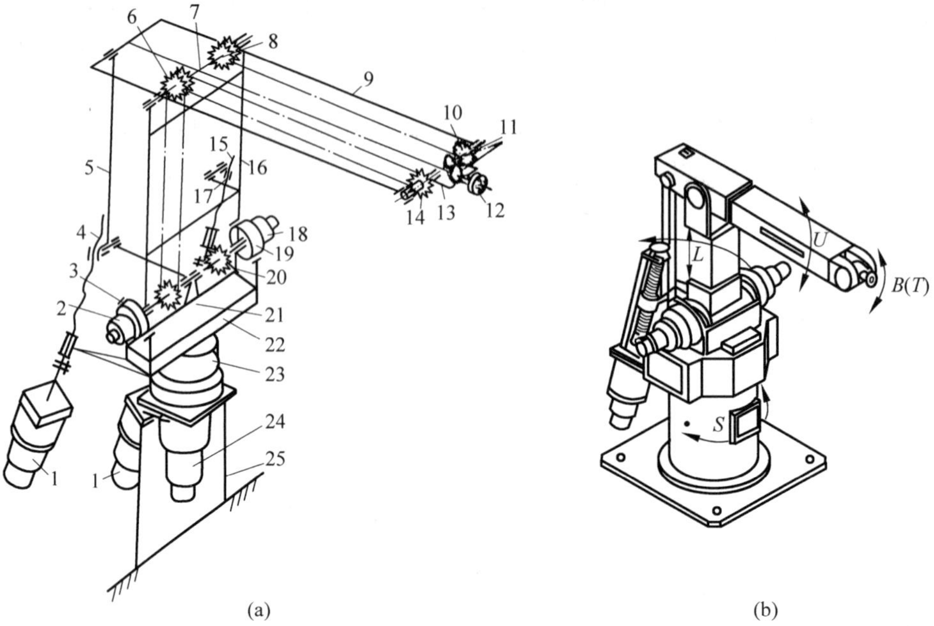

1,2,18,24—伺服电动机；3,19,23—谐波减速器；4,15—滚珠丝杆；5—拉杆；6—双联链轮Ⅰ；7—销轴；8—双联链轮Ⅱ；9—上臂杆；10—链轮Ⅲ；11—大锥齿轮；12—手部固结法兰；13—腕壳；14—链轮Ⅳ；16—下臂杆；17—凸耳；20—链轮Ⅱ；21—回转壳；22—链轮Ⅰ；25—基座。

图 2-16　YG-1 型机器人

(a) 机构简图；(b) 立体图

下臂倾动（即 L 轴旋转）由 400 W 的 DC 伺服电动机带动滚珠丝杠，再由丝杠带动下臂杆上的凸耳驱动下臂杆前后倾动。

上臂俯仰（即 U 轴旋转）由 400 W 的 DC 伺服电动机带动另一滚珠丝杠，再由滚珠丝杠带动平行四边形机构的主动杆摆动，借助该四边形机构的拉杆迫使上臂杆以下臂杆上端的销轴为支撑做上下俯仰运动。

腕摆运动（即 B 轴旋转）由 200 W 的 DC 伺服电动机，通过谐波减速器带动下臂杆内的链条运动，再通过下臂杆上面的销轴上的一个双联链轮带动上臂杆内的链条转动，从而带动与腕壳固联在一起的链轮驱使腕壳上下摆动。

手部回转（即 T 轴旋转）也是使用 200 W 的另一台 DC 伺服电动机通过谐波减速器，带动下臂杆内的另一链条运动，再通过下臂杆上面的销轴上的另一双联链轮带动上臂杆内的另一链条，并带动腕壳内的链轮，该链轮与大锥齿轮同轴固联，再带动小锥齿轮轴，最后带动手部固结法兰旋转。

这里特别指出，因使用了上述传动机构，当下臂倾动时，不会对上臂的取向（姿态）产生影响，上、下臂一起运动或单独运动时不影响手部固结法兰的姿态，即手部姿态不变。又由于腕部采用差动轮系，故当腕摆动时，还会诱发手部回转。只有当腕部两链轮同向同转速（即二者无相对运动）时，手部才不会发生诱导运动。

根据上面的运动分析，可得图 2-17 所示的关节运动简图。图中，$\theta_1 \sim \theta_5$ 为关节角；θ_2' 为驱动角，其他驱动角 θ_1'、θ_3'、θ_4'、θ_5' 没有画出。

(2) 确定关节角与驱动角之间的关系。图 2-18 表示该机器人的 3 个位形。图 2-18(a)

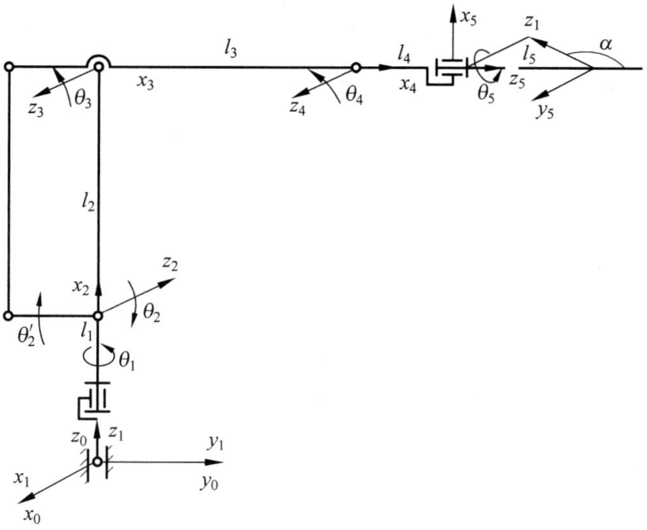

图 2-17　关节运动简图

表示零位($\theta_1 \sim \theta_5 = 0$)位形，图 2-18(b)表示当 $\theta_2 \neq 0$ 时的某个中间位形，图 2-18(c)表示 $\theta_2 \neq 0$、$\theta_3 \neq 0$ 时的另一个中间位形。后两个位形的实现是由平行四杆机构和等速比双链条传动决定的。约定用 θ_i 表示关节角，θ_i' 表示驱动角。图 2-18 表明，θ_3 由 θ_2 和 θ_3' 决定，θ_4 由 θ_3' 和 θ_4' 决定。由于 T、B 轴之间是差动轮系，所以 θ_5 又由 θ_4' 和 θ_5' 决定。于是得到关节角与驱动角的关系如下：

$$
\begin{cases}
\theta_5 = \theta_5' + i\theta_4' \\
\theta_4 = \theta_4' - \theta_3' \\
\theta_3 = \theta_3' - \theta_2' \\
\theta_2 = \theta_2' \\
\theta_1 = \theta_1'
\end{cases}
$$

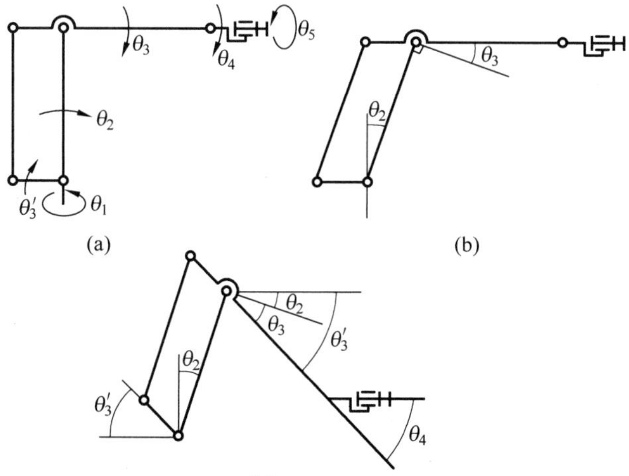

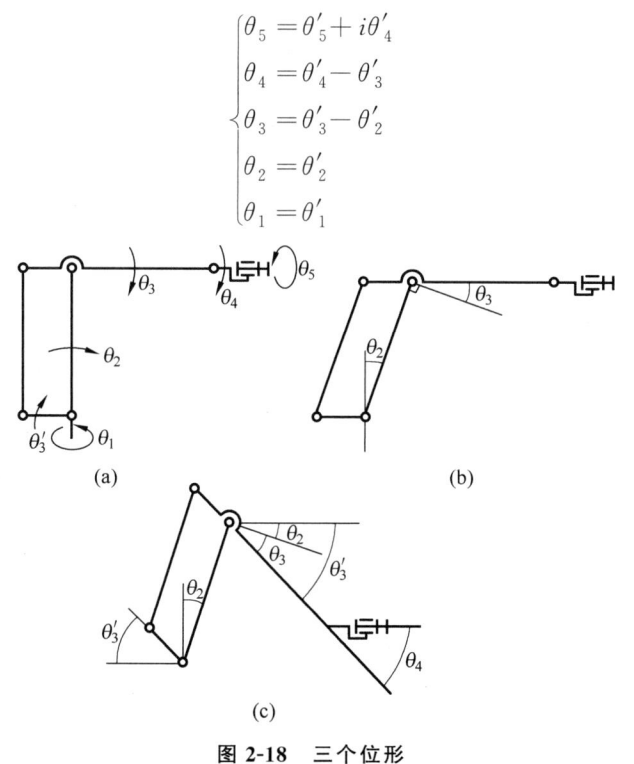

图 2-18　三个位形

(a) 零位；(b) 中位(1)；(c) 中位(2)

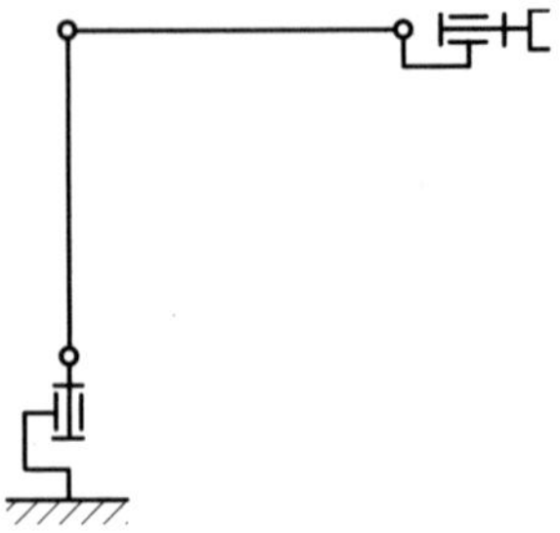

图 2-19 等效开链机构

(3) 求等效开链机构及其正逆解。由该机器人的运动分析可知，末端执行器的位姿完全由主要连杆之间的关节角 $\theta_1 \sim \theta_5$ 决定，所以可画出它的等价开链机构（见图 2-19），并求其位姿正、逆解。

① 求位姿正解。

设坐标系且求两杆间的位姿矩阵。共设 S_0、S_1、S_2、S_3、S_4、S_5、$S_e(=S_6)$ 6 个坐标系，见图 2-17，由于所设的 z_i 轴与关节轴线重合，利用式(2-18)（参数表略）可得

$$
\left\{
\begin{aligned}
\boldsymbol{T}_1^0 &= \begin{bmatrix} c\theta_1 & -s\theta_1 & 0 & 0 \\ s\theta_1 & c\theta_1 & 0 & 0 \\ 0 & 0 & 1 & 0 \\ 0 & 0 & 0 & 1 \end{bmatrix} \\
\boldsymbol{T}_2^1 &= \begin{bmatrix} 0 & 0 & -1 & 0 \\ s\theta_2 & c\theta_2 & 0 & 0 \\ c\theta_2 & -s\theta_2 & 0 & l_1 \\ 0 & 0 & 0 & 1 \end{bmatrix} \\
\boldsymbol{T}_3^2 &= \begin{bmatrix} s\theta_3 & c\theta_3 & 0 & l_2 \\ c\theta_3 & -s\theta_3 & 0 & 0 \\ 0 & 0 & -1 & 0 \\ 0 & 0 & 0 & 1 \end{bmatrix} \\
\boldsymbol{T}_4^3 &= \begin{bmatrix} c\theta_4 & -s\theta_4 & 0 & l_3 \\ s\theta_4 & c\theta_4 & 0 & 0 \\ 0 & 0 & 1 & 0 \\ 0 & 0 & 0 & 1 \end{bmatrix}
\end{aligned}
\right. \tag{例 2-4a}
$$

$$
\left\{
\begin{aligned}
\boldsymbol{T}_5^4 &= \begin{bmatrix} 0 & 0 & 1 & l_4 \\ c\theta_5 & -s\theta_5 & 0 & 0 \\ s\theta_5 & c\theta_5 & 0 & 0 \\ 0 & 0 & 0 & 1 \end{bmatrix} \\
\boldsymbol{T}_e^5 &= \begin{bmatrix} c\alpha & 0 & s\alpha & 0 \\ 0 & 1 & 0 & 0 \\ -s\alpha & 0 & c\alpha & l_5 \\ 0 & 0 & 0 & 1 \end{bmatrix}
\end{aligned}
\right. \tag{例 2-4b}
$$

求末端执行器的位姿矩阵 $\boldsymbol{T}_e^0$：

$$
\boldsymbol{T}_e^0 = \boldsymbol{T}_1^0 \boldsymbol{T}_2^1 \boldsymbol{T}_3^2 \boldsymbol{T}_4^3 \boldsymbol{T}_5^4 \boldsymbol{T}_e^5 = \begin{bmatrix} n_x & o_x & a_x & p_x \\ n_y & o_y & a_y & p_y \\ n_z & o_z & a_z & p_z \\ 0 & 0 & 0 & 1 \end{bmatrix} \tag{例 2-4c}
$$

式中，$n_x=[s\theta_5 c\theta_1+s\theta_1 c\theta_5 s(\theta_3+\theta_4-\theta_2)]c\alpha+s\theta_1 c(\theta_3+\theta_4-\theta_2)s\alpha$

$n_y=[s\theta_5 s\theta_1-c\theta_1 c\theta_5 s(\theta_3+\theta_4-\theta_2)]c\alpha+c\theta_1 c(\theta_3+\theta_4-\theta_2)s\alpha$

$n_z=c(\theta_3+\theta_4-\theta_2)c\theta_5 c\alpha-s(\theta_3+\theta_4-\theta_2)s\alpha$

$o_x=c\theta_1 c\theta_5-s\theta_1 s\theta_5 s(\theta_3+\theta_4-\theta_2)$

$o_y=s\theta_1 c\theta_5+c\theta_1 s\theta_5 s(\theta_3+\theta_4-\theta_2)$

$o_z=-s\theta_5 c(\theta_3+\theta_4-\theta_2)$

$a_x=[s\theta_5 c\theta_1+s\theta_1 c\theta_5 s(\theta_3+\theta_4-\theta_2)]s\alpha-s\theta_1 c(\theta_3+\theta_4-\theta_2)c\alpha$

$a_y=[s\theta_5 s\theta_1-c\theta_1 c\theta_5 s(\theta_3+\theta_4-\theta_2)]s\alpha+c\theta_1 c(\theta_3+\theta_4-\theta_2)c\alpha$

$a_z=c(\theta_3+\theta_4-\theta_2)c\theta_5 s\alpha+s(\theta_3+\theta_4-\theta_2)c\alpha$

$p_x=-[l_4 c(\theta_3+\theta_4-\theta_2)+l_3 c(\theta_3-\theta_2)+l_2 s\theta_2]s\theta_1-l_5 s\theta_1 c(\theta_3+\theta_4-\theta_2)$

$p_y=[l_4 c(\theta_3+\theta_4-\theta_2)+l_3 c(\theta_3-\theta_2)+l_2 s\theta_2]c\theta_1+l_5 c\theta_1 c(\theta_3+\theta_4-\theta_2)$

$p_z=(l_4+l_5)s(\theta_3+\theta_4-\theta_2)+l_3 s(\theta_3-\theta_2)+l_2 c\theta_2+l_1$

② 求位姿逆解。

由末端执行器的位姿矩阵(例 2-4c)可得

$$\boldsymbol{T}_e^1=(\boldsymbol{T}_1^0)^{-1}\boldsymbol{T}_e^0 \tag{例 2-4d}$$

由于

$$(\boldsymbol{T}_1^0)^{-1}=\begin{bmatrix} c\theta_1 & s\theta_1 & 0 & 0 \\ -s\theta_1 & c\theta_1 & 0 & 0 \\ 0 & 0 & 1 & 0 \\ 0 & 0 & 0 & 1 \end{bmatrix}$$

即

$$\boldsymbol{T}_e^1=(\boldsymbol{T}_1^0)^{-1}\boldsymbol{T}_e^0$$

$$=\begin{bmatrix} n_x c\theta_1+n_y s\theta_1 & o_x c\theta_1+o_y s\theta_1 & a_x c\theta_1+a_y s\theta_1 & p_x c\theta_1+p_y s\theta_1 \\ -n_x s\theta_1+n_y c\theta_1 & -o_x s\theta_1+o_y c\theta_1 & -a_x s\theta_1+a_y c\theta_1 & -p_x s\theta_1+p_y c\theta_1 \\ n_z & o_z & a_z & p_z \\ 0 & 0 & 0 & 1 \end{bmatrix} \tag{例 2-4e}$$

式中，n_x、n_y、n_z、…、p_x、p_y、p_z 同式(例 2-4c)。

令

$$\boldsymbol{T}_e^1=\boldsymbol{T}_2^1\boldsymbol{T}_3^2\boldsymbol{T}_4^3\boldsymbol{T}_5^4\boldsymbol{T}_e^5=\begin{bmatrix} n'_x & o'_x & a'_x & p'_x \\ n'_y & o'_y & a'_y & p'_y \\ n'_z & o'_z & a'_z & p'_z \\ 0 & 0 & 0 & 1 \end{bmatrix} \tag{例 2-4f}$$

式中，$n'_x=s\theta_5 c\alpha$

$n'_y=-s\alpha c(\theta_3+\theta_4-\theta_2)-c\alpha c\theta_5 s(\theta_3+\theta_4-\theta_2)$

$n'_z=-s\alpha s(\theta_3+\theta_4-\theta_2)+c\alpha c\theta_5 c(\theta_3+\theta_4-\theta_2)$

$o'_x=c\theta_5$

$o'_y=s\theta_5 s(\theta_3+\theta_4-\theta_2)$

$o'_z = -s\theta_5 c(\theta_3+\theta_4-\theta_2)$

$a'_x = s\theta_5 s\alpha$

$a'_y = c\alpha c(\theta_3+\theta_4-\theta_2) - c\theta_5 s\alpha s(\theta_3+\theta_4-\theta_2)$

$a'_z = c\alpha s(\theta_3+\theta_4-\theta_2) + c\theta_5 s\alpha c(\theta_3+\theta_4-\theta_2)$

$p'_x = 0$

$p'_y = (l_4+l_5)c(\theta_3+\theta_4-\theta_2) + l_3 c(\theta_3-\theta_2) + l_2 s\theta_2$

$p'_z = (l_4+l_5)s(\theta_3+\theta_4-\theta_2) + l_3 s(\theta_3-\theta_2) + l_2 c\theta_2 + l_1$

(i) 求 θ_1。

令式(例 2-4e)和式(例 2-4f)中的(1,4)元素相等可求得 θ_1

$$p_x c\theta_1 + p_y s\theta_1 = 0$$

$$\theta_1 = \arctan(-p_x/p_y)$$

(ii) 求 θ_5。

令式(例 2-4e)和式(例 2-4f)中的(1,3)元素相等可求得 θ_5

$$a_x c\theta_1 + a_y s\theta_1 = s\theta_5 s\alpha$$

$$s\theta_5 = \frac{a_x c\theta_1 + a_y s\theta_1}{s\alpha}$$

$$\theta_{51} = \arctan(s\theta_1/\sqrt{1-s^2\theta_1})$$

$$\theta_{52} = \arctan(-s\theta_1/\sqrt{1-s^2\theta_1})$$

(iii) 求 θ_2。

令式(例 2-4e)和式(例 2-4f)中的(1,3)元素相等可得

$$\begin{cases} c\alpha c(\theta_3+\theta_4-\theta_2) - c\theta_5 s\alpha s(\theta_3+\theta_4-\theta_2) = -s\theta_1 a_x + c\theta_1 a_y \\ c\alpha s(\theta_3+\theta_4-\theta_2) + c\theta_5 s\alpha c(\theta_3+\theta_4-\theta_2) = a_z \end{cases}$$

联立上两式解得

当 $\alpha \neq 0$ 时,

$$\begin{cases} c(\theta_3+\theta_4-\theta_2) = \dfrac{a_z s\alpha c\theta_5 + (c\theta_1 a_y - s\theta_1 a_x)c\alpha}{c^2\alpha + s^2\alpha c^2\theta_5} \\ s(\theta_3+\theta_4-\theta_2) = \dfrac{a_z - s\alpha c\theta_5 c(\theta_3+\theta_4-\theta_2)}{c\alpha} \end{cases}$$

当 $\alpha = 0$ 时,

$$\begin{cases} c(\theta_3+\theta_4-\theta_2) = c\theta_1 a_y - s\theta_1 a_x \\ s(\theta_3+\theta_4-\theta_2) = a_z \end{cases}$$

令式(例 2-4e)和式(例 2-4f)中的(2,4)(3,4)元素对应相等可求得

$$\begin{cases} -[(l_4+l_5)c(\theta_3+\theta_4-\theta_2) + l_3 c(\theta_3-\theta_2) + l_2 s\theta_2]s\theta_1 = p_x \\ (l_4+l_5)s(\theta_3+\theta_4-\theta_2) + l_3 s(\theta_3-\theta_2) + l_2 c\theta_2 + l_1 = p_z \end{cases}$$

联立上两式解得

$$\begin{cases} A - l_2 s\theta_2 = l_3 c(\theta_3-\theta_2) \\ B - l_2 c\theta_2 = l_3 s(\theta_3-\theta_2) \end{cases} \tag{例 2-4g}$$

又
$$A=-\frac{p_x}{s\theta_1}-(l_4+l_5)c(\theta_3+\theta_4-\theta_2)$$
$$B=p_z-(l_4+l_5)s(\theta_3+\theta_4-\theta_2)-l_1$$
解得
$$As\theta_2+Bc\theta_2=C$$
$$C=\frac{A^2+B^2+l_2^2-l_3^2}{2l_2}$$
则
$$\theta_{21}=\arctan(d/\sqrt{1-d^2})-\arctan(B/A)$$
$$\theta_{22}=\arctan(-d/\sqrt{1-d^2})-\arctan(B/A)$$
式中，
$$d=\frac{C}{\sqrt{A^2+B^2}}$$

由于解得的 θ_5 有两个，故产生两组 $c(\theta_3+\theta_4-\theta_2)$ 和 $s(\theta_3+\theta_4-\theta_2)$ 值，从而得到两组 A、B 值，所以最后得到的 θ_2 实际上有 4 个解。

(iv) 求 θ_3、θ_4。

由式(例 2-4g)解得
$$\theta_3=\arctan[(B-l_2c\theta_2)/(A-l_2s\theta_2)]+\theta_2$$
由式 $c(\theta_3+\theta_4-\theta_2)$ 及 $s(\theta_3+\theta_4-\theta_2)$ 代表的函数可得
$$\theta_4=\arctan[s(\theta_3+\theta_4-\theta_2)/c(\theta_3+\theta_4-\theta_2)]-\theta_3+\theta_2$$
同样地，θ_3、θ_4 也有 4 组解。

至此，便得到了关节角 $\theta_1\sim\theta_5$ 的全部解析解。

(4) 求驱动角的正、逆解。将位姿正、逆解公式中的关节角 θ_i 用 θ'_i 按如下方程代入，即得到关于驱动角的正、逆解：
$$\begin{cases}\theta'_1=\theta_1\\ \theta'_2=\theta_2\\ \theta'_3=\theta_3+\theta'_2\\ \theta'_4=\theta_4+\theta'_3\\ \theta'_5=\theta_5-i\theta'_4\end{cases}$$

(5) 求电动机角的正、逆解。在求得驱动角(θ'_i)的正、逆解之后，还需进一步解出电动机转角(用 φ_i 表示)的正、逆解，才能进行运动控制。当电动机通过减速器连接到关节轴上时，φ_i 和 θ'_i 之间为简单的速比关系；而当电动机与关节轴之间通过丝杠传动时，它们之间的关系就比较复杂，现讨论如下：

① θ'_1 与 φ_1 的变换。由于电动机 1 通过减速器直接连到关节轴 1 上，所以这一变换是简单的线性变换，即
$$\theta'_1=k_1\varphi_1+\theta'_{10}$$
式中，k_1 为比例系数，可看作两转角之比；θ'_{10} 为驱动转角预置值。

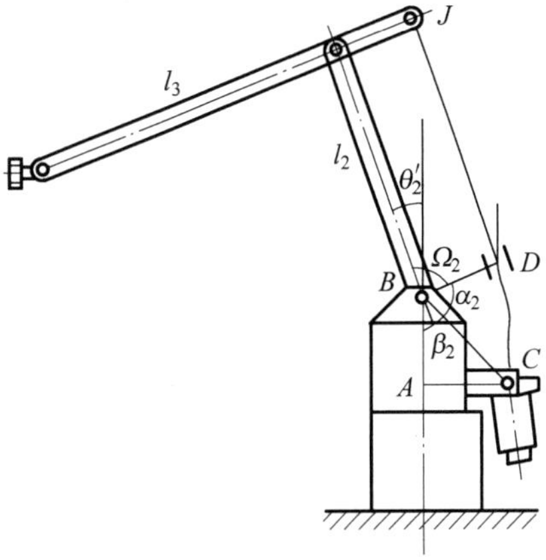

图 2-20 θ'_2 归算图

② θ'_2 与 φ_2 的变换。如图 2-20 所示。DC 为丝

杠长，由电动机控制，则有

$$DC = k_2 \varphi_2 + \theta'_{20}$$

$$\alpha_2 = \arccos \frac{DC^2 - BC^2 - BD^2}{-2BC \cdot BD}$$

$$\beta_2 = \arctan \frac{AC}{AB}$$

$$\theta'_2 = \alpha_2 + \beta_2 + \Omega_2 - 180°$$

$$= \arctan \frac{AC}{AB} + \arccos \frac{(k_2\varphi_2 + \theta'_{20})^2 - BC^2 - BD^2}{-2BC \cdot BD} + \Omega_2 - 180°$$

式中，k_2 可看作丝杠的导程。

③ θ'_3 与 φ_3 的变换。如图 2-21 所示，HG 为丝杠长，由电动机控制，则有

$$HG = k_3 \varphi_3 + \theta'_{30}$$

$$\alpha_3 = \arccos \frac{HG^2 - GF^2 - HF^2}{-2GF \cdot HF}$$

$$\beta_3 = \arctan \frac{GE}{EF}$$

$$\theta'_3 = \alpha_3 + \beta_3 - \theta'_2 = \arctan \frac{GE}{EF} + \arccos \frac{(k_3\varphi_3 + \theta'_{30})^2 - GF^2 - HF^2}{-2GF \cdot HF} - \theta'_2$$

式中，k_3 可看作丝杠的导程。

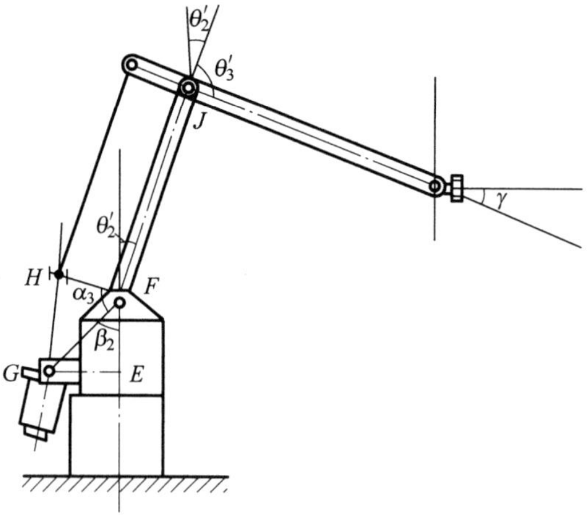

图 2-21 θ'_3、θ'_4 归算图

④ θ'_4 与 φ_4 的变换。如图 2-21 所示，根据角度之间的关系，可推导出：

$$\gamma = \theta'_2 + \theta'_3 - 90°$$

$$\theta'_4 = -k_4 \varphi_4 + \theta'_{40} + \theta'_2 + \theta'_3 - 90°$$

⑤ θ'_5 与 φ_5 的变换。电动机(18)通过减速装置直接连到手部固结法兰(12)上(见图 2-16)，则有

$$\theta'_5 = -k_5 \varphi_5 + \theta'_{50}$$

由以上诸式即可推导出计算 φ_i 的方程式：

$$\varphi_1=\frac{1}{k_1}(\theta'_1-\theta'_{10})$$

$$\varphi_2=\frac{1}{k_2}\left[\sqrt{-2BC\cdot BD\cos\left(\theta'_2-\Omega_2-\arctan\frac{AC}{AB}+180^\circ\right)+BC^2+BD^2}-\theta'_{20}\right]$$

$$\varphi_3=\frac{1}{k_3}\left[\sqrt{-2GF\cdot HF\cos\left(\theta'_2+\theta'_3-\arctan\frac{GE}{EF}\right)+GF^2+HF^2}-\theta'_{30}\right]$$

$$\varphi_4=\frac{1}{k_4}(-90^\circ+\theta'_{40}+\theta'_2+\theta'_3-\theta'_4)$$

$$\varphi_5=\frac{1}{k_5}(\theta'_{50}-\theta'_5)$$

上述方程即为关于电动机转角的逆解方程。正解方程不再赘述。

2.5　工作空间和末杆位姿图

2.5.1　工作空间

在机器人学中，工作空间是一个重要的研究领域。但在实际应用中，往往需要简化该问题，将工作空间视为机器人正常运行时，手腕参考点 P_W（如定位机构的轴线正交，取交点为参考点）在空间的活动范围内，或者说是该点可达位置在空间所占的体积，记作 $W(P_W)$，在特性表上用投影图表示（见图 2-22）。

国家标准《工业机器人　特性表示》（GB/T 12644—2001）规定了工作空间的作图方法，现以 YG-1 型机器人为例介绍具体的作图方法。

1）结构限制分析

杆 2 的结构限制是 $-40^\circ\leqslant\theta_2\leqslant40^\circ$。

杆 3 的位置受 β 角和 α 角双重限制：$50^\circ\leqslant\beta\leqslant130^\circ$，$-20^\circ\leqslant\alpha\leqslant40^\circ$。

由杆 2 和杆 3 决定的平面绕 z 轴旋转的结构限制是 $-135^\circ\leqslant\theta_1\leqslant135^\circ$。

2）绘制工作空间 $W(P_W)$ 的主剖面（XOZ 剖面）

首先确定初始点，将 $\theta_2=-40^\circ$、$\theta_3=0^\circ$（即 $\beta=50^\circ$）时的手腕点 P_{W1} 作为初始点，然后分段作图。

（1）保持 $\theta_2=-40^\circ$ 不变，将杆 3 向上，当 $\alpha=-20^\circ$ 时得点 P_{W2}，其间圆弧 $\overset{\frown}{P_{W1}P_{W2}}$ 的圆心为 $O_{1,2}$；

（2）保持 $\alpha=-20^\circ$ 不变，将杆 2 前摆到 $\beta=130^\circ$ 得 P_{W3}，P_W 的轨迹是以 $O_{2,3}$ 为圆心的圆弧 $\overset{\frown}{P_{W2}P_{W3}}$；

（3）保持 $\beta=130^\circ$ 不变，即杆 2 与杆 3 刚性固定，同时向前转动到 $\theta_2=40^\circ$，得到 P_{W4}，P_W 的轨迹是以 $O_{3,4}$ 为圆心的圆弧 $\overset{\frown}{P_{W3}P_{W4}}$；

（4）保持 $\theta_2=40^\circ$ 不变，杆 3 下转到 $\alpha=40^\circ$ 得 P_{W5}，P_W 的轨迹是以 $O_{4,5}$ 为圆心的圆弧 $\overset{\frown}{P_{W4}P_{W5}}$；

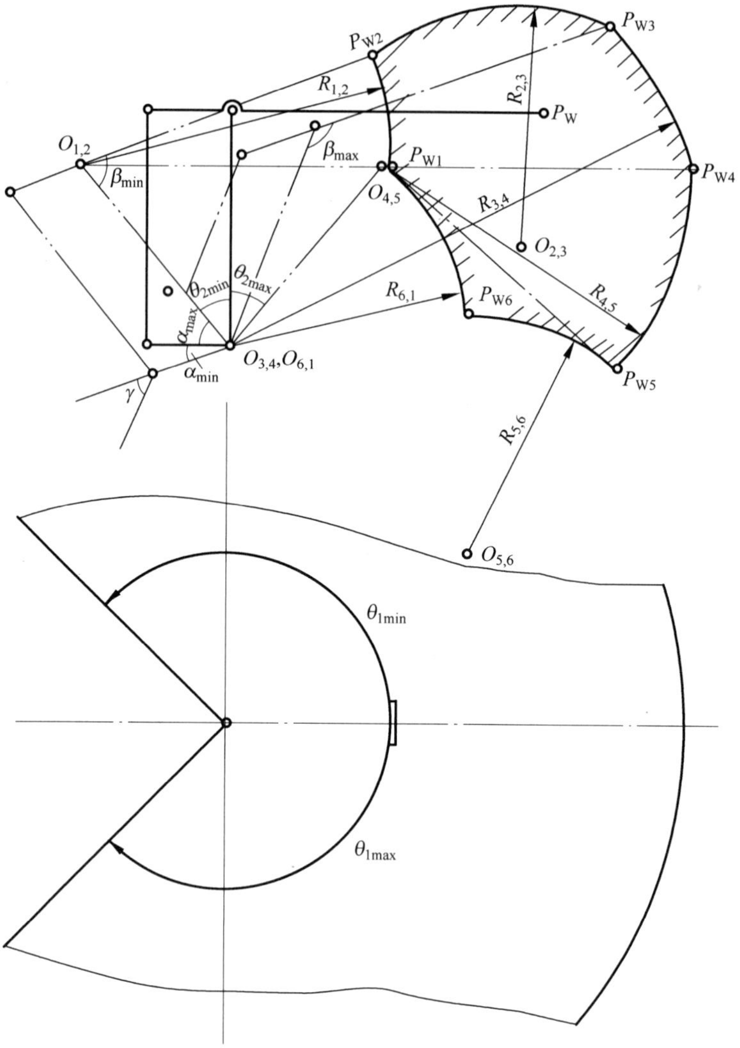

图 2-22 工作空间

(5) 保持 $\alpha=40°$ 不变，杆 2 后摆，杆 3 必然下摆使 $\theta_2=0°$(与 z 重合)，$\beta=40°$，得到 P_{W6}，P_W 的轨迹是以 $O_{5,6}$ 为圆心的圆弧 $\overset{\frown}{P_{W5}P_{W6}}$；

(6) 保持 $\beta=40°$ 不变，杆 2 后摆到 $\theta_2=40°$ 得到 P_{W1}，P_W 的轨迹是以 $O_{6,1}$ 为圆心的圆弧 $\overset{\frown}{P_{W1}P_{W6}}$；

可以看出，这是一种固定一个限制角的作图方法。图形作出后，还可根据作图过程写出各区段的曲线方程。

3) 绘制工作空间 $W(P_W)$ 的俯视(在 XOY 面上)外形图

该图是主剖面图形绕 z 轴由 $\theta_1=-135°$ 转到 $\theta_1=135°$ 时所形成的局部环形旋转体的外形。

2.5.2 灵活性、灵活度和末杆位姿图

灵活性是指机器人末端执行器的参考点 P_e(通常不是腕点)在工作空间内某一位置时，

末端执行器可取得姿态的多少。显然，末端执行器可取得的姿态越多，机器人的灵活性越好。

灵活度是灵活性的定量表示。目前通用的灵活度表示方法是立体角法和主截面灵活度组合(详见 6.1 节)。但这两种表示方法只是在灵活空间(即末端执行器工作点 P_e 所形成的最小工作空间)才有恒值。所以，为减小末端执行器长度的影响，大多数研究只关注机器人的固有几何性质。采用末杆位姿图来表示灵活度，则该示意图更为有效，且直观形象。绝大多数商用机器人的末杆都能绕自身的轴线 z_n 旋转 360°或 360°以上，灵活性完全决定于末杆在工作空间 $W(P_W)$ 中任一点姿态取向的多少。姿态取向越多，则灵活性越高，灵活度越大。若将末杆的基准点取作 P_W(腕点)，则在任一个 P_{Wi} 处，末杆 L_n 的集合都形成部分球体或整个球体。该球体的半径是 L_n(见图 2-23)，称作末杆姿态球。可以看出，该集合形成的部分球体越接近整球体，末杆就越灵活。如果用两个互相垂直的过球心的剖面将姿态球剖开，可得两个扇面，扇面的扇角大小表示末杆的灵活性。

末杆位姿图是上述两个扇面连同 $W(P_W)$ 的两投影图(见图 2-24)。该图以末杆基准点(通常是腕点 P_W)为参考点的工作空间表示末杆在空间的位置；用末杆在工作空间各关键点上两个垂直的姿态球剖面表示末杆的灵活性能。图 2-24 所示是五自由度机器人(姿态机构两自由度)的末杆位姿图，其主视图(正面 XOZ 投影)是基准点 P_W 的工作空间主截面，再在 6 个关键点(转折点)上画出末杆姿态球的主截面扇形。在俯视图(只画了一半)中，相应的姿态球水平截面只是一条线，其投影均为过 O^H 的射线。可以看出，由于该机器人的特殊姿态，其机构只有两自由度，故末杆在任一点的姿态集是一个扇形而不是部分球体，所以该机器人的灵活性很差。由图还可以看出，点 P_{W4} 和点 P_{W1} 具有最大的灵活性；由于点 P_{W6} 扇形角最小，所以灵活性也最小。就整个工作空间来说，末杆在正截面上过 P_{W1}、P_W、P_{W4} 的圆弧所形成的曲面上最灵活。

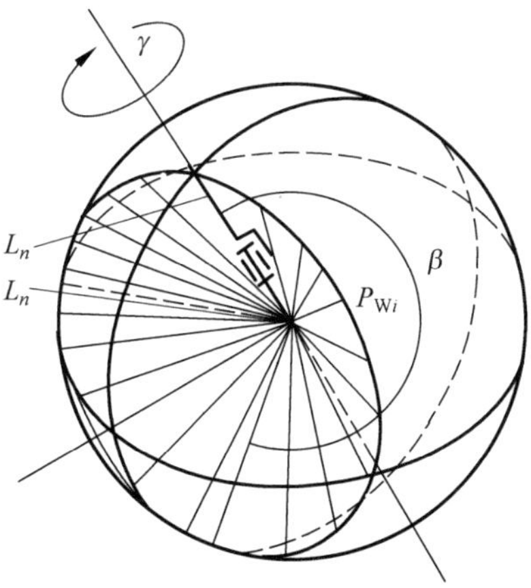

图 2-23　末杆姿态球

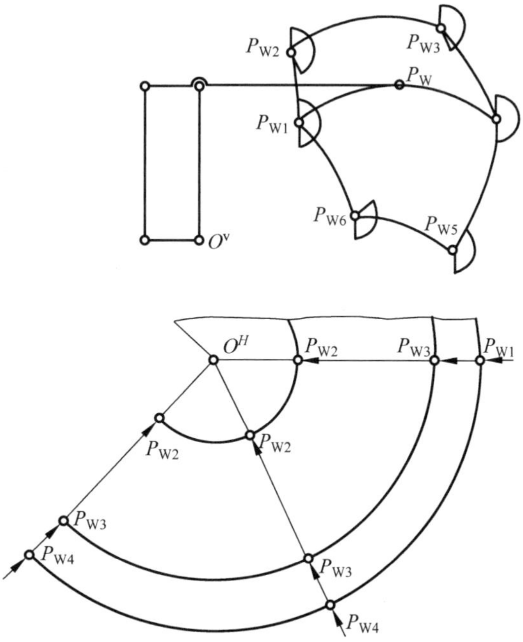

图 2-24　YG-1 型机器人的末杆位姿图

末杆位姿图虽然只比工作空间图多了一些“扇形”和线段，但是在机器人几何方面给出了更多更重要的信息。

末杆位姿图可用画法几何的方法求得，其基本思路是：先在与腕坐标系（通常是 S_4）平行的投影体系中作出末杆姿态体的投影图，再用投影变换的方法求出末杆姿态体在末杆位姿图中的投影，最后用求截交线的方法求得末杆位姿图中的“扇形”投影。现用实例说明如下：

【例 2-5】 求图 2-25 主视图中粗线所示六自由度机器人在工作空间中任一点 Q 的末杆位姿图。已知后 3 个关节（姿态机构）轴线正交于 $O_4 \equiv O_5 \equiv O_6$，$\theta_4 = 0° \sim 360°$，$\theta_5 = -90° \sim 90°$，$\theta_6 = 360°$。

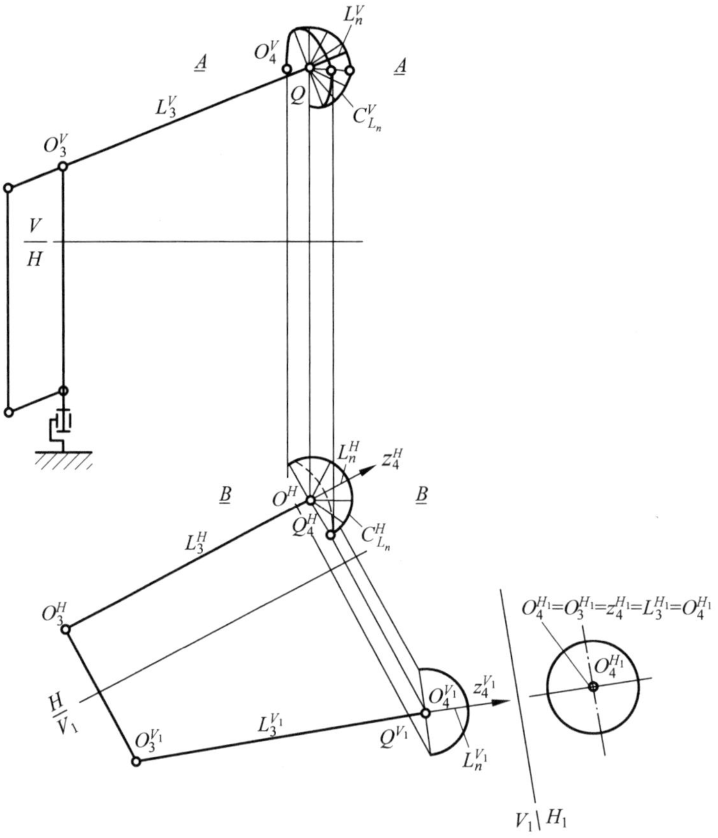

图 2-25 确定末杆位姿图的几何法

解：(1) 画出当机器人腕点 P_W 在 Q 位置（$Q \equiv O_4$）时的位形图，根据结构特点求位形简图（见图 2-25 中的粗实线）。

(2) 利用换面法（两次）求出与 S_4 的坐标面平行的两投影体系（$V_1 - H_1$）中的两投影。在图 2-25 中，z_4 在 V_1 面的投影为平行线$\left(\text{即 } z_4^{V_1} \perp \dfrac{V_1}{H_1}\right)$；在 H_1 中，z_4 投影积聚成点 $z_4^{H_1}$。由于 $\theta_4 = 0° \sim 360°$，$\theta_5 = -90° \sim 90°$，所以末杆位姿体为半球体，两投影即 $L_n^{V_1}$、$L_n^{H_1}$。

(3) 将该姿态体的投影返回到原来的主(V)、俯(H)两视图中，得到以 P_W^V、P_W^H 为球心

的半球的投影 L_n^V、L_n^H。

(4) 求出姿态体沿垂截面的主视图 $C_{L_n}^V$ 和水平截面的水平投影 $C_{L_n}^H$。

至此求出了点 Q 处的末杆位姿图。用相同的方法可求得工作空间关键点的末杆位姿图，最后连同工作空间的边界线一起得出末杆位姿图。当手腕具有不同结构时，末杆位姿图的求解详见参考文献[22]。

习　题

2-1　连杆参数包括哪几个参数？分别表示什么含义？

2-2　简述连杆坐标系的建立步骤。

2-3　相邻连杆之间齐次变换矩阵的一般表达式是什么？

2-4　题2-4图所示为三自由度机械臂，其中关节1和关节2相互垂直，试建立该机械臂的连杆坐标系，写出D-H参数，并计算运动学方程。

2-5　试指出题2-5图中三连杆机器人的类型及其运动空间形状，并建立其连杆坐标系，标注所需连杆参数，计算运动学方程。

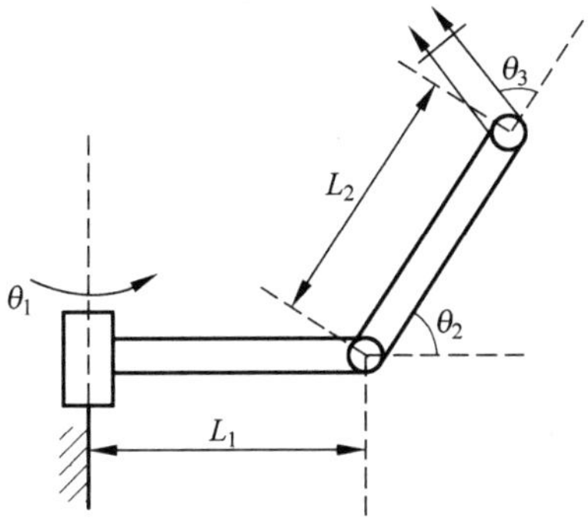

题2-4图　三自由度非平面机械臂

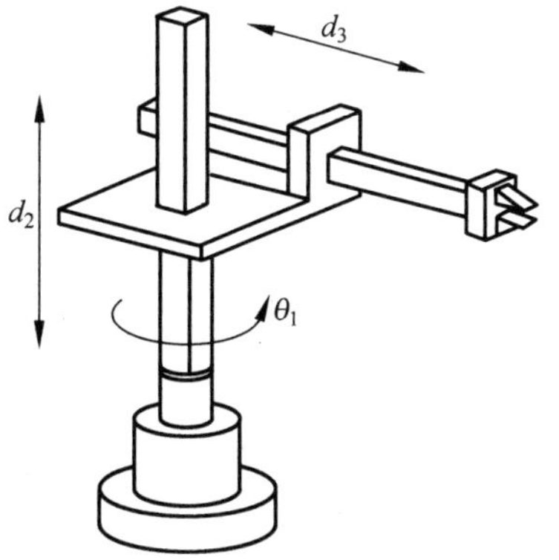

题2-5图　三连杆机器人

第 3 章 速度分析与力学分析

3.1 速度、加速度分析

3.1.1 连杆速度分析

在机器人中，设两相邻连杆 L_{i-1} 和 L_i 以旋转关节相连接(见图 3-1)。

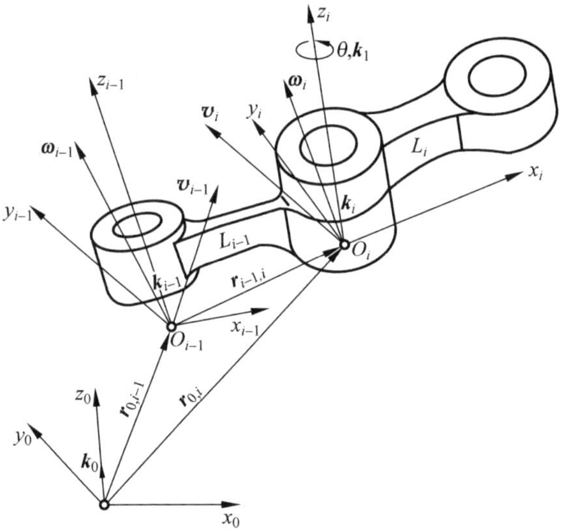

图 3-1 连杆间的速度关系

已知杆 L_{i-1} 以速度$\boldsymbol{v}_{i-1}$ 移动，并以角速度$\boldsymbol{\omega}_{i-1}$ 转动，而杆 L_i 在关节驱动力矩的作用下绕关节 z_i 相对于 L_{i-1} 以角速度 $\dot{\theta}_i\boldsymbol{k}_i$ 旋转，于是对杆 L_i 来说，固联标架 S_i 原点相对于基础坐标系的线速度$\boldsymbol{v}_i$ 和杆 L_i 的角速度$\boldsymbol{\omega}_i$ 分别是

$$\boldsymbol{\omega}_i = \boldsymbol{\omega}_{i-1} + \dot{\theta}_i\boldsymbol{k}_i \tag{3-1}$$

$$\boldsymbol{v}_i = \boldsymbol{v}_{i-1} + \boldsymbol{\omega}_{i-1} \times \boldsymbol{r}_{i-1,i} \tag{3-2}$$

机器人通常可以认为是一个多杆系统，为了便于计算，还可以把某杆的速度和角速度表示在该杆自身的坐标系中。仍用以前用过的上角标记号，则有

$$\boldsymbol{\omega}_i^i = \boldsymbol{\omega}_{i-1}^i + \dot{\theta}_i\boldsymbol{k}_i^i = \boldsymbol{R}_{i-1}^i\boldsymbol{\omega}_{i-1}^{i-1} + \dot{\theta}_i\boldsymbol{k}_i^i \tag{3-3}$$

$$\boldsymbol{v}_i^i = \boldsymbol{R}_{i-1}^i(\boldsymbol{v}_{i-1}^{i-1} + \boldsymbol{\omega}_{i-1}^{i-1} \times \boldsymbol{r}_{i-1,i}^{i-1}) \tag{3-4}$$

如果关节 J_i 是移动关节，则杆 L_i 相对于 L_{i-1} 不是转动，而是沿 z_i 以速率 d_i 移动，这时有

$$\boldsymbol{\omega}_i = \boldsymbol{\omega}_{i-1} \tag{3-5}$$

$$\boldsymbol{v}_i = \boldsymbol{v}_{i-1} + \dot{d}_i \boldsymbol{k}_i \tag{3-6}$$

或

$$\boldsymbol{\omega}_i^i = \boldsymbol{R}_{i-1}^i \boldsymbol{\omega}_{i-1}^{i-1} \tag{3-7}$$

$$\boldsymbol{v}_i^i = \boldsymbol{R}_{i-1}^i \boldsymbol{v}_{i-1}^{i-1} + \dot{d}_i \boldsymbol{k}_i^i \tag{3-8}$$

为了方便，今后可用 $\boldsymbol{r}_i$ 代替 $\boldsymbol{r}_{i-1,i}$，即由 O_{i-1} 到 O_i 的位置向量。

【例 3-1】 求如图 3-2 所示的二杆机器人中 S_3 的角速度和速度，并把它们表示在 S_0 中。结构尺寸和关节转角均表示在图上。

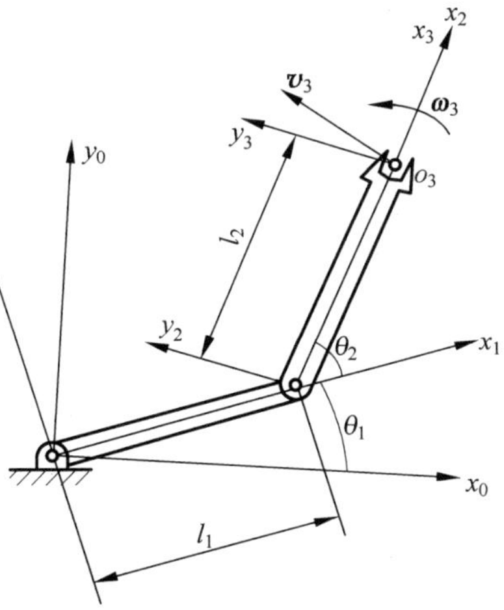

图 3-2 二杆机器人

解：(1) 设坐标系，求旋转变换矩阵 $\boldsymbol{R}$。

坐标系的设立如图 3-2 所示，所有 z 轴均指向纸外。由图可以很方便地求出：

$$\boldsymbol{R}_1^0 = \begin{bmatrix} c_1 & -s_1 & 0 \\ s_1 & c_1 & 0 \\ 0 & 0 & 1 \end{bmatrix}, \quad \boldsymbol{R}_2^1 = \begin{bmatrix} c_2 & -s_2 & 0 \\ s_2 & c_2 & 0 \\ 0 & 0 & 1 \end{bmatrix}, \quad \boldsymbol{R}_3^2 = [l] \tag{例 3-1a}$$

式中，$c_i = \cos\theta_i$；$s_i = \sin\theta_i$，下同。

(2) 求各杆的速度和角速度。

① 由于 S_0 为固定坐标系，故

$$\boldsymbol{\omega}_0^0 = 0, \quad \boldsymbol{v}_0^0 = 0$$

② 对于杆 1，$i=1$，$\boldsymbol{R}_0^1 = (\boldsymbol{R}_1^0)^{\mathrm{T}}$，

$$\boldsymbol{\omega}_1^1 = \boldsymbol{R}_0^1 \boldsymbol{\omega}_0^0 + \dot{\theta}_1 \boldsymbol{k}_1^1 = [0 \quad 0 \quad \dot{\theta}_1]^{\mathrm{T}} \tag{例 3-1b}$$

$$\boldsymbol{v}_1^1 = \boldsymbol{R}_0^1(\boldsymbol{v}_0^0 + \boldsymbol{\omega}_0^0 \times \boldsymbol{r}_0^0) = [0 \quad 0 \quad 0]^{\mathrm{T}} \tag{例 3-1c}$$

③ 对于杆 2，$i=2$，$\boldsymbol{R}_1^2=(\boldsymbol{R}_2^1)^{\mathrm{T}}$，

$$\boldsymbol{\omega}_2^2=\boldsymbol{R}_1^2\boldsymbol{\omega}_1^1+\dot{\theta}_2\boldsymbol{k}_2^2=\begin{bmatrix}c_2 & s_2 & 0\\ -s_2 & c_2 & 0\\ 0 & 0 & 1\end{bmatrix}\begin{bmatrix}0\\0\\ \dot{\theta}_1\end{bmatrix}+\begin{bmatrix}0\\0\\ \dot{\theta}_2\end{bmatrix}=\begin{bmatrix}0 & 0 & \dot{\theta}_1+\dot{\theta}_2\end{bmatrix}^{\mathrm{T}} \quad (\text{例 3-1d})$$

$$\boldsymbol{v}_2^2=\boldsymbol{R}_1^2(\boldsymbol{v}_1^1+\boldsymbol{\omega}_1^1\times\boldsymbol{r}_1^1)=\begin{bmatrix}c_2 & s_2 & 0\\ -s_2 & c_2 & 0\\ 0 & 0 & 1\end{bmatrix}\left(\begin{bmatrix}0\\0\\ \dot{\theta}_1\end{bmatrix}\times\begin{bmatrix}l_1\\0\\0\end{bmatrix}\right)$$

$$=\begin{bmatrix}c_2 & s_2 & 0\\ -s_2 & c_2 & 0\\ 0 & 0 & 1\end{bmatrix}\begin{bmatrix}0\\ \dot{\theta}_1 l_1\\ 0\end{bmatrix}=\begin{bmatrix}l_1 s_2\dot{\theta}_1\\ l_1 c_2\dot{\theta}_1\\ 0\end{bmatrix} \quad (\text{例 3-1e})$$

④ 对于标架 S_3，$i=3$，$\boldsymbol{R}_2^3=(\boldsymbol{R}_3^2)^{-1}=[I]$，

$$\boldsymbol{\omega}_3^3=\boldsymbol{R}_2^3\boldsymbol{\omega}_2^2+\dot{\theta}_3\boldsymbol{k}_3^3=\begin{bmatrix}0 & 0 & \dot{\theta}_1+\dot{\theta}_2\end{bmatrix}^{\mathrm{T}} \quad (\text{例 3-1f})$$

$$\boldsymbol{v}_3^3=\boldsymbol{R}_2^3(\boldsymbol{v}_2^2+\boldsymbol{\omega}_2^2\times\boldsymbol{r}_2^2)=\begin{bmatrix}l_1 s_2\dot{\theta}_1\\ l_1 c_2\theta_1+l_2(\dot{\theta}_1+\dot{\theta}_2)\\ 0\end{bmatrix} \quad (\text{例 3-1g})$$

(3) 求表示在 S_0 的$\boldsymbol{\omega}_3$、$\boldsymbol{v}_3$：

$$\boldsymbol{\omega}_3^0=\boldsymbol{R}_1^0\boldsymbol{R}_2^1\boldsymbol{R}_3^2\boldsymbol{\omega}_3^3=\begin{bmatrix}0\\0\\ \dot{\theta}_1+\dot{\theta}_2\end{bmatrix} \quad (\text{例 3-1h})$$

$$\boldsymbol{v}_3^0=\boldsymbol{R}_1^0\boldsymbol{R}_2^1\boldsymbol{R}_3^2\boldsymbol{v}_3^3=\begin{bmatrix}-l_1 s_1\dot{\theta}_1-l_2 s_{12}(\dot{\theta}_1+\dot{\theta}_2)\\ l_1 c_1\dot{\theta}_1+l_2 c_{12}(\dot{\theta}_1+\dot{\theta}_2)\\ 0\end{bmatrix} \quad (\text{例 3-1i})$$

$$\boldsymbol{R}_3^0=\boldsymbol{R}_1^0\boldsymbol{R}_2^1\boldsymbol{R}_3^2=\begin{bmatrix}c_{12} & -s_{12} & 0\\ s_{12} & c_{12} & 0\\ 0 & 0 & 1\end{bmatrix}$$

$$\begin{bmatrix}x_i\\y_i\\z_i\end{bmatrix}\times\begin{bmatrix}x_j\\y_j\\z_j\end{bmatrix}=\begin{bmatrix}0 & -z_i & y_i\\ z_i & 0 & -x_i\\ -y_i & x_i & 0\end{bmatrix}\begin{bmatrix}x_j\\y_j\\z_j\end{bmatrix}$$

3.1.2 雅可比矩阵

由例 3-1 可知，二杆平面机器人的$\boldsymbol{\omega}_3^0$ 和$\boldsymbol{v}_3^0$ 由式(例 3-1h)和式(例 3-1i)表示，当$\boldsymbol{v}_3^0$ 和$\boldsymbol{\omega}_3^0$ 用 S_0 中的分量表示时，有

$$\boldsymbol{v}_3^0=\begin{bmatrix}\boldsymbol{v}_{3x}^0 & \boldsymbol{v}_{3y}^0 & \boldsymbol{v}_{3z}^0\end{bmatrix}^{\mathrm{T}}$$

$$\boldsymbol{\omega}_3^0=\begin{bmatrix}\boldsymbol{\omega}_{3x}^0 & \boldsymbol{\omega}_{3y}^0 & \boldsymbol{\omega}_{3z}^0\end{bmatrix}^{\mathrm{T}}$$

当不特别注意序号，而只关心 S_0 是固定坐标系时，上角标“0”可以略去。这样例 3-1 中的(例 3-1h)(例 3-1i)两式可以写成如下形式：

$$\begin{bmatrix}v_{3x}\\v_{3y}\\v_{3z}\\\omega_{3x}\\\omega_{3y}\\\omega_{3z}\end{bmatrix}=\begin{bmatrix}-l_1\mathrm{s}_1-l_2\mathrm{s}_{12} & -l_2\mathrm{s}_{12}\\ l_1\mathrm{c}_1+l_2\mathrm{c}_{12} & l_2\mathrm{c}_{12}\\0&0\\0&0\\0&0\\1&1\end{bmatrix}\begin{bmatrix}\dot\theta_1\\ \\ \\ \\ \\ \dot\theta_2\end{bmatrix}$$

或者写成：

$$\begin{bmatrix}v_3^0\\ \omega_3^0\end{bmatrix}=\boldsymbol{J}\begin{bmatrix}\dot\theta_1\\ \dot\theta_2\end{bmatrix}$$

由上式可以看出，S_3 在直角坐标系 S_0 中的速度与关节变量速率之间借助于某一矩阵联系起来。下面将会看到，该矩阵的系数是由偏导数组成的，所以把这一矩阵称作机器人的雅可比矩阵，并记作 $\boldsymbol{J}$。它是机器人机构学研究中非常重要的矩阵。下面讨论一般情况。

设机器人具有 n 个连杆，n 个关节变量 q。这些变量可以是旋转变量 θ，也可以是移动变量 d，称为广义坐标。因机器人是定常的(非时变的)完整系统，所以末端执行器标架 S_e 的原点线速度和转动角速度总可以在基础坐标系 S_0 中表示为

$$\boldsymbol{v}_{\mathrm{e}}=\boldsymbol{v}_{\mathrm{e}1}\dot q_1+\boldsymbol{v}_{\mathrm{e}2}\dot q_2+\cdots\boldsymbol{v}_{\mathrm{e}r}\dot q_r+\cdots\boldsymbol{v}_{\mathrm{e}n}\dot q_n \tag{3-9}$$

$$\boldsymbol{\omega}_{\mathrm{e}}=\boldsymbol{\omega}_{\mathrm{e}1}\dot q_1+\boldsymbol{\omega}_{\mathrm{e}2}\dot q_2+\cdots\boldsymbol{\omega}_{\mathrm{e}r}\dot q_r+\cdots\boldsymbol{\omega}_{\mathrm{e}n}\dot q_n \tag{3-10}$$

式中，$\dot q_r$ 为广义速率(既可以是角速率也可以是线速率)；$\boldsymbol{v}_{\mathrm{e}r}$ 为相对于 $\dot q_r$ 的偏速度；$\boldsymbol{\omega}_{\mathrm{e}r}$ 为相对于 $\dot q_r$ 的偏角速度。

因此，对于一般的六杆六关节机器人，可得到一般方程式：

$$\begin{bmatrix}\boldsymbol{v}_{\mathrm{e}x}\\\boldsymbol{v}_{\mathrm{e}y}\\\boldsymbol{v}_{\mathrm{e}z}\\\boldsymbol{\omega}_{\mathrm{e}x}\\\boldsymbol{\omega}_{\mathrm{e}y}\\\boldsymbol{\omega}_{\mathrm{e}z}\end{bmatrix}=\begin{bmatrix}\boldsymbol{J}_{11}&\boldsymbol{J}_{12}&\boldsymbol{J}_{13}&\boldsymbol{J}_{14}&\boldsymbol{J}_{15}&\boldsymbol{J}_{16}\\\boldsymbol{J}_{21}&\boldsymbol{J}_{22}&\boldsymbol{J}_{23}&\boldsymbol{J}_{24}&\boldsymbol{J}_{25}&\boldsymbol{J}_{26}\\\boldsymbol{J}_{31}&\boldsymbol{J}_{32}&\boldsymbol{J}_{33}&\boldsymbol{J}_{34}&\boldsymbol{J}_{35}&\boldsymbol{J}_{36}\\\boldsymbol{J}_{41}&\boldsymbol{J}_{42}&\boldsymbol{J}_{43}&\boldsymbol{J}_{44}&\boldsymbol{J}_{45}&\boldsymbol{J}_{46}\\\boldsymbol{J}_{51}&\boldsymbol{J}_{52}&\boldsymbol{J}_{53}&\boldsymbol{J}_{54}&\boldsymbol{J}_{55}&\boldsymbol{J}_{56}\\\boldsymbol{J}_{61}&\boldsymbol{J}_{62}&\boldsymbol{J}_{63}&\boldsymbol{J}_{64}&\boldsymbol{J}_{65}&\boldsymbol{J}_{66}\end{bmatrix}\begin{bmatrix}\dot q_1\\\dot q_2\\\dot q_3\\\dot q_4\\\dot q_5\\\dot q_6\end{bmatrix} \tag{3-11}$$

简记作：

$$\dot{\boldsymbol{X}}=\boldsymbol{J}\dot{\boldsymbol{q}}$$

式中，$\dot{\boldsymbol{X}}$ 为直角坐标空间的速度列阵；$\dot{\boldsymbol{q}}$ 为关节空间的速率列阵；$\boldsymbol{J}$ 为 6×6 方阵，称作雅

可比矩阵。

关于雅可比矩阵的元素可简记为

$$\boldsymbol{J}_{ir}=\boldsymbol{e}_{ei}\cdot\boldsymbol{v}_{er}\quad(i=1,2,3;\ r=1,2,\cdots,n)\tag{3-12a}$$

$$\boldsymbol{J}_{ir}=\boldsymbol{e}_{e(i-3)}\cdot\boldsymbol{\omega}_{er}\quad(i=4,5,6;\ r=1,2,\cdots,n)\tag{3-12b}$$

式中，$\boldsymbol{v}_{er}$ 为 S_e 的坐标原点 O_{er} 相对于 $\dot{q}_r$ 的偏速度；$\boldsymbol{\omega}_{er}$ 为 S_e 相对于 $\dot{q}_r$ 的偏角速度；$\boldsymbol{e}_{ei}$ 为 S_e 标架的单位向量基，即

$$\boldsymbol{e}_{e1}=\boldsymbol{i}_e,\quad \boldsymbol{e}_{e2}=\boldsymbol{j}_e,\quad \boldsymbol{e}_{e3}=\boldsymbol{k}_e$$

式(3-12a)和式(3-12b)分别表示偏线速度和偏角速度在 S_e 坐标轴上的分量。

前面的论述都是针对 S_e 相对于固定标架 S_0 进行运动的，如果不是 S_0，而是机器人中任一杆 S_i 相对于固定标架 S_0 进行运动，只要满足 $v_i=\sum_{r=1}^{n}v_{ir}\dot{q}_r$ 和 $\omega_i=\sum_{r=1}^{n}\omega_{ir}\dot{q}_r$，式(3-12)是适用的。

3.1.3 连杆加速度分析

对速度向量求导，即可得加速度公式。

1. 角加速度

将式(3-1)求导，注意到向量 $\boldsymbol{k}_i$ 还随坐标系 S_{i-1} 以角速度 $\boldsymbol{\omega}_{i-1}$ 转动，考虑到 $\dot{k}_i=\frac{\mathrm{d}k}{\mathrm{d}t}=\boldsymbol{\omega}_{i-1}\times\boldsymbol{k}_i$，得到

$$\boldsymbol{\varepsilon}_i=\frac{\mathrm{d}\boldsymbol{\omega}_i}{\mathrm{d}t}=\dot{\boldsymbol{\omega}}_i=\dot{\boldsymbol{\omega}}_{i-1}+\ddot{\theta}_i\boldsymbol{k}_i+\dot{\theta}_i\dot{\boldsymbol{k}}_i=\dot{\boldsymbol{\omega}}_{i-1}+\ddot{\theta}_i\boldsymbol{k}_i+\dot{\theta}_i(\boldsymbol{\omega}_{i-1}\times\boldsymbol{k}_i)\tag{3-13}$$

仿式(3-3)，即将 $\boldsymbol{\varepsilon}_i$ 表示在 S_i 中，则有

$$\boldsymbol{\varepsilon}_i^i=\boldsymbol{R}_{i-1}^i\dot{\boldsymbol{\omega}}_{i-1}^{i-1}+\ddot{\theta}_i\boldsymbol{k}_i^i+\dot{\theta}_i(\boldsymbol{R}_{i-1}^i\boldsymbol{\omega}_{i-1}^{i-1}\times\boldsymbol{k}_i^i)\tag{3-14}$$

2. 线加速度

仿前，由式(3-2)可得

$$\begin{aligned}\boldsymbol{a}_i&=\frac{\mathrm{d}\boldsymbol{v}_i}{\mathrm{d}t}=\dot{\boldsymbol{v}}_i=\dot{\boldsymbol{v}}_{i-1}+\dot{\boldsymbol{\omega}}_{i-1}\times\boldsymbol{r}_{i-1}+\boldsymbol{\omega}_{i-1}\times\dot{\boldsymbol{r}}_{i-1}\\&=\dot{\boldsymbol{v}}_{i-1}+\dot{\boldsymbol{\omega}}_{i-1}\times\boldsymbol{r}_{i-1}+\boldsymbol{\omega}_{i-1}\times(\boldsymbol{\omega}_{i-1}\times\boldsymbol{r}_{i-1})\end{aligned}\tag{3-15}$$

当强调 $\boldsymbol{a}_i$ 表示在 S_i 中时，有

$$\boldsymbol{a}_i^i=\boldsymbol{R}_{i-1}^i[\dot{\boldsymbol{v}}_{i-1}^{i-1}+\dot{\boldsymbol{\omega}}_{i-1}^{i-1}\times\boldsymbol{r}_{i-1}^{i-1}+\boldsymbol{\omega}_{i-1}^{i-1}\times(\boldsymbol{\omega}_{i-1}^{i-1}\times\boldsymbol{r}_{i-1}^{i-1})]\tag{3-16}$$

必须注意，线速度和线加速度与角速度、角加速度不同，对于刚体来说，其上各点都是不同的，式(3-2)、式(3-4)和式(3-6)、式(3-8)都是对杆 L_i 上的固联标架 S_i 的原点 O_i 而言的，为了求得 L_i 中点 C_i 的 $\boldsymbol{v}_{C_i}$ 和 $\boldsymbol{a}_{C_i}$（见图 3-3），必须增加由于 L_i 转动($\boldsymbol{\omega}_i$)而引起的点 C_i 处的线速度和线加速度分量。

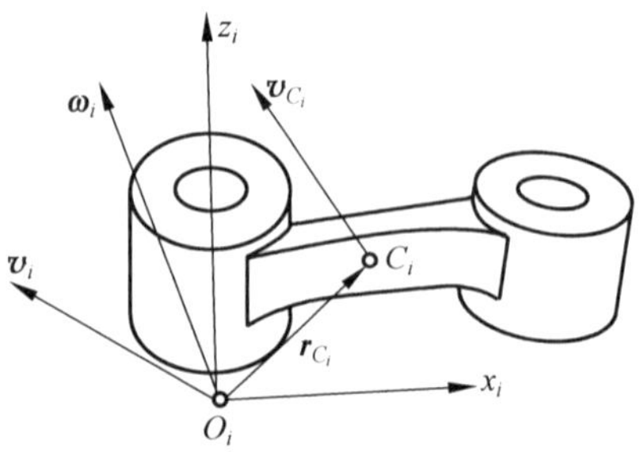

图 3-3 连杆的线速度分布

这时有

$$v_{C_i}=v_i+\omega_i\times r_{C_i}$$

或

$$v_{C_i}^i=v_i^i+\omega_i^i\times r_{C_i}^i$$

$$a_{C_i}=a_i+\dot{\omega}_i\times r_{C_i}+\omega_i\times(\omega_i\times r_{C_i})\tag{3-17}$$

或

$$a_{C_i}^i=a_i^i+\dot{\omega}_i^i\times r_{C_i}^i+\omega_i^i\times(\omega_i^i\times r_{C_i}^i)\tag{3-18}$$

如果 J_i 是移动关节，则

$$\varepsilon_i^i=R_{i-1}^i\varepsilon_{i-1}^{i-1}\tag{3-19}$$

$$a_i^i=R_{i-1}^i a_{i-1}^{i-1}+\ddot{d}_i k_i^i+\dot{d}_i(R_{i-1}^i\omega_{i-1}^{j-1}\times k_i^i)\tag{3-20}$$

【例 3-2】 求例 3-1 中 S_3 的角加速度和线加速度，并表示在 S_0 中。

解：(1) 利用例 3-1 的结果可得 R_1^0、R_2^1、R_3^2 及 ω_0^0、ω_1^1、ω_2^2、v_0^0、v_1^1、v_2^2。

(2) 求表示在各杆固联坐标系中的角加速度 ε_i^i 及线加速度 a_i^i。

① 对基座，$i=0$，则

$$\varepsilon_0^0=[0\quad 0\quad 0]^{\mathrm{T}},\quad a_0^0=[0\quad 0\quad 0]^{\mathrm{T}}\tag{例 3-2a}$$

② 对杆 L_1，$i=1$，则

$$\varepsilon_0^1=R_0^1\dot{\omega}_0^0+\ddot{\theta}_1 k_1^1+\dot{\theta}_1(R_0^1\omega_0^0\times k_1^1)=\begin{bmatrix}0 & 0 & \ddot{\theta}_1\end{bmatrix}^{\mathrm{T}}\tag{例 3-2b}$$

$$a_1^1=R_0^1[\dot{v}_0^0+\dot{\omega}_0^0\times r_{0,1}+\omega_0^0\times(\omega_0^0\times r_{0,1})]=[0\quad 0\quad 0]^{\mathrm{T}}\tag{例 3-2c}$$

③ 对杆 L_2，$i=2$，则

$$\begin{aligned}\varepsilon_2^2&=R_1^2\dot{\omega}_1^1+\ddot{\theta}_2 k_2^2+\dot{\theta}_2(R_1^2\omega_1^2\times k_2^2)\\&=\begin{bmatrix}c_2 & s_2 & 0\\-s_2 & c_2 & 0\\0 & 0 & 1\end{bmatrix}\begin{bmatrix}0\\0\\\ddot{\theta}_1\end{bmatrix}+\begin{bmatrix}0\\0\\\ddot{\theta}_2\end{bmatrix}+\dot{\theta}_2\left(\begin{bmatrix}c_2 & s_2 & 0\\-s_2 & c_2 & 0\\0 & 0 & 1\end{bmatrix}\begin{bmatrix}0\\0\\\theta_1\end{bmatrix}\times\begin{bmatrix}0\\0\\1\end{bmatrix}\right)\\&=\begin{bmatrix}0 & 0 & \ddot{\theta}_1+\ddot{\theta}_2\end{bmatrix}^{\mathrm{T}}\end{aligned}\tag{例 3-2d}$$

$$\begin{aligned}a_2^2&=R_1^2[\dot{v}_1^1+\dot{\omega}_1^1\times r_{1,2}+\omega_1^1\times(\omega_1^1\times r_{1,2})]\\&=R_1^2\left(\begin{bmatrix}0\\0\\0\end{bmatrix}+\begin{bmatrix}0\\0\\\ddot{\theta}_1\end{bmatrix}\times\begin{bmatrix}l_1\\0\\0\end{bmatrix}+\begin{bmatrix}0\\0\\\dot{\theta}_1\end{bmatrix}\times\begin{bmatrix}0\\0\\\dot{\theta}_1\end{bmatrix}\times\begin{bmatrix}l_1\\0\\0\end{bmatrix}\right)\\&=\begin{bmatrix}c\theta_2 & s\theta_2 & 0\\-s\theta_2 & c\theta_2 & 0\\0 & 0 & 1\end{bmatrix}\begin{bmatrix}-l_1\dot{\theta}_1^2\\+l_1\ddot{\theta}_1\\0\end{bmatrix}=\begin{bmatrix}-c\theta_2 l_1\dot{\theta}_1^2+s\theta_2 l_1\ddot{\theta}_1\\s\theta_2 l_1\dot{\theta}_1^2+c\theta_2 l_1\ddot{\theta}_1\\0\end{bmatrix}\end{aligned}\tag{例 3-2e}$$

④ 对 S_3，$i=3$(仿前，过程从略)，则

$$\varepsilon_3^3=\begin{bmatrix}0 & 0 & \ddot{\theta}_1+\ddot{\theta}_2\end{bmatrix}^{\mathrm{T}}\tag{例 3-2f}$$

$$
\boldsymbol{a}_3^3=\begin{bmatrix}-c\theta_2 l_1\dot{\theta}_1^2+s\theta_2 l_1\ddot{\theta}_1-l_2(\dot{\theta}_1+\dot{\theta}_2)^2\\ s\theta_2 l_1\dot{\theta}_1^2+c\theta_2 l_1\ddot{\theta}_1+l_2(\dot{\theta}_1+\dot{\theta}_2)^2\\ 0\end{bmatrix} \tag{例 3-2g}
$$

(3) 将$\boldsymbol{\varepsilon}_3^3$、$\boldsymbol{a}_3^3$ 表示在 S_0 中,即求$\boldsymbol{\varepsilon}_3^0$ 与 $\boldsymbol{a}_3^0$,为此须求 $\boldsymbol{R}_3^0$:

$$
\boldsymbol{R}_3^0=\boldsymbol{R}_1^0\boldsymbol{R}_2^1\boldsymbol{R}_3^2=\begin{bmatrix}c(\theta_1+\theta_2) & -s(\theta_1+\theta_2) & 0\\ s(\theta_1+\theta_2) & c(\theta_1+\theta_2) & 0\\ 0 & 0 & 1\end{bmatrix} \tag{例 3-2h}
$$

$$
\boldsymbol{\varepsilon}_3^0=\boldsymbol{R}_3^0\boldsymbol{\varepsilon}_3^3=\begin{bmatrix}0\\ 0\\ \ddot{\theta}_1+\ddot{\theta}_2\end{bmatrix} \tag{例 3-2i}
$$

$$
\boldsymbol{a}_3^0=\boldsymbol{R}_3^0\boldsymbol{a}_3^3=\begin{bmatrix}c_{12}[-c_2 l_1\dot{\theta}_1^2+s_2 l_1\ddot{\theta}_1-l_2(\dot{\theta}_1+\dot{\theta}_2)^2]\\ -s_{12}[s_2 l_1\dot{\theta}_1^2+c_2 l_1\ddot{\theta}_1+l_2(\ddot{\theta}_1+\ddot{\theta}_2)]\\ s_{12}[-c_2 l_1\dot{\theta}_1{}^2+s_2 l_1\ddot{\theta}_1-l_2(\dot{\theta}_1+\dot{\theta}_2)^2]+c_{12}[s_2 l_1\dot{\theta}_1^2+c_2 l_1\ddot{\theta}_1+l_2(\ddot{\theta}_1+\ddot{\theta}_2)]\\ 0\end{bmatrix} \tag{例 3-2j}
$$

3.2 静力学分析

在机器人中,任取两连杆 L_i、L_{i+1},如图 3-4 所示。设在杆 L_{i+1} 上的点 O_{i+1} 有力矩 $\boldsymbol{M}_{i+1}$ 和力 $\boldsymbol{F}_{i+1}$ 作用;在杆 L_i 上有自重$\boldsymbol{G}_i$(过质心 C_i);$\boldsymbol{r}_i$ 和$\boldsymbol{r}_{C_i}$ 分别表示由O_i 到O_{i+1} 和 C_i 的向径$\boldsymbol{r}_i$(或记为 $\boldsymbol{r}_{i,i+1}$)和 $\boldsymbol{r}_{C_i}$(或记为 $\boldsymbol{r}_{i,C_i}$)。

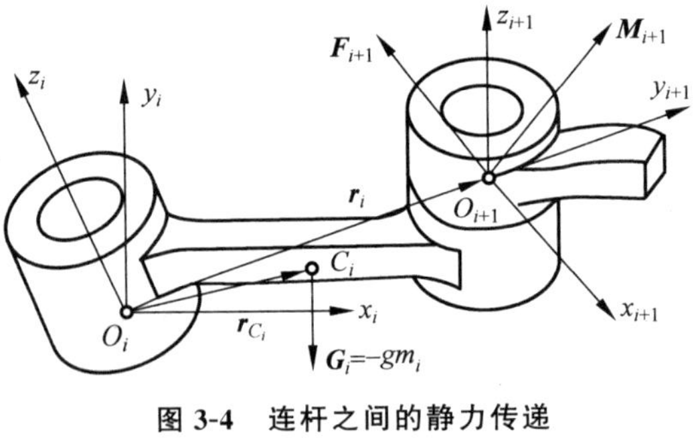

图 3-4 连杆之间的静力传递

按静力学方法,把这些力、力矩简化到 S_i(L_i 的固联坐标系 O_i-$x_iy_iz_i$)中,可得

$$
\begin{cases}\boldsymbol{F}_i=\boldsymbol{F}_{i+1}+\boldsymbol{G}_i\\ \boldsymbol{M}_i=\boldsymbol{M}_{i+1}+\boldsymbol{r}_i\times\boldsymbol{F}_{i+1}+\boldsymbol{r}_{C_i}\times\boldsymbol{G}_i\end{cases} \tag{3-21}
$$

当必须指明 F 和 M 的描述坐标系时,则得

$$\begin{cases}\boldsymbol{F}_i^i=\boldsymbol{R}_{i+1}^i\boldsymbol{F}_{i+1}^{i+1}+\boldsymbol{R}_0^i\boldsymbol{G}_i^0\\ \boldsymbol{M}_i^i=\boldsymbol{R}_{i+1}^i\boldsymbol{M}_{i+1}^{i+1}+\boldsymbol{r}_i^i\times\boldsymbol{R}_{i+1}^i\boldsymbol{F}_{i+1}^{i+1}+\boldsymbol{r}_{C_i}^i\times\boldsymbol{R}_0^i\boldsymbol{G}_i^0\end{cases}\tag{3-22}$$

式中，$G_i^0=-m_ig$（m_i 为杆 L_i 的质量）。

通过求出 $\boldsymbol{F}_i$ 和 $\boldsymbol{M}_i$ 在 z_i 轴上的分量，可以得到关节力和扭矩，它们就是在忽略摩擦的情况下，驱动器为使机器人保持静力平衡所应提供的关节力或关节力矩，记作 $\boldsymbol{\tau}_i$（因其只是 z 轴方向的分量，可不用向量标记），其大小为

$$\boldsymbol{\tau}_i=\begin{cases}k_i\boldsymbol{F}_i, & \text{对移动关节}\\ k_i\boldsymbol{M}_i, & \text{对转动关节}\end{cases}\tag{3-23}$$

当忽略连杆自重 G_i 时，式(3-22)可简记为

$$\begin{bmatrix}\boldsymbol{F}_i^i\\ \boldsymbol{M}_i^i\end{bmatrix}=\begin{bmatrix}\boldsymbol{R}_{i+1}^i & 0\\ \boldsymbol{r}_i\times\boldsymbol{R}_{i+1}^i & \boldsymbol{R}_{i+1}^i\end{bmatrix}\begin{bmatrix}\boldsymbol{F}_{i+1}^{i+1}\\ \boldsymbol{M}_{i+1}^{i+1}\end{bmatrix}\tag{3-24}$$

若以 $\boldsymbol{\tau}_{i0}$ 表示不计重力的关节力或力矩值，对于转动关节则有

$$\boldsymbol{\tau}_i=\boldsymbol{\tau}_{i0}+k_i\cdot\sum_{j=i}^{n}(\boldsymbol{r}_{i,C_j}\times\boldsymbol{G}_j)\tag{3-25}$$

式中，$\boldsymbol{r}_{i,C_j}$ 是自 O_i 到杆 L_j 的质心 C_j 的向径。

【例 3-3】 求二杆机器人的静关节力矩（坐标系与结构尺寸见图 3-5）。

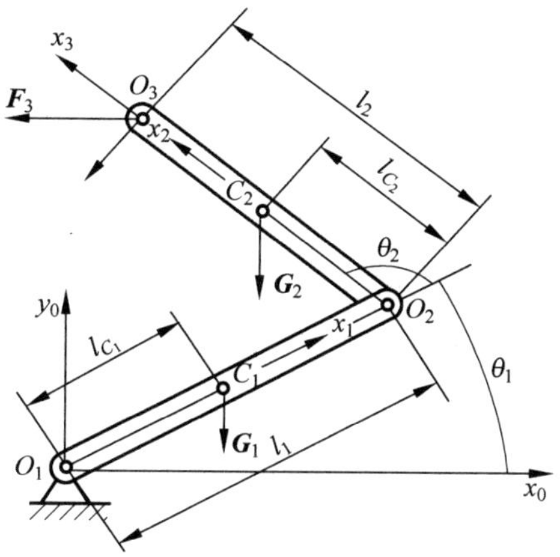

图 3-5 平面机器人静力分析

解：

已知：

$$\boldsymbol{F}_3^3=[F_{3x}^3\quad F_{3y}^3\quad 0]^{\mathrm{T}}$$

则

$$\boldsymbol{F}_2^2=\boldsymbol{R}_3^2\boldsymbol{F}_3^3=[F_{3x}^3\quad F_{3y}^3\quad 0]^{\mathrm{T}}$$

$$\boldsymbol{M}_2^2=\boldsymbol{r}_2^2\times\boldsymbol{F}_2^2+\boldsymbol{r}_{C_2}^2\times\boldsymbol{R}_0^2(-m_2g)=\begin{bmatrix}l_2\\0\\0\end{bmatrix}\times\begin{bmatrix}F_{3x}^3\\F_{3y}^3\\0\end{bmatrix}+\begin{bmatrix}l_{C_2}\\0\\0\end{bmatrix}\times\begin{bmatrix}-gm_2\mathrm{s}_{12}\\-gm_2\mathrm{c}_{12}\\0\end{bmatrix}$$

$$=\begin{bmatrix}0\\0\\l_2F_{3y}^3-l_{C_2}gm_2\mathrm{c}_{12}\end{bmatrix}$$

$$\boldsymbol{\tau}_2=\boldsymbol{k}_2^2\cdot\boldsymbol{M}_2^2=l_2F_{3y}^3-l_{C_2}gm_2c_{12} \tag{例 3-3a}$$

$$\boldsymbol{F}_1^1=\boldsymbol{R}_2^1\boldsymbol{F}_2^2=\begin{bmatrix}c_2F_{3x}^3-s_2F_{3y}^3\\s_2F_{3x}^3+c_2F_{3y}^3\\0\end{bmatrix}$$

$$\boldsymbol{M}_1^1=\boldsymbol{R}_2^1\boldsymbol{M}_2^2+\boldsymbol{r}_1^1\times\boldsymbol{F}_1^1+\boldsymbol{r}_{C_1}^1\times\boldsymbol{G}_1^1$$

$$=\begin{bmatrix}0\\0\\l_2F_{3y}-l_{C_2}gm_2c_{12}\end{bmatrix}+\begin{bmatrix}l_1\\0\\0\end{bmatrix}\times\begin{bmatrix}c_2F_{3x}^3-s_2F_{3y}^3\\s_2F_{3x}^3+c_2F_{3y}^3\\0\end{bmatrix}+\begin{bmatrix}l_{C1}\\0\\0\end{bmatrix}\times\begin{bmatrix}-m_1gs_1\\-m_1gc_1\\0\end{bmatrix}$$

$$=\begin{bmatrix}0\\0\\F_{3y}^3(l_2+l_1c_2)+l_1s_2F_{3x}^3-(l_{C_2}m_2gc_{12}+l_{C_1}m_1gc_1)\end{bmatrix}$$

$$\boldsymbol{\tau}_1=\boldsymbol{k}_1^1\cdot\boldsymbol{M}_1^1=\boldsymbol{F}_{3y}^3(l_2+l_1c_2)+l_1s_2\boldsymbol{F}_{3x}^3-(l_{C_2}m_2gc_{12}+l_{C_1}m_1g_1c_1) \tag{例 3-3b}$$

当略去重力力矩时，有

$$\boldsymbol{\tau}=\begin{bmatrix}\tau_1\\\tau_2\end{bmatrix}=\begin{bmatrix}l_1s_2 & l_2+l_1c_2\\0 & l_2\end{bmatrix}\begin{bmatrix}F_{3x}^3\\F_{3y}^3\end{bmatrix} \tag{例 3-3c}$$

3.3 动力学分析

3.3.1 惯性参数计算公式

1. 质量 M

对于具有 n 个质点 P_1、P_2、…、P_n 的质点系 s，有

$$\boldsymbol{M}=\sum_{i=1}^{n}m_i \tag{3-26}$$

对于均质规则物体有

$$\boldsymbol{M}=\int_v\rho\mathrm{d}v \tag{3-27}$$

式中，m_i 为质点 P_i 的质量；ρ 为质量密度。

2. 质心及质心位置

对于质点系 s，存在唯一一点 C，使得由 C 到各质点 P_i 的向径 $\boldsymbol{r}_i$ 与各点质量 m_i 之积满足关系式：

$$\sum_{i=1}^{n}m_i\boldsymbol{r}_i=0$$

则 C 称为 s 的质心。对于均质规则物体，则有

$$\int_v\rho\boldsymbol{r}_i\mathrm{d}v=0$$

对于质点系 s 有参考坐标系 S_0，用 $\boldsymbol{P}_i$ 表示原点 O 到各质点的向径，$\boldsymbol{P}_C$ 表示原点到质心 C 的向径，则有

$$\boldsymbol{P}_C=\frac{\sum_{i=1}^{n} m_i \boldsymbol{P}_i}{\sum_{i=1}^{n} m_i} \tag{3-28a}$$

对于均质规则物体，可得

$$\boldsymbol{P}_C=\frac{\int_v \rho \boldsymbol{P}_i \mathrm{d}v}{\int_v \rho \mathrm{d}v} \tag{3-28b}$$

为了便于使用，将式(3-28a)和式(3-28b)写成分量形式：

$$\begin{cases} x_C=\sum_{i=1}^{n} m_i x_i \Big/ \sum_{i=1}^{n} m_i \\ y_C=\sum_{i=1}^{n} m_i y_i \Big/ \sum_{i=1}^{n} m_i \\ z_C=\sum_{i=1}^{n} m_i z_i \Big/ \sum_{i=1}^{n} m_i \end{cases} \tag{3-29}$$

$$\begin{cases} x_C=\int_v \rho (\boldsymbol{P}_i)_x \mathrm{d}v / \rho \mathrm{d}v \\ y_C=\int_v \rho (\boldsymbol{P}_i)_y \mathrm{d}v / \rho \mathrm{d}v \\ z_C=\int_v \rho (\boldsymbol{P}_i)_z \mathrm{d}v / \rho \mathrm{d}v \end{cases} \tag{3-30}$$

式中，$(\boldsymbol{P}_i)_x$、$(\boldsymbol{P}_i)_y$、$(\boldsymbol{P}_i)_z$ 为向量 $\boldsymbol{P}_i$ 在 x、y、z 轴上的分量。

3. 惯量张量

转动惯量是用以度量刚体转动时惯性大小的量。当绕定轴(如 z 轴)转动时，其值 I_z 是

$$I_z=\sum \boldsymbol{r}_i^2 \Delta m_i \tag{3-31}$$

对于均质刚体：

$$I_z=\int_M r_i^2 \mathrm{d}m=\int_v \rho r^2 \mathrm{d}v \tag{3-32}$$

式中，r_i 为 Δm(或 $\mathrm{d}m$)距 z 轴的平均距离(或 $\mathrm{d}m$ 距 z 轴的距离)。

设刚体绕固定点 O 转动，它的瞬时角速度为 $\boldsymbol{\omega}$，刚体对 O 点的动量矩 $\boldsymbol{G}$ 是

$$\boldsymbol{G}=\sum \boldsymbol{r}_i \times m_i \boldsymbol{v} \tag{3-33}$$

由于 $\boldsymbol{v}=\boldsymbol{\omega}\times\boldsymbol{r}$，利用三向量的向量积公式：

$$\boldsymbol{r}\times(\boldsymbol{\omega}\times\boldsymbol{r})=(\boldsymbol{r}\cdot\boldsymbol{r})\boldsymbol{\omega}-(\boldsymbol{r}\cdot\boldsymbol{\omega})\boldsymbol{r}$$

可将式(3-33)展开归化成：

$$\boldsymbol{G}=\left[\sum (m_i \boldsymbol{r}_i^2)\right]\boldsymbol{\omega}-\sum\left[m_i(\boldsymbol{r}_i\cdot\boldsymbol{\omega})\boldsymbol{r}_i\right] \tag{3-34}$$

对于刚体可过点 O 取两坐标系，参考系 S_0 和固联于刚体上随刚体运动的坐标系 S(见图 3-6)。设 $\boldsymbol{r}_i$ 和$\boldsymbol{\omega}$ 在 S 中的分量分别表示为

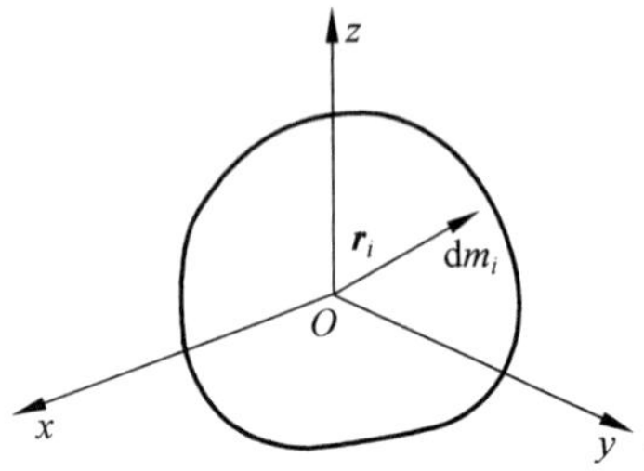

图 3-6 刚体绕定点转动

$$\boldsymbol{r}_i = x_i\boldsymbol{i} + y_i\boldsymbol{j} + z_i\boldsymbol{k}$$

$$\boldsymbol{\omega} = \omega_x\boldsymbol{i} + \omega_y\boldsymbol{j} + \omega_z\boldsymbol{k}$$

将上两式代入式(3-34)，可得 $\boldsymbol{G}$ 在 x 轴上的分量为

$$\begin{aligned} G_x &= \omega_x\sum[m_i(x_i^2+y_i^2+z_i^2)] - \\ &\quad \sum[m_i(x_i\omega_x + y_i\omega_y + z_i\omega_z)x_i] \\ &= \sum[m_i(y_i^2+z_i^2)]\omega_x - \sum(m_ix_iy_i)\omega_y - \\ &\quad \sum(m_ix_iz_i)\omega_z \end{aligned}$$

同理可得 G_y、G_z，借助矩阵工具，可得

$$\begin{bmatrix} G_x \\ G_y \\ G_z \end{bmatrix} = \begin{bmatrix} \sum[m_i(y_i^2+z_i^2)] & -\sum(m_ix_iy_i) & -\sum(m_ix_iz_i) \\ -\sum(m_ix_iy_i) & \sum m_i(z_i^2+x_i^2) & -\sum(m_iy_iz_i) \\ -\sum(m_ix_iz_i) & -\sum m_iy_iz_i & \sum m_i(x_i^2+y_i^2) \end{bmatrix} \begin{bmatrix} \omega_x \\ \omega_y \\ \omega_z \end{bmatrix} \tag{3-35}$$

简记为

$$\boldsymbol{G} = \boldsymbol{I\omega} \tag{3-36}$$

式中，$\boldsymbol{I}$ 称作刚体的惯量矩阵，因为这一矩阵符合将向量线性变换成向量的张量定义，所以它实质上是一个在三维变换中的二阶张量，故 $\boldsymbol{I}$ 通常称作刚体的惯量张量。

对于均质连续的规则刚体，求和号可换成积分号。取

$$\begin{cases} I_{xx} = \sum m_i(y_i^2+z_i^2) = \int(y^2+z^2)\mathrm{d}m \\ I_{yy} = \sum m_i(z_i^2+x_i^2) = \int(z^2+x^2)\mathrm{d}m \\ I_{zz} = \sum m_i(x_i^2+y_i^2) = \int(x^2+y^2)\mathrm{d}m \end{cases} \tag{3-37a}$$

$$\begin{cases} I_{xy} = I_{yx} = \sum(m_ix_iy_i) = \int xy\,\mathrm{d}m \\ I_{yz} = I_{xy} = \sum(m_iy_iz_i) = \int yz\,\mathrm{d}m \\ I_{zx} = I_{xz} = \sum(m_iz_ix_i) = \int zx\,\mathrm{d}m \end{cases} \tag{3-37b}$$

则刚体的惯量张量表示为

$$\boldsymbol{I} = \begin{bmatrix} I_{xx} & -I_{xy} & -I_{xz} \\ -I_{yx} & I_{yy} & -I_{yz} \\ -I_{xz} & -I_{yz} & I_{zz} \end{bmatrix} \tag{3-38}$$

1）惯量张量的平行移轴定理

设刚体在原点过其质心的坐标系 S_C 中的惯量张量见式(3-38)。坐标系 S'是经过平移 $\boldsymbol{r}_{O,O'} = [x_C, y_C, z_C]^{\mathrm{T}}$ 得到的新坐标系，则刚体在坐标系 S'的惯量张量 I'可表示为

$$
\boldsymbol{I}'=\begin{bmatrix} I_{x'x'} & -I_{x'y'} & -I_{x'z'} \\ -I_{y'x'} & I_{y'y'} & -I_{y'z'} \\ -I_{x'z'} & -I_{y'z'} & I_{z'z'} \end{bmatrix}
$$

$$
=\begin{bmatrix} I_{xx} & -I_{xy} & -I_{xz} \\ -I_{xy} & I_{yy} & -I_{yz} \\ -I_{xz} & -I_{yz} & I_{zz} \end{bmatrix}+\begin{bmatrix} M(z_C^2+y_C^2) & -Mx_Cy_C & -Mx_Cz_C \\ -Mx_Cy_C & M(y_C^2+x_C^2) & -My_Cz_C \\ -Mx_Cz_C & -My_Cz_C & M(x_C^2+z_C^2) \end{bmatrix} \tag{3-39}
$$

式中，M 为刚体的质量。

2）惯量张量的坐标轴旋转计算公式

设刚体在原点过其质心的坐标系 S_C 中的惯量张量见式(3-38)，坐标系 S' 是经过旋转变换 R^C 而得到的新坐标系。根据张量的旋转变换法则，刚体的惯量张量在 S' 中表示为

$$
\boldsymbol{I}'=(\boldsymbol{R}^C)^{\mathrm{T}}\boldsymbol{I}\boldsymbol{R}^C \tag{3-40}
$$

写成分量形式则是

$$
\begin{cases} I'_x=(\boldsymbol{n}^C)^{\mathrm{T}}\boldsymbol{I}\boldsymbol{n}^C \\ I'_y=(\boldsymbol{o}^C)^{\mathrm{T}}\boldsymbol{I}\boldsymbol{o}^C \\ I'_z=(\boldsymbol{a}^C)^{\mathrm{T}}\boldsymbol{I}\boldsymbol{a}^C \end{cases} \tag{3-41}
$$

式中，$\boldsymbol{n}^C$、$\boldsymbol{o}^C$、$\boldsymbol{a}^C$ 分别是 $\boldsymbol{R}^C$ 中的三个列向量，即 $\boldsymbol{R}^C=[\boldsymbol{n}^C \quad \boldsymbol{o}^C \quad \boldsymbol{a}^C]$。

3）惯性主轴

由矩阵理论可知，当 $\boldsymbol{I}$ 是 3×3 实对称矩阵时，总存在有一个正交变换 R，使得 $\boldsymbol{I}$ 在 S 坐标系中为

$$
\boldsymbol{I}=\begin{bmatrix} I_{xx} & 0 & 0 \\ 0 & I_{yy} & 0 \\ 0 & 0 & I_{zz} \end{bmatrix} \tag{3-42}
$$

式中，I_{xx}、I_{yy}、I_{zz}（其中至少有两个互不相等）是该矩阵的特征根。由此即可求出与之相对应的三个互相正交的特征向量，以它们作为坐标系 S（即 O-xyz 系）的基向量 $\boldsymbol{i}$、$\boldsymbol{j}$、$\boldsymbol{k}$，则该坐标系的坐标轴称作刚体的惯性主轴。

一般来说，过质心的三个刚体对称正交平面的三条交线（正交）就是刚体的三个惯性主轴。把这三条轴线选作某坐标系的坐标轴，则刚体在该坐标系的惯量张量为式(3-42)的最简形式。

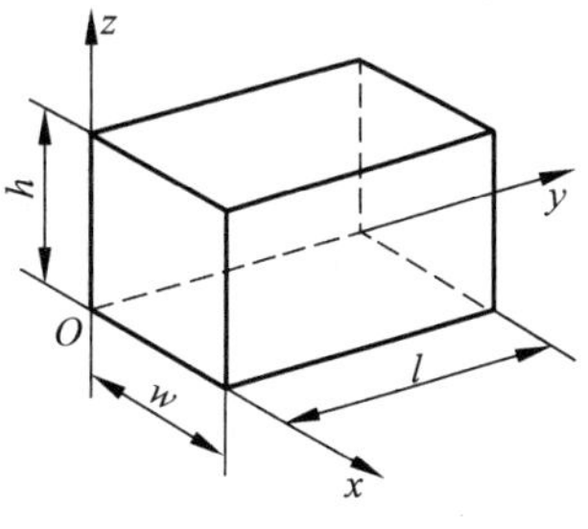

图 3-7　均质矩形体

【例 3-4】　求图 3-7 所示均质六面体相对于所设坐标系 S 的惯量张量。

解：令 $\mathrm{d}m=\rho\mathrm{d}x\mathrm{d}y\mathrm{d}z$。

(1) 求轴转动惯量。

$$
I_{xx}=\int_M(y^2+z^2)\mathrm{d}m=\int_0^h\int_0^l\int_0^w(y^2+z^2)\rho\mathrm{d}x\mathrm{d}y\mathrm{d}z=\left(\frac{hl^3w}{3}+\frac{h^3lw}{3}\right)\rho
$$

$$
=\frac{M}{3}(l^2+h^2) \tag{例 3-4a}
$$

同理 $$I_{yy}=\frac{M}{3}(w^2+h^2),\quad I_{zz}=\frac{M}{3}(l^2+w^2)$$

式中，M 为六面体的总质量($M=\rho hlw$)。

(2) 求惯量积。

$$I_{xy}=\int_M xy\,\mathrm{d}m=\int_0^h\int_0^l\int_0^w xy\rho\,\mathrm{d}x\,\mathrm{d}y\,\mathrm{d}z=\frac{M}{4}wl$$

同理 $$I_{xz}=\frac{M}{4}hw,\quad I_{yz}=\frac{M}{4}hl \tag{例 3-4b}$$

(3) 求惯量张量。

将 I_{xx}、I_{xy} 代入式(3-38)得

$$\boldsymbol{I}=\begin{bmatrix}\frac{M}{3}(l^2+h^2) & -\frac{M}{4}wl & -\frac{M}{4}hw\\ -\frac{M}{4}wl & \frac{M}{3}(w^2+h^2) & -\frac{M}{4}hl\\ -\frac{M}{4}hw & -\frac{M}{4}hl & \frac{M}{3}(l^2+w^2)\end{bmatrix} \tag{例 3-4c}$$

若将 S_C 的原点 O_C 置于质心上，且 x_C、y_C、z_C 分别平行于 x、y、z，根据平行移轴定理，有

$$x_C=-\frac{w}{2},\quad y_C=-\frac{l}{2},\quad z_C=-\frac{h}{2}$$

$$I_{zz}=I_{zzC}+M(x_C^2+y_C^2)$$

于是 $$I_{zzC}=I_{zz}-M(x_C^2+y_C^2)=\frac{M}{12}(l^2+w^2)$$

同理 $$I_{yyC}=\frac{M}{12}(w^2+h^2),\quad I_{xxC}=\frac{M}{12}(l^2+h^2)$$

$$I_{xyC}=I_{xy}-Mx_Cy_C=\frac{M}{4}wl-\frac{M}{4}wl=0$$

同理 $$I_{xzC}=I_{yzC}=0$$

于是

$$\boldsymbol{I}_C=\begin{bmatrix}\frac{M}{12}(l^2+h^2) & 0 & 0\\ 0 & \frac{M}{12}(w^2+h^2) & 0\\ 0 & 0 & \frac{M}{12}(l^2+w^2)\end{bmatrix} \tag{例 3-4d}$$

【例 3-5】 设有均质薄板，过质心 C 有两固联坐标系(见图 3-8)。已知该薄板在 S 坐标系中的惯量矩阵 $\boldsymbol{I}$：

$$\boldsymbol{I}=\begin{bmatrix}I_{xx} & -I_{xy}\\ -I_{xy} & I_{yy}\end{bmatrix}$$

求在 S' 中的惯量矩阵。

解：(1) 求 S'相对于 S 的变换矩阵。

由图 3-8 可知，旋转变换矩阵是

$$\boldsymbol{R}=\begin{bmatrix}\cos\theta & -\sin\theta\\ \sin\theta & \cos\theta\end{bmatrix} \qquad (例 3-5a)$$

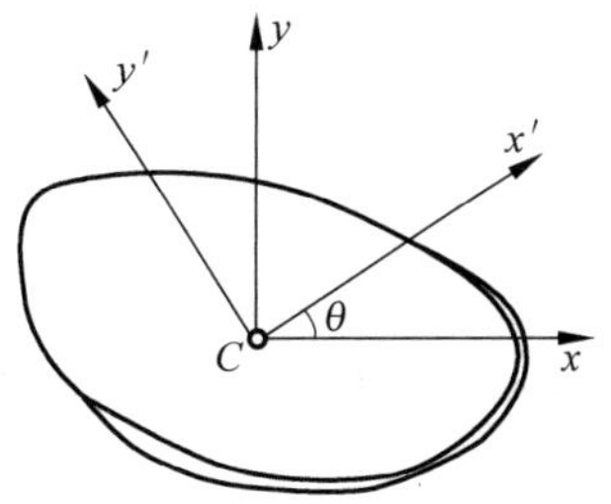

图 3-8 均质薄板及固联坐标系

(2) 计算 $\boldsymbol{I}'$。

由式(3-40)可得

$$\boldsymbol{I}'=\boldsymbol{R}^{\mathrm{T}}\boldsymbol{I}\boldsymbol{R}$$

$$=\begin{bmatrix}\cos\theta & \sin\theta\\ -\sin\theta & \cos\theta\end{bmatrix}\begin{bmatrix}I_{xx} & -I_{xy}\\ -I_{xy} & I_{yy}\end{bmatrix}\begin{bmatrix}\cos\theta & -\sin\theta\\ \sin\theta & \cos\theta\end{bmatrix}$$

展开后得

$$\begin{cases}I_{x'x'}=I_{xx}\cos^2\theta+I_{yy}\sin^2\theta-2I_{xy}\sin\theta\cos\theta\\ I_{y'y'}=I_{xx}\sin^2\theta+I_{yy}\cos^2\theta+2I_{xy}\sin\theta\cos\theta\\ I_{x'y'}=(I_{xx}-I_{yy})\sin\theta\cos\theta+I_{xy}(\cos^2\theta-\sin^2\theta)\end{cases} \qquad (例 3-5b)$$

3.3.2 基于牛顿-欧拉方程的动力学算法

基于牛顿-欧拉方程的动力学算法是以理论力学两个最基本的方程——牛顿方程和欧拉方程为出发点，结合机器人的速度和加速度分析而得出的一种机器人动力学算法。它常以递推的形式出现，具有较高的计算速度，但形成最终的动力学完整方程(闭合解)比较麻烦。它的特点之一是计算关节之间的约束力，所以在用于含闭链的机器人动力学计算时比较困难。但也正由于该方法可以算出关节处的约束力，从而为机器人机构设计提供了力学分析的原始条件。为了方便读者了解，这里简要给出刚体的牛顿-欧拉方程。

牛顿动力学方程的形式为：

$$\boldsymbol{F}=m\boldsymbol{a}=\mathrm{d}(m\boldsymbol{v})/\mathrm{d}t \qquad (3\text{-}43)$$

式中，$\boldsymbol{a}$、$\boldsymbol{v}$ 具有质量为 m 的刚体的质心加速度和速度。

写成分量形式为

$$\begin{cases}\boldsymbol{F}_x=m\boldsymbol{a}_x=m\dfrac{\mathrm{d}\boldsymbol{v}_x}{\mathrm{d}t}\\ \boldsymbol{F}_y=m\boldsymbol{a}_y=m\dfrac{\mathrm{d}\boldsymbol{v}_y}{\mathrm{d}t}\\ \boldsymbol{F}_z=m\boldsymbol{a}_z=m\dfrac{\mathrm{d}\boldsymbol{v}_z}{\mathrm{d}t}\end{cases} \qquad (3\text{-}44)$$

欧拉动力学方程是对绕定点转动的刚体给出的。刚体绕定点转动时对该点的动量矩 $\boldsymbol{J}$ 是

$$\boldsymbol{J}=\sum_{i=1}^{n}(\boldsymbol{r}_i\times m_i\boldsymbol{v}_i)=\boldsymbol{I}\boldsymbol{\omega}$$

式中，$\boldsymbol{r}_i$、m_i、$\boldsymbol{v}_i$ 为组成刚体的质点 p_i 的向径、质量和速度；$\boldsymbol{\omega}$ 为刚体绕定点的角速度；$\boldsymbol{I}$ 为刚体的惯量张量。

应用动量矩定理(对于刚体的固联坐标系 I 为常数)可得

$$\boldsymbol{M}=\frac{\mathrm{d}\boldsymbol{J}}{\mathrm{d}t}=\dot{\boldsymbol{J}}+\boldsymbol{\omega}\times\boldsymbol{J}=\boldsymbol{I}\dot{\boldsymbol{\omega}}+\boldsymbol{\omega}\times\boldsymbol{I}\boldsymbol{\omega}\tag{3-45}$$

式中,$\boldsymbol{M}$ 为外力对于定点的合力矩,称为主矩。

写成分量形式,且设固联坐标轴是刚体的惯性主轴,由于此时 $I_{xy}=I_{yz}=I_{zx}=0$,则

$$\begin{cases}M_x=I_{xx}\dot{\omega}_x-(I_{yy}-I_{zz})\omega_y\omega_z\\ M_y=I_{yy}\dot{\omega}_y-(I_{zz}-I_{xx})\omega_z\omega_x\\ M_z=I_{zz}\dot{\omega}_z-(I_{xx}-I_{yy})\omega_x\omega_y\end{cases}\tag{3-46}$$

1. 引例

取机器人中任一连杆 L_i,其受力图如图 3-9 所示。设该杆在力、力矩和重力作用下做一般运动,即质心 C_i 以速度$\boldsymbol{v}_{C_i}$ 移动,整个连杆又绕 C_i 以角速度$\boldsymbol{\omega}_i$ 转动,并伴随线加速度 $\boldsymbol{a}_{C_i}=\dot{\boldsymbol{v}}_{C_i}$、角加速度$\boldsymbol{\varepsilon}=\dot{\boldsymbol{\omega}}$ 的运动。根据达朗贝尔原理,牛顿-欧拉方程分别变为

$$\begin{cases}\boldsymbol{F}_{i-1,i}-\boldsymbol{F}_{i,i+1}+m_i g-m_i\dot{\boldsymbol{v}}_{C_i}=0\\ \boldsymbol{M}_{i-1,i}-\boldsymbol{M}_{i,i+1}+\boldsymbol{r}_{i,C_i}\times\boldsymbol{F}_{i-1,i}-\boldsymbol{r}_{i+1,C_i}\times\boldsymbol{F}_{i,i+1}-\boldsymbol{I}_i\dot{\boldsymbol{\omega}}_i-\boldsymbol{\omega}_i\times\boldsymbol{I}_i\boldsymbol{\omega}_i=0\end{cases}\tag{3-47}$$

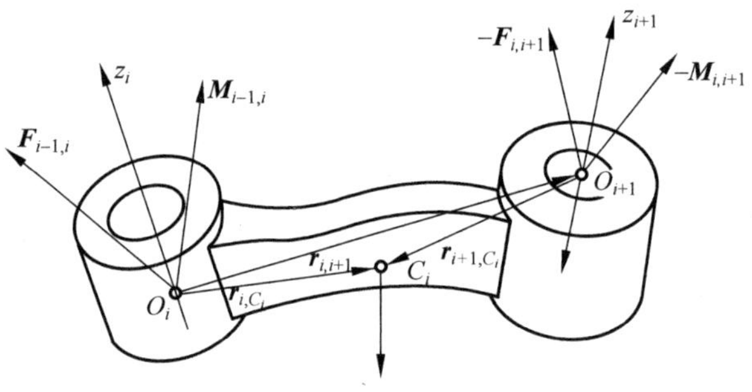

图 3-9 连杆受力图

若从机器人的末杆算起,已知 $\boldsymbol{F}_{i,i+1}$、$\boldsymbol{M}_{i,i+1}$ 即可逐次求得关节的约束力和约束力矩。现仍以图 3-2 所示的平面二杆机器人为例,说明操作手动力学计算,以及公式中各项的物理意义。为了简便,取 $\boldsymbol{F}_3=0$,并已知 $\boldsymbol{I}_1$、$\boldsymbol{I}_2$。

将式(3-47)用于二杆机器人的末杆 $L_2(i=2)$,则有

$$\begin{cases}\boldsymbol{F}_{1,2}+m_2 g-m_2\dot{\boldsymbol{v}}_{C_2}=0\\ \boldsymbol{M}_{1,2}+\boldsymbol{r}_{2,C_2}\times\boldsymbol{F}_{1,2}-\boldsymbol{I}_2\dot{\boldsymbol{\omega}}_2-\boldsymbol{\omega}_2\times(\boldsymbol{I}_2\boldsymbol{\omega}_2)=0\end{cases}\tag{引例 a}$$

对于杆 $L_1(i=1)$,则有

$$\begin{cases}\boldsymbol{F}_{0,1}-\boldsymbol{F}_{1,2}+m_1 g+m_1\dot{\boldsymbol{v}}_{C_1}=0\\ \boldsymbol{M}_{0,1}-\boldsymbol{M}_{1,2}-\boldsymbol{r}_{2,C_1}\times\boldsymbol{F}_{1,2}+\boldsymbol{r}_{1,C_1}\times\boldsymbol{F}_{0,1}-\boldsymbol{I}_1\dot{\boldsymbol{\omega}}_1-\boldsymbol{\omega}_1\times(\boldsymbol{I}_1\boldsymbol{\omega}_1)=0\end{cases}\tag{引例 b}$$

当求出角速度、角加速度和质心加速度之后,即可由式(引例 a)到式(引例 b)依次求出各关节的约束力和约束力矩。

之前已求出:

$$\boldsymbol{\omega}_1=\begin{bmatrix}0 & 0 & \dot{\theta}_1\end{bmatrix}^{\mathrm{T}},\quad \dot{\boldsymbol{\omega}}_1=\begin{bmatrix}0 & 0 & \ddot{\theta}_1\end{bmatrix}^{\mathrm{T}}$$

$$\boldsymbol{\omega}_2=\begin{bmatrix}0 & 0 & \dot{\theta}_2 & +\dot{\theta}_2\end{bmatrix}^{\mathrm{T}},\quad \dot{\boldsymbol{\omega}}_2=\begin{bmatrix}0 & 0 & \ddot{\theta}_1 & +\ddot{\theta}_2\end{bmatrix}^{\mathrm{T}}$$

$$\boldsymbol{v}_{C_1}=\begin{bmatrix}-l_{C_1}\dot{\theta}_1\mathrm{s}_1\\ l_{C_1}\dot{\theta}_1\mathrm{c}_1\\ 0\end{bmatrix},\quad \boldsymbol{v}_{C_2}=\begin{bmatrix}-(l_1\mathrm{s}_1+l_{C_2}\mathrm{s}_{12})\dot{\theta}_1-l_{C_2}\mathrm{s}_{12}\dot{\theta}_2\\ (l_1\mathrm{c}_1+l_{C_2}\mathrm{c}_{12})\dot{\theta}_1+l_{C_2}\mathrm{c}_{12}\dot{\theta}_2\\ 0\end{bmatrix}$$

对$\boldsymbol{v}_{C_1}$、$\boldsymbol{v}_{C_2}$求导，可得

$$\dot{\boldsymbol{v}}_{C_1}=\begin{bmatrix}-l_{C_1}(\mathrm{s}_1\ddot{\theta}_1+\mathrm{c}_1\dot{\theta}_1^2)\\ l_{C_1}(\mathrm{c}_1\ddot{\theta}_1-\mathrm{s}_1\dot{\theta}_1^2)\\ 0\end{bmatrix}$$

$$\dot{\boldsymbol{v}}_{C_2}=\begin{bmatrix}-(l_1\mathrm{s}_1+l_{C_2}\mathrm{s}_{12})\ddot{\theta}_1-l_{C_2}\mathrm{s}_{12}\ddot{\theta}_2-l_1\mathrm{c}_1\dot{\theta}_1^2-l_{C_2}\mathrm{c}_{12}\dot{\theta}_1^2-2l_{C_2}\mathrm{c}_{12}\dot{\theta}_1\dot{\theta}_2-l_{C_2}\mathrm{c}_{12}\dot{\theta}_2^2\\ (l_1\mathrm{c}_1+l_{C_2}\mathrm{c}_{12})\ddot{\theta}_1+l_{C_2}\mathrm{c}_{12}\ddot{\theta}_2-l_1\mathrm{s}_1\dot{\theta}_1^2-l_{C_2}\mathrm{s}_{12}\dot{\theta}_1^2-2l_{C_2}\mathrm{s}_{12}\dot{\theta}_1\dot{\theta}_2-l_{C_2}\mathrm{s}_{12}\dot{\theta}_2^2\\ 0\end{bmatrix}$$

对于杆 $L_2(i=2)$，根据式(引例 a)可得

$$\boldsymbol{F}_{1,2}=-m_2g+m_2\dot{\boldsymbol{v}}_{C_2}=m_2\begin{bmatrix}0\\ -g\\ 0\end{bmatrix}+$$

$$m_2\begin{bmatrix}-(l_1\mathrm{s}_1+l_{C_2}\mathrm{s}_{12})\ddot{\theta}_1-l_{C_2}\mathrm{s}_{12}\ddot{\theta}_2-l_1\mathrm{c}_1\dot{\theta}_1^2-l_{C_2}\mathrm{c}_{12}\dot{\theta}_1^2-2l_{C_2}\mathrm{c}_{12}\dot{\theta}_1\dot{\theta}_2-l_{C_2}\mathrm{c}_{12}\dot{\theta}_2^2\\ (l_1\mathrm{c}_1+l_{C_2}\mathrm{c}_{12})\ddot{\theta}_1+l_{C_2}\mathrm{c}_{12}\ddot{\theta}_2-l_1\mathrm{s}_1\dot{\theta}_1^2-l_{C_2}\mathrm{s}_{12}\dot{\theta}_1^2-2l_{C_2}\mathrm{s}_{12}\dot{\theta}_1\dot{\theta}_2-l_{C_2}\mathrm{s}_{12}\dot{\theta}_2^2\\ 0\end{bmatrix}$$

(引例 c)

$$\begin{aligned}\boldsymbol{M}_{1,2}&=-\boldsymbol{r}_{2,C_2}\times(-m_2g+m_2\dot{\boldsymbol{v}}_{C_2})+\boldsymbol{I}_2\dot{\boldsymbol{\omega}}_2+\boldsymbol{\omega}_2\times(\boldsymbol{I}_2\boldsymbol{\omega}_2)\\ &=\begin{bmatrix}0\\ 0\\ l_{C_2}\mathrm{c}_{12}m_2g+m_2[(l_1l_{C_2}\mathrm{c}_2+l_{C_2}^2)\ddot{\theta}_1+l_{C_2}^2\ddot{\theta}_2+l_1l_{C_2}\mathrm{s}_2\dot{\theta}_1^2]\end{bmatrix}+\boldsymbol{I}_2\begin{bmatrix}0\\ 0\\ \ddot{\theta}_1+\ddot{\theta}_2\end{bmatrix}\end{aligned}$$

(引例 d)

对于杆 $L_1(i=1)$，根据式(引例 b)可得

$$\boldsymbol{F}_{0,1}=\boldsymbol{F}_{1,2}-m_1g+m_2\dot{\boldsymbol{v}}_{C_1}=\boldsymbol{F}_{1,2}-m_1\begin{bmatrix}0\\ -g\\ 0\end{bmatrix}+m_2\begin{bmatrix}-l_{C_1}(\mathrm{s}_1\ddot{\theta}_1+\mathrm{c}_1\dot{\theta}_1^2)\\ l_{C_1}(\mathrm{c}_1\ddot{\theta}_1+\mathrm{s}_1\dot{\theta}_1^2)\\ 0\end{bmatrix}\quad\text{(引例 e)}$$

$$\boldsymbol{M}_{0,1}=\boldsymbol{M}_{1,2}+\boldsymbol{r}_{2,C_1}\times\boldsymbol{F}_{1,2}-\boldsymbol{r}_{1,C_1}\times\boldsymbol{F}_{0,1}+\boldsymbol{I}_1\dot{\boldsymbol{\omega}}_1+\boldsymbol{\omega}_1\times(\boldsymbol{I}_1\boldsymbol{\omega}_1)=\boldsymbol{M}_{1,2}+$$

$$\begin{bmatrix} 0 \\ 0 \\ m_1 l_{C_1}^2 \ddot{\theta}_1 + m_2(l_1^2\ddot{\theta}_1 + l_1 l_{C_2} c_2\ddot{\theta}_1 + l_1 l_{C_2} c_2 \ddot{\theta}_2 - l_1 l_{C_2} s_2 \dot{\theta}_1^2 - 2l_1 l_{C_2} s_2 \dot{\theta}_1 \dot{\theta}_2 - l_1 l_{C_2} s_2 \dot{\theta}_2^2) + \\ m_1 l_{C_1} c_1 g + m_2 l_1 c_1 g \end{bmatrix}$$

(引例 f)

由于

$$\boldsymbol{\tau}_1 = \boldsymbol{k}_1 \cdot \boldsymbol{M}_{0,1}, \quad \boldsymbol{\tau}_2 = \boldsymbol{k}_2 \cdot \boldsymbol{M}_{1,2}$$

可以求得不计摩擦的关节驱动力矩：

$$\tau_1 = (m_1 l_{C_1}^2 + m_2 l_1^2 + 2m_2 l_1 l_{C_2} c_2 + m_2 l_{C_2}^2 + I_1 + I_2)\ddot{\theta}_1 + (m_2 l_1 l_{C_2} c_2 + I_2 + m_2 l_{C_2}^2)\ddot{\theta}_2 - m_2 l_1 l_{C_2} s_2 \theta_2^2 - 2m_2 l_1 l_{C_2} s_2 \dot{\theta}_1 \dot{\theta}_2 + m_1 l_{C_1} c_1 g + m_2(l_1 c_1 g + l_{C_2} c_{12} g) \quad \text{(引例 g)}$$

$$\tau_2 = m_2(l_1 l_{C_2} c_2 + l_{C_2}^2)\ddot{\theta}_1 + m_2 l_{C_2}^2 \ddot{\theta}_2 + m_2 l_1 l_{C_2} c_2 \dot{\theta}_1^2 - l_{C_2} c_{12} m_2 g + I_2(\ddot{\theta}_1 + \ddot{\theta}_2) \quad \text{(引例 h)}$$

将 τ_1、τ_2 写成如下形式：

$$\begin{cases} \tau_1 = H_{11}\ddot{\theta}_1 + H_{12}\ddot{\theta}_2 + h_{122}\dot{\theta}_2^2 + 2h_{112}\dot{\theta}_1\dot{\theta}_2 + G_1 \\ \tau_2 = H_{22}\ddot{\theta}_2 + H_{21}\ddot{\theta}_1 + h_{211}\dot{\theta}_1^2 + G_2 \end{cases} \quad \text{(引例 i)}$$

式中，$H_{11} = m_1 l_{C_1}^2 + I_1 + m_2(l_1^2 + l_{C_2}^2 + 2l_1 l_{C_2} c_2) + I_2$

$H_{22} = m_2 l_{C_2}^2 + I_2$

$H_{12} = H_{21} = m_2 l_1 l_{C_2} c_2 + m_2 l_{C_2}^2 + I_2$

$h_{112} = h_{122} = -h_{211} = -m_2 l_1 l_{C_2} s_2$

$G_1 = m_1 l_{C_1} g c_1 + m_2 g(l_{C_2} c_{12} + l_1 c_1)$

$G_2 = m_2 l_{C_1} g c_{12}$

2. 动力学方程及其各项的物理意义

由式(引例 j)可得机器人动力学方程的规范形式：

$$\tau_i = \sum_{j=1}^{n} H_{ij}\ddot{q}_j + \sum_{j=1}^{n}\sum_{k=1}^{n} h_{ijk}\dot{q}_j\dot{q}_k + G_i \tag{3-48}$$

今后将以式(3-48)为讨论机器人动力学的基础，现将其中各项的物理意义分述如下：

1) 惯性力矩($H_{ij}\ddot{q}_j$)

惯性力矩是由线加速度或角加速度引起的，分为两类：

(1) 自加速惯性力矩($i=j$)是由于连杆 L_i 自身的加速度 $\ddot{q}_j = i$ 而引起的作用在自身转动轴上的惯性力矩，如 τ_1 中的 $H_{11}\ddot{\theta}_1$：

$$H_{11}\ddot{\theta}_1 = [m_1 l_{C_1}^2 + I_1 + m_2(l_1^2 + l_{C_2}^2 + 2l_1 l_{C_2} c_2) + I_2]\ddot{\theta}_1$$

式中，$m_1 l_{C_1}^2 \ddot{\theta}_1 = (m_1 l_{C_1} \ddot{\theta}_1) l_{C_1}$ 为杆 L_1 的质心 C_1 的加速度($l_{C_1}\ddot{\theta}_1$)引起的作用在过 O_1 的关节轴(以下称关节轴 J_1)的惯性力矩；$I_1\ddot{\theta}_1$ 为杆 L_1(具有转动惯量 I_1)因加速度($\ddot{\theta}_1$)而引起的对 J_1 的惯性力矩；$m_2(l_1^2 + l_{C_2}^2 + 2l_{C_2} l_1 c_2)\ddot{\theta}_1$ 为由 $\ddot{\theta}_1$ 而使杆 L_2 的质心 C_2 产生加速

度$\sqrt{(l_1^2+l_{C_2}^2+2l_1 l_{C_2} c_2)}\ddot{\theta}_1$时，作用在$J_1$的惯性力矩，参见图3-10；$I_2\ddot{\theta}_1$为杆$L_2$（具有$I_2$）因$\ddot{\theta}_1$而引起的对$J_1$的惯性力矩。

在τ_2中：

$$H_{22}\ddot{\theta}_2=(m_2 l_{C_2}^2+I_2)\ddot{\theta}_2$$

这里不详述。

(2) 耦合惯性力矩($i\neq j$)在τ_1和τ_2中分别是

$$H_{12}\ddot{\theta}_2=[m_2(l_{C_2}^2+l_{C_2}l_1 c_2)+I_2]\ddot{\theta}_2$$

$$H_{21}\ddot{\theta}_1=[m_2(l_{C_2}^2+l_{C_2}l_1 c_2)+I_2]\ddot{\theta}_1$$

在$H_{12}\ddot{\theta}_2$中，$m_2(l_{C_2}^2+l_{C_2}l_1 c_2)\ddot{\theta}_2$是由$\ddot{\theta}_2$使杆$L_2$在质心$C_2$产生线加速度($l_{C_2}\ddot{\theta}_2$)而引起的绕$J_1$的惯性力矩(见图3-11)；$I_2\ddot{\theta}_2$是杆$L_2$（具有$I_2$）由角加速度($\ddot{\theta}_2$)而引起的作用在$J_1$上的惯性力矩。

$H_{21}\ddot{\theta}_1$中各项的意义请读者自行分析。

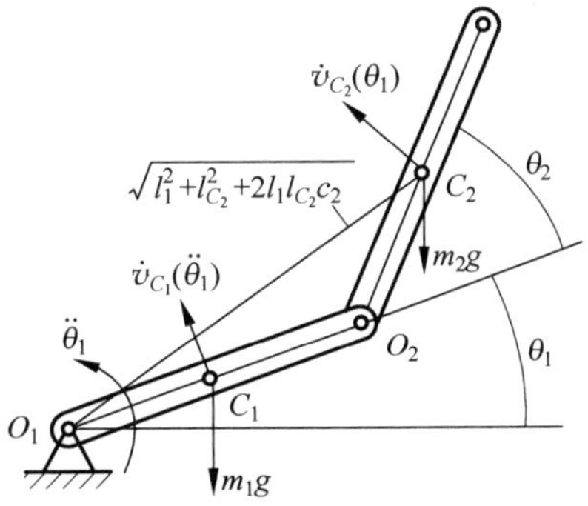

图 3-10 自加速惯性力矩加速度示意图

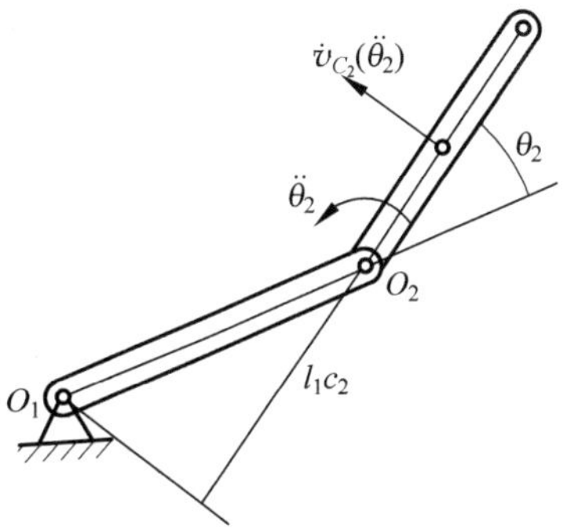

图 3-11 耦合惯性力矩加速度示意图

当$\theta_2=0$时，$H_{12}\ddot{\theta}_2$、$H_{21}\ddot{\theta}_1$的物理意义更加明显。这时

$$H_{12}\ddot{\theta}_2=I_2\ddot{\theta}_2+m_2 l_{C_2}\ddot{\theta}_2(l_1+l_{C_2})$$

$$H_{21}\ddot{\theta}_1=I_2\ddot{\theta}_1+m_2(l_1+l_{C_2})\ddot{\theta}_1 l_{C_2}$$

2) 离心惯性力矩($h_{ijj}\dot{q}_j\dot{q}_j=h_{ijj}\dot{q}_j^2$)

离心惯性力矩都是耦合的，原因是离心力对自己的旋转轴是不产生力矩的。由式(引例 j)知，在τ_1和τ_2中的离心力矩分别是

$$h_{122}\dot{\theta}_2^2=-m_2 l_1 l_{C_2} s_2\dot{\theta}_2^2$$

$$h_{211}\dot{\theta}_1^2=m_2 l_1 l_{C_2} s_2\dot{\theta}_1^2$$

式中，$m_2 l_1 l_{C_2} s_2\dot{\theta}_2^2$是由杆$L_2$的角速度($\dot{\theta}_2$)引起的在$C_2$处的向心加速度($l_{C_2}\dot{\theta}_2^2$)作用在$J_1$上的惯性力矩(见图3-12)。对于$m_2 l_1 l_{C_2} s_2\dot{\theta}_1^2$请读者自行分析。

3）哥氏(Coriolis)惯性力矩($h_{ijk}\dot{q}_j\dot{q}_k$)

在转动坐标系(设转速为 ω)中有质点做相对运动(相对速度为 v')时，将产生哥氏加速度。对于二杆机器人，第二杆在跟随第一杆转动的同时，又做相对于第一杆的运动(在质心 C_2 处，有 $v'=l_{C_2}\dot{\theta}_2$)，所以第二杆在质心 C_2 产生哥氏加速度($\boldsymbol{a}_C$)，由理论力学可知：

$$\boldsymbol{a}_C = 2\boldsymbol{\omega}\times\boldsymbol{v}'$$

二杆机器人在质心 C_2 产生的哥氏加速度如图 3-13 所示，可以表示为

$$\boldsymbol{a}_C = 2\boldsymbol{\omega}_1\times\boldsymbol{v}'_1 = 2\dot{\theta}_1 l_{C_2}\dot{\theta}_2\frac{\boldsymbol{a}_C}{|\boldsymbol{a}_C|}$$

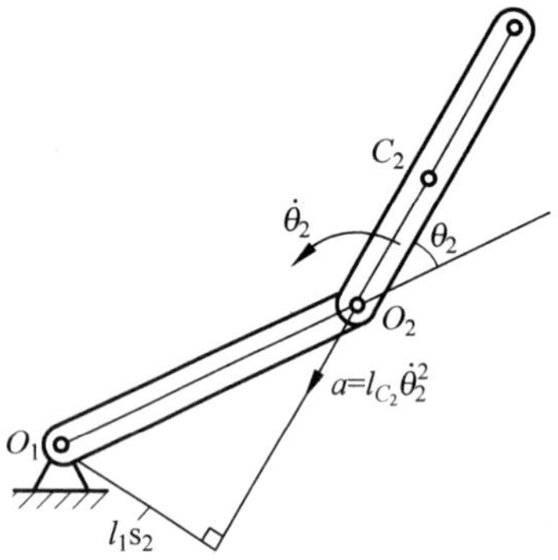

图 3-12 离心加速度示意图

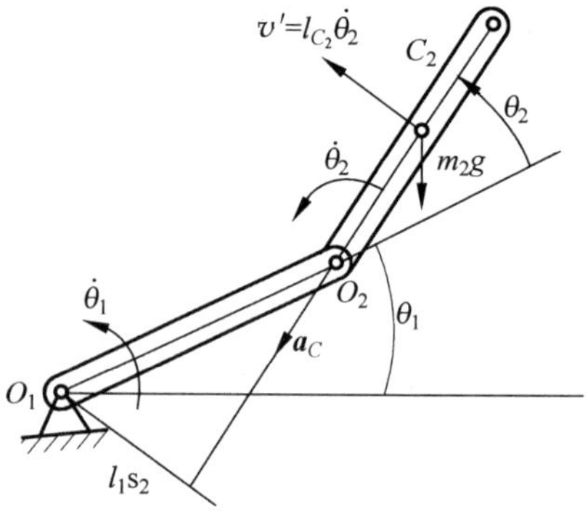

图 3-13 哥氏加速度示意图

故对 J_2(过 O_2 的关节轴)不产生哥氏惯性力矩，但对 J_1 产生哥氏惯性力矩，在 τ_1 中表示为

$$h_{112}\dot{\theta}_1\dot{\theta}_2 = -2m_2 l_1 l_{C_2}\mathrm{s}_2\dot{\theta}_1\dot{\theta}_2$$

4）重力矩(G_1)

由式(引例 j)可知，在 τ_1 和 τ_2 中，由重力所产生的力矩分别为

$$G_1 = m_1 g l_{C_1}\mathrm{c}_1 + m_2 g l_1 \mathrm{c}_1 + m_2 g l_{C_2}\mathrm{c}_{12}$$

$$G_2 = m_2 g l_{C_2}\mathrm{c}_{12}$$

式中各项的意义请读者自行分析。

3. 递推算法

Luh、Walker 和 Paul 于 1980 年提出了递推的牛顿-欧拉方程算法，显著提升了机器人动力学的计算效率。该方法是由基座前推，即向末杆递推，逐步求出各杆的角速度、角加速度和质心加速度，再由末杆的末关节向第一关节(与基座相连)后推，从而求出各关节力矩(或力)。下面给出全旋转关节的具体公式。

(1) 速度和惯性力(力矩)前推：

$$\boldsymbol{\omega}_i^i = \boldsymbol{R}_{i-1}^i\boldsymbol{\omega}_{i-1}^{i-1} + \dot{\theta}_i\boldsymbol{k}_i^i \tag{3-49a}$$

$$\dot{\boldsymbol{\omega}}_i^i = \boldsymbol{R}_{i-1}^i\dot{\boldsymbol{\omega}}_{i-1}^{i-1} + \boldsymbol{R}_{i-1}^i\boldsymbol{\omega}_{i-1}^{i-1}\times\dot{\theta}_i\boldsymbol{k}_i^i + \ddot{\theta}_i\boldsymbol{k}_i^i \tag{3-49b}$$

$$\boldsymbol{v}_i^i = \boldsymbol{R}_{i-1}^i(\boldsymbol{v}_{i-1}^{i-1} + \boldsymbol{\omega}_{i-1}^{i-1}\times\boldsymbol{r}_{i-1,i}^{i-1}) \tag{3-49c}$$

$$\dot{\boldsymbol{v}}_i^i = \boldsymbol{R}_{i-1}^i[\dot{\boldsymbol{\omega}}_{i-1}^{i-1}\times\boldsymbol{r}_{i-1,i}^{i-1} + \boldsymbol{\omega}_{i-1}^{i-1}\times(\boldsymbol{\omega}_{i-1}^{i-1}\times\boldsymbol{r}_{i-1,i}^{i-1}) + \dot{\boldsymbol{v}}_{i-1}^{i-1}]\boldsymbol{M}_i^i$$

$$=\boldsymbol{N}_i^i+\boldsymbol{R}_{i+1}^i\boldsymbol{M}_{i+1}^{i+1}+\boldsymbol{r}_{i,C_i}^i\times\boldsymbol{f}_i^i+\boldsymbol{r}_{i,i+1}^i\times\boldsymbol{R}_{i+1}^i\boldsymbol{F}_{i+1}^{i+1} \tag{3-49d}$$

$$\boldsymbol{v}_{C_i}=\boldsymbol{v}_i^i+\boldsymbol{\omega}_i^i\times\boldsymbol{r}_{i,C_i}^i \tag{3-49e}$$

$$\dot{\boldsymbol{v}}_{C_i}^i=\dot{\boldsymbol{\omega}}_i^i\times\boldsymbol{r}_{i,C_i}^i+\boldsymbol{\omega}_i^i\times(\boldsymbol{\omega}_i^i\times\boldsymbol{r}_{r,C_i}^i)+\dot{\boldsymbol{v}}_i^i \tag{3-49f}$$

$$\boldsymbol{f}_i^i=m_i\dot{\boldsymbol{v}}_{C_i}^i \tag{3-49g}$$

$$\boldsymbol{N}_i^i=\boldsymbol{I}_i\dot{\boldsymbol{\omega}}_i^i+\boldsymbol{\omega}_i^i\times(\boldsymbol{I}_i\dot{\boldsymbol{\omega}}_i^i) \tag{3-49h}$$

(2) 约束力和关节力矩后推：

$$\boldsymbol{F}_i^i=\boldsymbol{R}_{i+1}^i\boldsymbol{F}_{i+1}^{i+1}+\boldsymbol{F}_i^i \tag{3-49i}$$

$$\boldsymbol{M}_i^i=\boldsymbol{N}_i^i+\boldsymbol{R}_{i+1}^i\boldsymbol{M}_{i+1}^{i+1}+\boldsymbol{r}_{i,C_i}^i\times\boldsymbol{f}_i^i+\boldsymbol{r}_{i,i+1}^i\times\boldsymbol{R}_{i+1}^i\boldsymbol{F}_{i+1}^{i+1} \tag{3-49j}$$

$$\tau_i=\boldsymbol{K}_i^i\cdot\boldsymbol{M}_i^i \tag{3-49k}$$

为考虑重力力矩，可对整个操作手附加一个与重力加速度相反的加速度($-g$)，即在 z_0 向上时，取：

$$\dot{\boldsymbol{v}}_0^0=[0\quad 0\quad -g]^{\mathrm{T}}$$

关于存在移动关节时的递推公式，请读者自行推导。

3.3.3　基于拉格朗日方程的动力学算法

上面介绍的动力学算法特别适用于机器人的设计计算。因为它不仅可以求出各主动关节的驱动力(对转动关节即为力矩)，还可以求出关节中各连杆间的作用力(约束反力)。但在进行动力学分析时，当目的为求得机器人的动力学方程时，实际上不需要求出关节中的约束反力，所以上述算法就显得有些累赘。目前公开的动力学算法有许多种，常见的还有拉格朗日方程法、凯恩方程法和广义达朗贝尔方程法。这里简单介绍一种最常用的基于拉格朗日方程的机器人动力学算法。

1. 拉格朗日方程

拉格朗日方程是建立在力学系统的动能和势能函数基础上的。对于定常的力学系统，该方程可表示为

$$\frac{\mathrm{d}}{\mathrm{d}t}\left(\frac{\partial L}{\partial\dot{q}_i}\right)-\frac{\partial L}{\partial q_i}=\boldsymbol{Q}_i \tag{3-50}$$

式中，L 为拉格朗日函数，与能量的关系为 $L=T-U$；T 为系统动能；U 为系统势能；q_i 为系统的广义坐标；$\dot{q}_i$ 为系统的广义速率；Q_i 为作用在系统上的广义主动力(可以是力，也可以是力矩)。

2. 基于拉格朗日方程的机器人动力学算法

1) 机器人的动能 $\boldsymbol{T}$

机器人的每个构件都可以看作做一般运动的刚体，其动能由移动和转动两部分动能组成，即

$$\boldsymbol{T}_i=\frac{1}{2}m_i\boldsymbol{v}_{C_i}^{\mathrm{T}}\boldsymbol{v}_{C_i}+\frac{1}{2}\boldsymbol{\omega}_i^{\mathrm{T}}\boldsymbol{I}_i\boldsymbol{\omega}_i \tag{3-51}$$

对整个机器人则有

$$\boldsymbol{T}=\sum_{i=1}^{n}\boldsymbol{T}_i \tag{3-52}$$

在运动分析中，有 $\dot{\boldsymbol{X}}=\boldsymbol{J}\dot{q}$，可以得出：

$$\begin{bmatrix}\boldsymbol{v}_{C_i}\\ \hline \boldsymbol{\omega}_i\end{bmatrix}=\begin{bmatrix}\boldsymbol{J}_L^i\\ \hline \boldsymbol{J}_A^i\end{bmatrix}\begin{bmatrix}\dot{q}_1\\ \dot{q}_2\\ \vdots\\ \dot{q}_n\end{bmatrix} \tag{3-53}$$

式中，$\boldsymbol{J}_L^i=[J_{L_1}^i \quad J_{L_2}^i \quad \cdots \quad J_{L_i}^i \quad O_{L_{i+1}} \quad \cdots \quad O_{L_n}]$；$\boldsymbol{J}_A^i=[J_{A_1}^i \quad J_{A_2}^i \quad \cdots \quad J_{A_i}^i \quad O_{A_{i+1}} \quad \cdots \quad O_{A_n}]$是相应的 v_{C_i} 和$\boldsymbol{\omega}_i$ 的雅可比矩阵元素，故当下标大于 i 时，即由 $i+1$ 到 n 时，由于关节变量 q_{i+1} 到 q_n 对杆 L_i 的质心速度$\boldsymbol{v}_{C_i}$ 和角速度$\boldsymbol{\omega}_i$ 不产生作用，所以取相应的雅可比矩阵元素为零。

将式(3-53)展开，可得

$$\boldsymbol{v}_{C_i}=\boldsymbol{J}_{L_1}^i\dot{\boldsymbol{q}}_1+\boldsymbol{J}_{L_2}^i\dot{\boldsymbol{q}}_2+\cdots+\boldsymbol{J}_{L_i}^i\dot{\boldsymbol{q}}_i$$

$$\boldsymbol{\omega}_i=\boldsymbol{J}_{A_1}^i\dot{\boldsymbol{q}}_1+\boldsymbol{J}_{A_2}^i\dot{\boldsymbol{q}}_2+\cdots+\boldsymbol{J}_{A_i}^i\dot{\boldsymbol{q}}_i$$

动能表达式(3-52)变为

$$\boldsymbol{T}=\frac{1}{2}\sum_{i=1}^{n}(m_i\dot{\boldsymbol{q}}^{\mathrm{T}}\boldsymbol{J}_L^{i\mathrm{T}}\boldsymbol{J}_L^i\dot{q}+\dot{\boldsymbol{q}}^{\mathrm{T}}\boldsymbol{J}_A^{i\mathrm{T}}\boldsymbol{I}_i\boldsymbol{J}_A^i\dot{q})=\frac{1}{2}\dot{q}^{\mathrm{T}}\boldsymbol{H}\dot{q} \tag{3-54}$$

式中，$\boldsymbol{H}=\sum_{i=1}^{n}(m_i\boldsymbol{J}_L^{i\mathrm{T}}\boldsymbol{J}_L^i+\boldsymbol{J}_A^{i\mathrm{T}}\boldsymbol{I}_i\boldsymbol{J}_A^i)$定义为机器人的总惯性张量，是 $n\times n$ 方阵。

若用 H_{ij} 表示 H 的 i 行 j 列元素，则有

$$T=\frac{1}{2}\sum_{i=1}^{n}\sum_{j=1}^{n}H_{ij}\dot{q}_i\dot{q}_j \tag{3-55}$$

式中，H_{ij} 为 q_1、q_2、…、q_n 的函数。

2）机器人的势能 $\boldsymbol{U}$

以基础坐标零点为相对零点，$\boldsymbol{g}$(重力加速度)为 3×1 列向量，则机器人的总势能是各杆质心向量 $\boldsymbol{r}_{o,C_i}$ 的函数，写成矩阵形式

$$\boldsymbol{U}=\sum_{i=1}^{n}m_i\boldsymbol{g}^{\mathrm{T}}\boldsymbol{r}_{o,C_i} \tag{3-56}$$

3）机器人的广义主动力(或称广义力)

机器人的非保守力有关节力矩：

$$\boldsymbol{\tau}=[\tau_1,\tau_2,\cdots,\tau_n]^{\mathrm{T}}$$

末端执行器参考点 P_e 处的外力 $\boldsymbol{F}_{\mathrm{ext}}$：

$$\boldsymbol{F}_{\mathrm{ext}}=[F_x \quad F_y \quad F_z \quad M_x \quad M_y \quad M_y]^{\mathrm{T}}$$

$\boldsymbol{F}_{\mathrm{ext}}$、$\boldsymbol{\tau}$ 对机器人的总虚功为

$$\delta\boldsymbol{W}=\boldsymbol{\tau}^{\mathrm{T}}\delta q+\boldsymbol{F}_{\mathrm{ext}}^{\mathrm{T}}\delta\boldsymbol{p}=(\boldsymbol{\tau}+\boldsymbol{J}^{\mathrm{T}}\boldsymbol{F}_{\mathrm{ext}})^{\mathrm{T}}\delta q \tag{3-57}$$

式中，$\boldsymbol{J}$ 是相对于末端执行器的雅可比矩阵。

由式(3-50)定义的 $\boldsymbol{Q}_i$ 为

$$\delta \boldsymbol{W}_1 = \boldsymbol{Q}_1^{\mathrm{T}} \delta q \tag{3-58}$$

对机器人来说，式(3-58)就应是式(3-57)，即 $\boldsymbol{Q}_1 = \boldsymbol{\tau} + \boldsymbol{J}^{\mathrm{T}} \boldsymbol{F}_{\mathrm{ext}}$，故 $Q_{11} = \tau_1$，$Q_{21} = \tau_2$。

4）**机器人的拉格朗日方程**

（1）求 $\dfrac{\partial L}{\partial \dot{q}_i}$、$\dfrac{\mathrm{d}}{\mathrm{d}t}\dfrac{\partial L}{\partial \dot{q}_i}$。

$$\frac{\partial L}{\partial \dot{q}_i} = \frac{\partial T}{\partial \dot{q}_i} = \frac{\partial}{\partial \dot{q}_i}\left(\frac{1}{2}\sum_{i=1}^{n}\sum_{j=1}^{n} H_{ij}\dot{q}_i\dot{q}_j\right) = \sum_{j=1}^{n} H_{ij}\dot{q}_j \tag{3-59}$$

$$\frac{\mathrm{d}}{\mathrm{d}t}\left(\frac{\partial L}{\partial \dot{q}_i}\right) = \frac{\mathrm{d}}{\mathrm{d}t}\left(\sum_{j=1}^{n} H_{ij}\dot{q}_j\right) = \sum_{j=1}^{n} H_{ij}\ddot{q}_j + \sum_{j=1}^{n}\frac{\mathrm{d}H_{ij}}{\mathrm{d}t}\dot{q}_j \tag{3-60}$$

$$\frac{\mathrm{d}H_{ij}}{\mathrm{d}t} = \sum_{k=1}^{n}\frac{\partial H_{ij}}{\partial q_k}\dot{q}_k \tag{3-61}$$

（2）求 $\dfrac{\partial L}{\partial q_i} = \dfrac{\partial T}{\partial q_i} - \dfrac{\partial U}{\partial q_i}$。

$$\frac{\partial T}{\partial q_i} = \frac{\partial}{\partial q_i}\left(\frac{1}{2}\sum_{j=1}^{n}\sum_{k=1}^{n} H_{jk}\dot{q}_j\dot{q}_k\right) = \frac{1}{2}\sum_{j=1}^{n}\sum_{k=1}^{n}\frac{\partial H_{jk}}{\partial q_i}\dot{q}_j\dot{q}_k \tag{3-62}$$

$$\frac{\partial U}{\partial q_i} = \frac{\partial}{\partial q_i}\left(\sum_{j=1}^{n} m_j \boldsymbol{g}^{\mathrm{T}} r_{o,Ci}\right) = \sum_{j=1}^{n} m_j \boldsymbol{g}^{\mathrm{T}}\frac{\partial r_{o,Cj}}{\partial q_i} = \sum_{j=1}^{n} m_j \boldsymbol{g}^{\mathrm{T}} J_{Li}^{j} = G_i \tag{3-63}$$

将式(3-59)～式(3-63)代入拉格朗日方程式(3-50)，可得

$$\sum_{j=1}^{n} H_{ij}\ddot{q}_j + \sum_{j=1}^{n}\sum_{k=1}^{n} h_{ijk}\dot{q}_j\dot{q}_k + G_i = Q_{ij} \tag{3-64}$$

式中

$$h_{ijk} = \frac{\partial H_{ij}}{\partial q_k} - \frac{1}{2}\frac{\partial H_{jk}}{\partial q_i}$$

$$G_i = \sum_{j=1}^{n} m_i \boldsymbol{g}^{\mathrm{T}} \boldsymbol{J}_{Li}^{j}$$

式(3-64)与动力学规范方程(3-48)相同。

机器人的动力学算法是机器人学的一个重要研究领域，是机器控制的理论基础。为了加快计算速度，以达到实时控制的目的，出现了很多种算法。但对机器人的设计来说，上述两种算法仍是最基本的方法。

习　题

3-1　在题3-1图所示的三自由度机器人末端 P 点建立机器人坐标系，求出在基坐标系下笛卡儿空间速度与关节空间速度的映射，并写出此时的雅可比矩阵。

3-2　确定题3-2图所示二连杆机械臂的动力学方程式，把每个连杆当作均匀长方形刚体，其长、宽、高分别为 l_i、W_i、h_i，总质量为 $m_i(i=1,2)$。

3-3　建立题3-3图所示三连杆机械臂的动力学方程式。每个连杆均为均匀长方形刚

体，其尺寸为长×宽×高$=l_i \times W_i \times h_i$，质量为 $m_i(i=1,2,3)$。

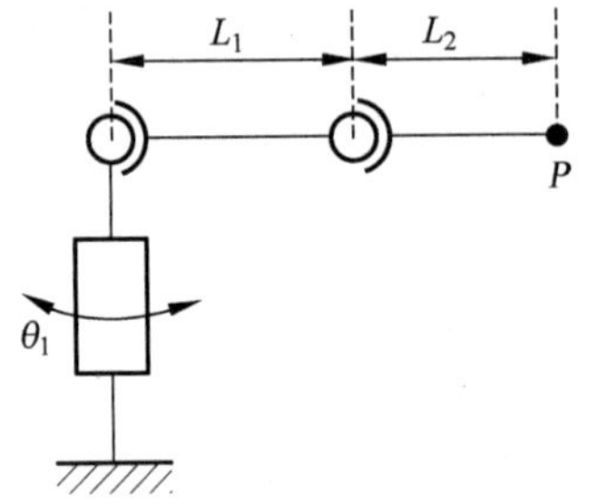

题 3-1 图　三自由度机器人构型图

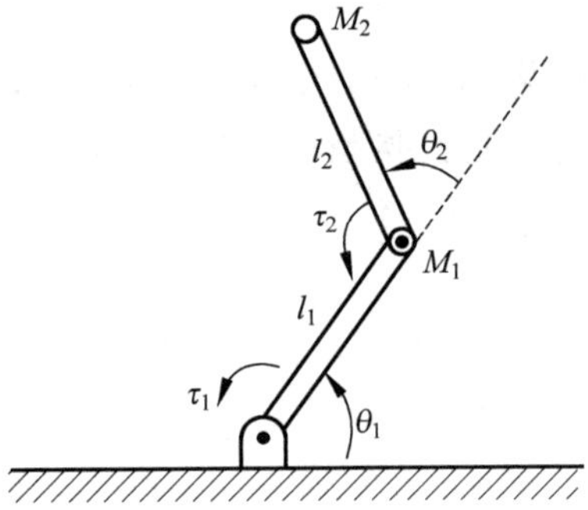

题 3-2 图　质量均匀分布的二连杆机械臂

3-4　题 3-4 图所示的二连杆机械臂，连杆长度为 d_i，质量为 m_i，重心位置为$(0.5d_i,0,0)$，连杆惯量为 $I_{zz_i}=\frac{1}{3}m_i d_i^2, I_{yy}=\frac{1}{3}m_i d_i^2, I_{xx_i}=0$，传动机构的惯量为 $I_{a_i}=0(i=1,2)$。

(1) 用矩阵法求运动方程，即确定其参数 D_{ij}、D_{ijk} 和 D_i。

(2) 已知 $\theta_1=45°, \dot{\theta}_1=\Omega, \ddot{\theta}_1=0, \theta_2=-20°, \dot{\theta}_2=0, \ddot{\theta}_2=0$，求矩阵 $\boldsymbol{T}_1$ 和 $\boldsymbol{T}_2$。

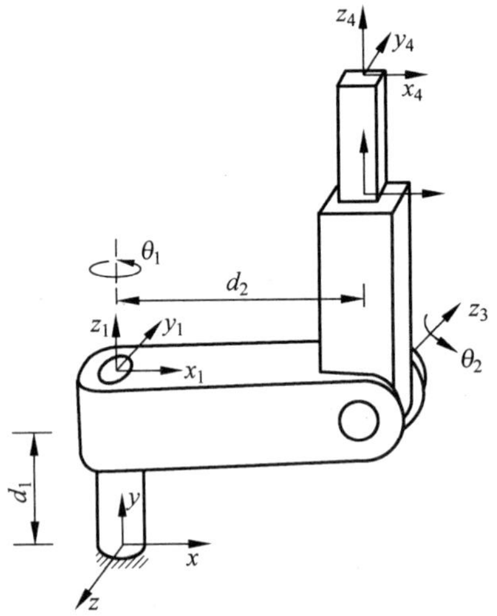

题 3-3 图　三连杆机械臂

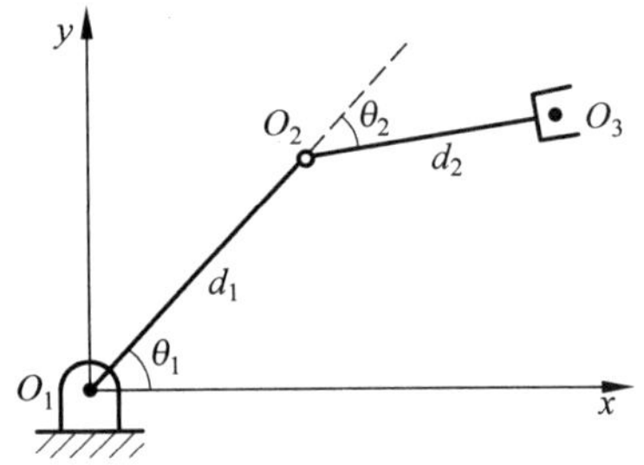

题 3-4 图　质量集中的二连杆机械臂

第 4 章

机器人驱动-传动系统设计

4.1 驱动-传动系统的组成及选择

4.1.1 驱动-传动系统的组成和作用

要使机器人运行起来，就需要给各个关节即每个运动自由度安置驱动-传动装置。驱动-传动装置的作用是提供机器人各部位、各关节动作的原动力。机器人有两种运动关节——转动关节和移(直)动关节。对电动系统来说，常见的驱动-传动形式如图 4-1 所示。

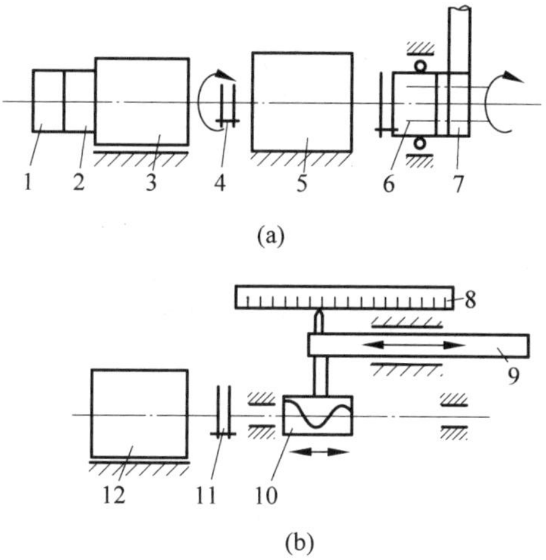

1—码盘；2—测速机；3,12—电动机；4,11—联轴器；5—传动装置；
6—转动关节；7—杆；8—电位器（或光栅尺）；9—移动关节；10—螺旋副。

图 4-1 驱动-传动系统的组成

(a) 转动系统；(b) 移(直)动系统

在系统中，驱动装置通过联轴器带动传动装置(一般为减速器)，再通过关节轴带动杆件运动。为了进行位置和速度控制，驱动系统中还包括位置和速度检测元件。检测元件的类型繁多，但都需要具备适当的精度、连接方式及有利于控制的输出方式。对于伺服电动机，检测元件常与电动机直接相连；而对于液压驱动，则常通过联轴器或销轴与被驱动的杆件相连。

4.1.2 驱动装置的主要类型和优、缺点

1）电动驱动装置

电动驱动装置是目前使用最广泛的驱动装置。它能源简单，速度变化范围大，效率高，具备很高的速度和位置控制精度，通常与减速装置联合使用。近年来，直驱（direct driver，DD）电动机（见图 4-2（a））发展迅速，在某些应用场景有望代替传统的“伺服电动机＋减速器”组合的驱动系统形式。

电动驱动装置可分为直流（DC）、交流（AC）伺服电动机驱动和步进电动机驱动，如图 4-2 所示。后者多为开环控制，控制简单，但功率不大，多用于低精度、小功率的机器人系统。而 DC 伺服电动机有很多优点，但其电刷易磨损，且易产生火花。随着技术的进步，AC 伺服电动机正逐步取代 DC 伺服电动机而成为机器人的主要驱动装置。

(a) (b) (c)

图 4-2 电动驱动装置

（a）DD 电动机；（b）伺服电动机；（c）步进电动机

2）液压驱动装置

液压驱动的主要优点是功率大，结构简单，可省去减速装置，能直接与被驱动的杆件相连，响应快，采用伺服驱动时具有较高的精度。液压驱动装置主要包括液压缸、液压马达等，如图 4-3（a）（b）所示，但液压驱动装置需要增设液压源，且易产生液体泄漏，故液压驱动目前多用于特大功率机器人系统。

3）气动驱动装置

气动驱动装置的能源、结构都比较简单，包括气缸、气动马达等（见图 4-3（c）（d）），但与液压驱动装置相比，同体积条件下功率较小（因压力低），且速度不易控制，所以多用于精度不高的点位控制系统。

(a) (b) (c) (d)

图 4-3 液压、气动驱动装置

（a）液压缸；（b）液压马达；（c）气缸；（d）气动马达

4.1.3 驱动装置的选择

驱动装置的选择可分选型和选容量两步进行。

1）选型

驱动装置的选择应以作业要求、生产环境为先决条件，以价格高低、技术水平为评价标准。一般来说，目前负荷在1000 N以下的机器人多用电动驱动装置，只需点位控制且功率较小者多采用气动驱动装置。而负荷较大或机器人周围已有液压源的场合则可采用液压驱动装置。对于驱动装置来说，其主要要求包括启动力矩大、调速范围宽、惯量小、尺寸小，并需要配备性能优良的数字控制系统。

2）选容量

由于机器人经常工作在加、减速状态，所以在选择驱动装置容量时不仅需要考虑与额定速度运行相对应的额定功率，还要考虑加速时的功率需求。此外，由于机器人的各关节在不同位形时承受不同的负载力矩，因此必须使用最不利位形时的最大动力矩进行校核。下面以电动驱动装置为例加以说明。

（1）计算负载的额定功率和加速功率。对某一关节来说，额定负载既包括作用于机器人末杆机械接口处的额定负载，又包括该关节驱动的所有杆件的自重。额定功率（P_{j0}）和加速功率（P_{ja}）可由式(4-1)、式(4-2)求得

$$P_{j0}=\frac{T_{j0}\cdot n_{j0}}{9550\eta}\ \mathrm{kW} \tag{4-1}$$

$$P_{ja}=\frac{\mathrm{GD}_j^2\cdot n_{j0}^2}{3577\times 10^3 t_a}\ \mathrm{kW} \tag{4-2}$$

式中，T_{j0} 为推算至关节处的当量扭矩，N·m；GD_j^2 为推算至关节处的当量飞轮力矩，N·m，且与转动惯量的关系为

$$\mathrm{GD}_j^2=4J \tag{4-3}$$

式中，J 为转动惯量；n_{j0} 为关节处的转速，r/min；t_a 为加速时间，s。

（2）确定电动机的额定功率 P_{m0}：

$$P_{m0}\geqslant(1\sim 2)(P_{j0}+P_{ja}) \tag{4-4}$$

（3）校核电动机的最大力矩 T_{mmax}：

$$T_{mmax}\geqslant T_{j0max}+T_{jamax} \tag{4-5}$$

式中，T_{j0max}、T_{jamax} 为关节处的最大额定力矩和最大加速力矩，即在机器人处于最不利位形时的额定力矩和加速力矩。

一般伺服电动机还要求折算到电动机轴上的负载飞轮力矩 GD_j^2/i^2（i 为减速比）小于某一定值，即 $\mathrm{GD}_j^2/i^2\leqslant[\mathrm{GD}^2]$（$[\mathrm{GD}^2]$是容许飞轮力矩）。有时，对应于最不利位形时的 $T_{j0max}+T_{jamax}$ 太大，就必须增设平衡装置以适当降低 T_{mmax}。

4.1.4 联轴器、传动机构及速比选择

1. 联轴器

联轴器主要用于连接驱动装置和减速器或滚动螺旋等减速部件，是用来将不同机构中

的主动轴和从动轴牢固地连接起来一同旋转，并传递运动和扭矩的机械部件。常用的联轴器大多已经标准化或规格化，因此通常只需要正确选择联轴器的类型、确定联轴器的型号和尺寸。必要时，可以对其易损薄弱环节进行负荷能力的校核计算。对于高转速的情况，还需要验算其外缘的离心力和弹性元件的变形，进行平衡校验等。

联轴器可分为刚性联轴器和挠性联轴器两大类。刚性联轴器不具备缓冲性和补偿两轴线相对位移的能力，且要求两轴严格对中，但此类联轴器结构简单，制造成本较低，装拆、维护方便，可传递的转矩较大，因此应用较为广泛。如图 4-4 所示，常用的联轴器有凸缘联轴器、夹壳联轴器和套筒联轴器等。

(a)　(b)　(c)

图 4-4　刚性联轴器

(a) 凸缘联轴器；(b) 夹壳联轴器；(c) 套筒联轴器

挠性联轴器又可分为无弹性元件挠性联轴器和有弹性元件挠性联轴器，前一类只具有补偿两轴线相对位移的能力，不具有缓冲减振作用。常见的有十字滑块联轴器、万向联轴器、齿式联轴器等，如图 4-5(a)～(c)所示。后一类因含有弹性元件，除具有补偿两轴线相对位移的能力外，还具有缓冲和减振作用，但传递的转矩因受到弹性元件强度的限制，一般不及无弹性元件挠性联轴器。常见的有梅花联轴器、膜片联轴器、螺纹线联轴器和波纹管弹簧联轴器等，如图 4-5(d)～(g)所示。

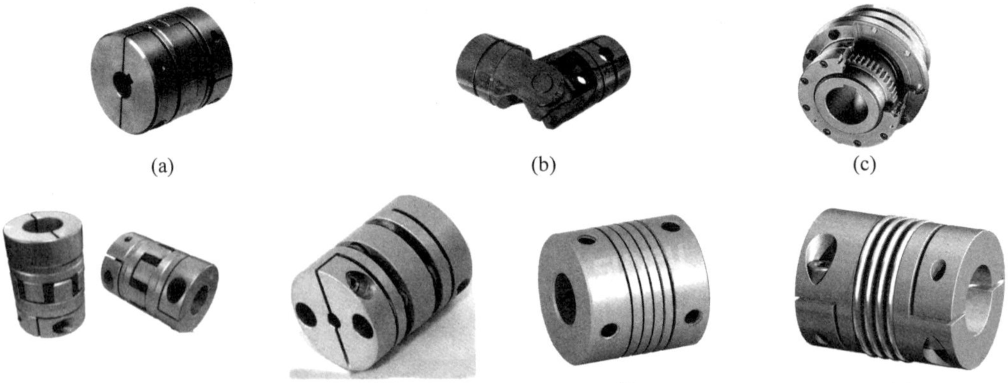

(a)　(b)　(c)

(d)　(e)　(f)　(g)

图 4-5　挠性联轴器

(a) 十字滑块联轴器；(b) 万向联轴器；(c) 齿式联轴器；(d) 梅花联轴器；
(e) 膜片联轴器；(f) 螺纹线联轴器；(g) 波纹管弹簧联轴器

联轴器的选用原则与一般机械设计相同，分析时可将其视为刚体。

2. 常用于机器人的传动机构

机器人几乎使用了目前出现的绝大多数传动机构，其中最常用的见表 4-1。表中所列的谐波传动、摆线针轮行星传动和滚动螺旋传动将另行介绍。特别需要注意的是，在使用齿轮传动、蜗轮传动和齿轮齿条传动时，应对传动间隙进行消除，否则将带来回差，无法满足所需的转角精度要求。对于链传动、齿形带传动和钢绳传动，还应考虑张紧问题，否则同样会引起较大的回差。

3. 传动机构的基本要求

传动机构有以下几项基本要求：

（1）结构紧凑，即相同的传动功率和传动比下体积最小，重量最轻。

（2）传动刚度大，即相同扭矩时，驱动装置输出轴到杆件转轴的角度变形要小，这样可以提高整机的固有频率，并大大减轻整机的低频振动。

（3）回差要小，即由正转到反转的空行程要小，这样可以得到较高的位置控制精度。

表 4-1　传动机构

序号	类　别	原理简图	特　点	轴间距	应用场合
1	齿轮传动	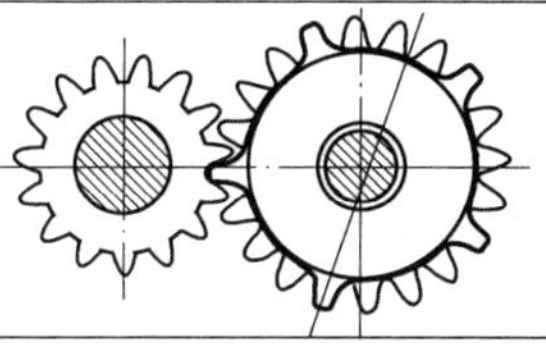	响应快，扭矩大，刚性好，可实现旋转方向的改变和复合传动	不大	腰、腕关节
2	谐波传动		速比大，同轴线，响应快，体积小，重量轻，回差小，转矩大	零	所有关节
3	摆线针轮行星传动（RV）	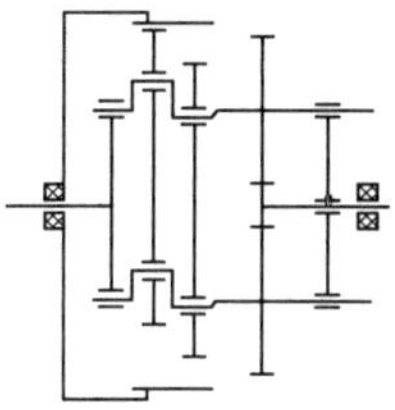	速比大，同轴线，响应快，刚度好，体积小，回差小，转矩大	零	前 3 个关节，特别是腰关节
4	蜗轮传动	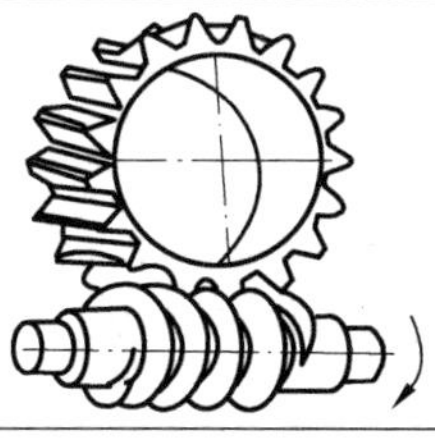	速比大，交错轴，体积小，回差小，响应小，刚度好，转矩大，效率低，发热大	交错不大	腰关节，手爪机构
5	链传动	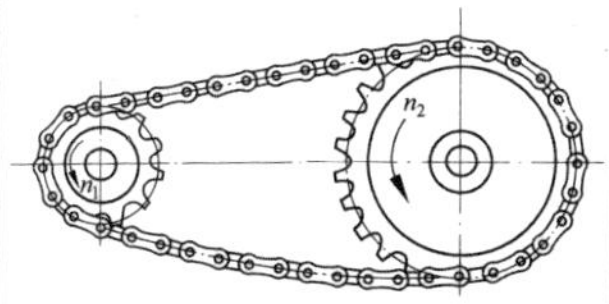	速比大，扭矩大，刚度与张紧装置有关	大	腕关节（驱动装置后置）

续表

序号	类　别	原理简图	特　点	轴间距	应用场合
6	齿形带传动	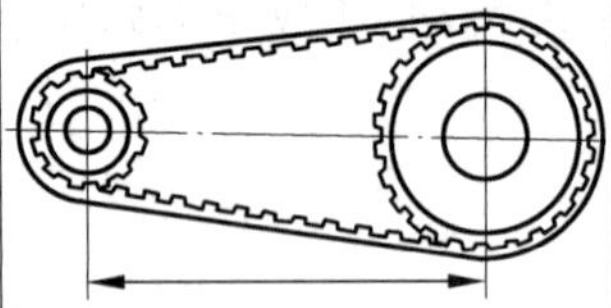	速比小，转矩小，刚性差，无间隙	大	各关节的一级传动
7	钢绳传动	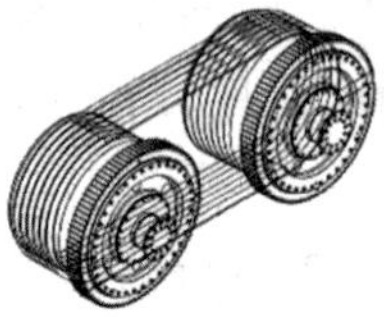	速比小，无间隙	特大	腕关节，手爪机构
8	连杆及摇块传动	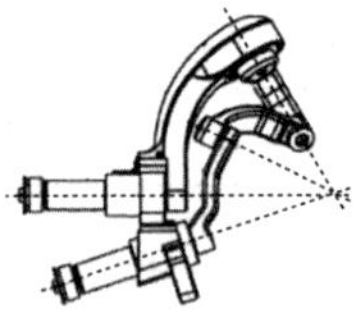	回差小，刚性好，扭矩中等，可保持特殊位形，速比不匀	大	腕关节，臂关节（驱动装置后置）
9	滚动螺旋传动	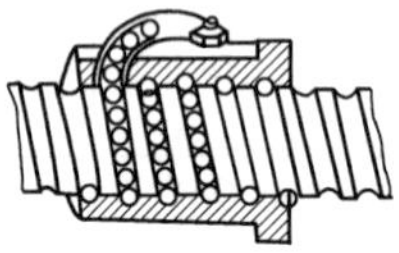	效率高，精度好，刚度好，无回差，可实现运动方式改变，速比大	零	直动关节，摇块传动
10	齿轮齿条传动	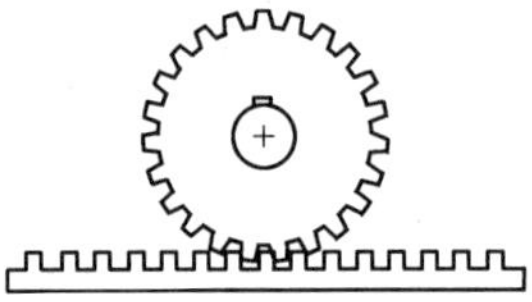	效率高，精度好，刚度好，可实现运动方式变化	交错	直动关节，手爪机构

（4）寿命长、价格低。

4. 速比选择

选择速比 i 的目的是实现驱动装置与负载之间的速度和力矩匹配。选择方法有两种：

（1）按额定速度选择。这是常速工作机构的常用方法，即

$$i = n_{m0}/n_{j0} \tag{4-6}$$

式中，n_{m0}、n_{j0} 为驱动装置和关节轴的额定转速。

（2）按最大加速度选择。由于机器人经常工作在加、减速状态，故可取最大加速度作为速比选择的依据，以此得到最短的升速时间。为此有如下平衡方程：

$$\eta i T_m - T_j = (\eta i^2 J_m + J_j)\dot{\omega}_j \tag{4-7}$$

即

$$\dot{\omega}_j = (\eta i T_m - T_j)/(\eta i^2 J_m + J_j) \tag{4-8}$$

令 $\dfrac{d\dot{\omega}_j}{di}=0$，可得最大加速度 $\dot{\omega}_j$ 条件下的速比 i，即

$$i = \frac{T_j}{\eta T_m} \pm \sqrt{\left(\frac{T_j}{\eta T_m}\right)^2 + \frac{J_j}{\eta J_m}} = \frac{T_j}{\eta T_m} \pm \sqrt{\left(\frac{T_j}{\eta T_m}\right)^2 + \frac{GD_j^2}{\eta GD_m^2}} \tag{4-9}$$

式中，η 为效率；T_m、T_j 为驱动装置、关节轴处的转矩；J_m、J_j 为驱动装置、关节轴处负载的转动惯量；GD_m^2、GD_j^2 为驱动装置、关节轴处负载的飞轮力矩。

4.1.5　位移检测元件

机器人驱动系统通常采用高精度无超调位置控制系统，用以检测实际位移（线位移和角位移），在大多数情况下还兼作位移反馈的检测元件。位移检测元件主要有两类：一类为电位计，其输入为转角或线位移，输出为变化的电压值；另一类为编码器，其输入也为转角或线位移，输出为脉冲数。其他诸如旋转变压器等检测元件在机器人中应用较少。位移检测元件的主要性能指标是分辨率，即每一个（或若干个）输出单位（电压量或脉冲数）所对应的位移量，如每单位脉冲对应的角位移（分或秒）。

1. 电位计

电位计（亦称电位器）通常为绕线或导电塑料电阻元件，其输入为带动其动臂运动的直线位移或角位移（转角）。当电位计的两个固定端接上某一电压 V 时，其动臂将输出与位移呈线性或某一非线性规律变化的电压 $e(t)$。其等效电路如图 4-6 所示。

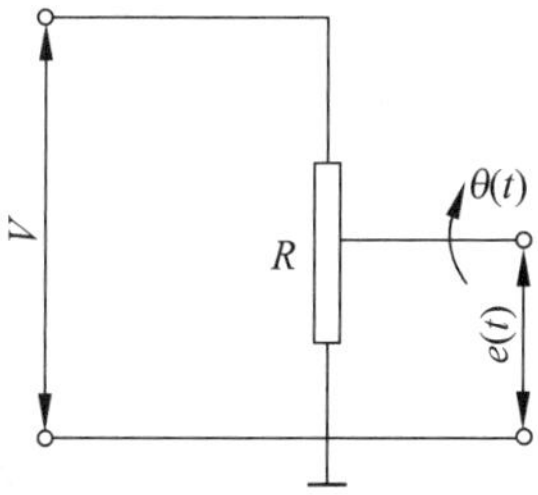

图 4-6　电位器等效电路

当输入 $\theta(t)$ 与输出 $e(t)$ 呈线性规律变化时，有

$$e(t)=k\theta(t) \tag{4-10}$$

式中，k 为比例常数，对于 n 圈电位计，有 $k=V/(2\pi n)$。

目前普通级电位计的标准阻值偏差为 ±5%～±10%，特殊级电位计的阻值偏差为 ±1%，阻值的线性度在 ±0.25%～±0.5%。

电位计通常与关节轴（转轴或直动轴）相连。

2. 编码器

编码器是目前用途最广的光电位移检测元件。旋转型编码器用以检测角位移，称作码盘；而直线型编码器用于检测线位移，称作光栅尺。编码器又可分为绝对型和增量型两类。现以码盘为例加以说明。

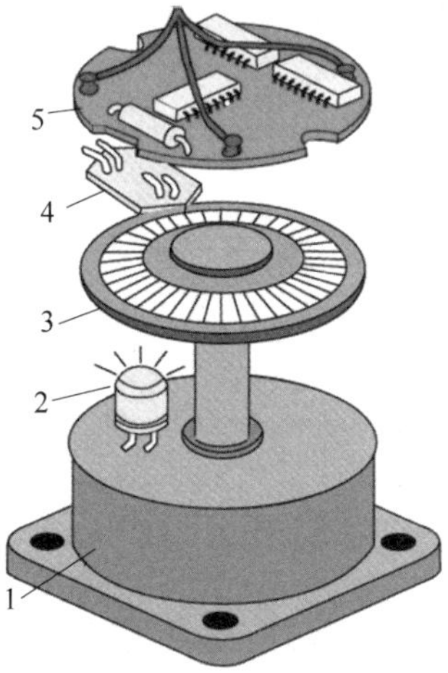

1—外壳；2—光源；3—码盘；
4—光敏装置；5—输出电路。

图 4-7　光电编码器结构示意图

图 4-7 所示为码盘（光电编码器）的结构原理图。码盘中，发光二极管发出的光线通过中间转盘的透光缝被光敏元件接收，转变为电脉冲信号来检测角度值。码盘可根据转盘的透光规律分为两种：绝对式码盘和增量式码盘。

图 4-8(a)所示是一种绝对式码盘的透光规律原理图，该码盘自圆心向外共有 4 个光道，每个光道又有透光（白色）和不透光（黑色）两部分。0 对应的 1～4 道都透光（白色），相当于二进制数“0000”；1 对应的 1～3 道透光，第 4 道不透光，相当于二进制数“0001”；2 对应的 1、2、4 道透光，3 道不透光，相当于二进制数“0010”。以此类推，4 个光道可得 16 个二进制码（2^4）。可

以看出，在整个转盘上相应于每个固定角度，就有一个四位二进制码与之对应。如果有10个光道，则每0.36°($2^{-10}\times360°$)就有一个十位二进制码与之对应。光道越多，每转对应的二进制码就越多，分度也越细。目前实用的码盘，光道大都在10道以上。按这种透光规律制出的码盘，由于其固定角度对应于固定的二进制码，所以称作绝对式码盘。图4-8(a)所示只是该类码盘的一种透光规律，此外还可采用循环码或二进制补码等透光规律。

图4-8(b)所示是增量式码盘的透光规律原理图。该码盘共有3个光道，A、B两个光道黑白缝数量相等，每转一转均产生相同数量的电脉冲。可以看出，每一脉冲增量对应一定的角位移增量，所以称为增量式码盘。A、B两个光道虽黑白缝相等，但相位相差90°，脉冲波形如图4-9所示。可以看出，如果正转(见图4-9(a))，A道的脉冲信号超前于B道；如果反转(见图4-9(b))，A道的脉冲信号落后于B道。这样，用两道同数量的相差90°相位的透光缝就解决了判断码盘的正反转问题。光道C只有一个透光缝，每转只发出一个脉冲信号，用以表示转数增量。

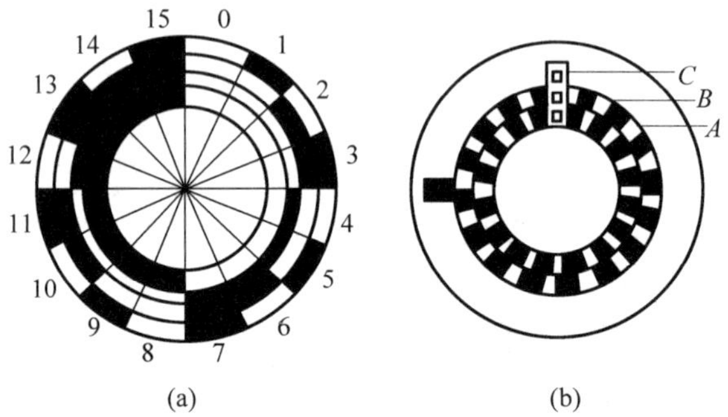

图4-8 光电编码器透光规律原理图

(a) 绝对式码盘；(b) 增量式码盘

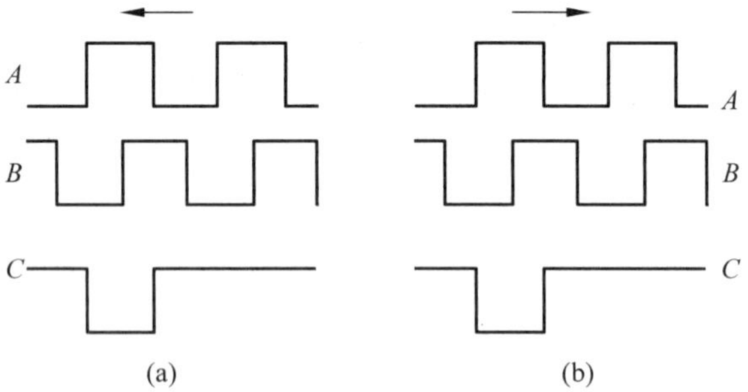

图4-9 增量型码盘输出信号

(a) 正转；(b) 反转

这两种码盘的共同优点是无触点、无磨损、小惯量，可以高速旋转。此外，绝对式码盘有确定的零位，无须进行原点复归，但价格较贵。而增量式码盘则无绝对零位，故必须进行原点复归操作，但价格便宜。目前这两类码盘都大量用于工业机器人的关节角度测量，而绝对式码盘随着技术的发展，价格正逐步降低，因此越来越多地被厂家采用。

4.2　机器人常用传动机构的类型

4.2.1　谐波传动

1. 工作原理及常见的两种结构形式

谐波传动是通过控制一个构件的弹性变形来实现机械运动的传递。谐波传动通常由三个基本构件(俗称“三大件”)组成(见图 4-10),包括一个有内齿的刚轮,一个工作时可产生径向弹性变形并带有外齿的柔轮,以及一个装在柔轮内部,呈椭圆形,外圈带有滚动轴承的波发生器。柔轮的外齿 Z_g 少于刚轮的内齿 Z_b。在波发生器转动时,相应于长轴方向的柔轮外齿正好完全啮入刚轮的内齿;在短轴方向,则外齿全脱开内齿。当刚轮固定且波发生器转动时,柔轮的外齿将依次啮入和啮出刚轮的内齿,柔轮齿圈上任一点的径向位移将呈近似余弦波形的变化,因此被称作谐波传动。

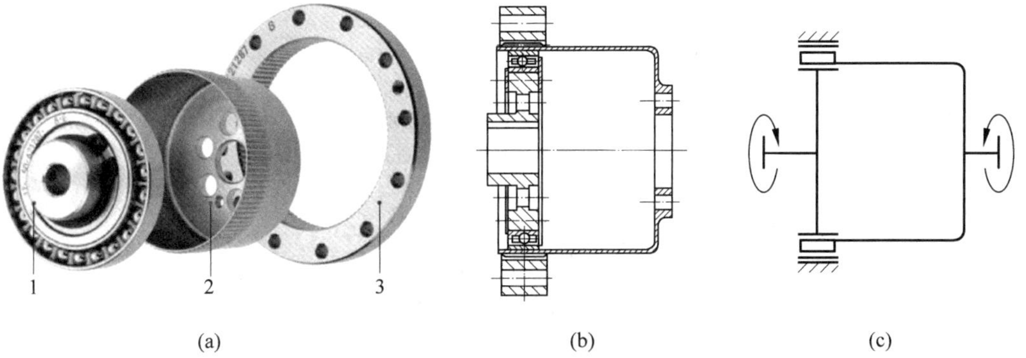

1—波发生器; 2—柔轮; 3—刚轮。

图 4-10　谐波传动

(a) 直观图; (b) 结构图; (c) 机构简图

可以看出,由于 $Z_g \leqslant Z_b$,故当波发生器转过一周(即 360°)时,柔轮相对于刚轮反方向转过 $\Delta Z/Z_g$ 周($\Delta Z = Z_b - Z_g$)。如果波发生器与主动轴(如电动机)相连,柔轮与从动轴相连,在刚轮固定时,就可得到减速比为 $i = Z_g/\Delta Z$ 的减速传动,由于 ΔZ 很小(通常为 2 或 4),故 i 很大,一般为 50～300,减速效果可与少齿行星传动相媲美。

若柔轮固定,刚轮主动,则波发生器可得到 $i = Z_b/\Delta Z$ 的同向增速运动。同样,若刚轮固定,柔轮主动,波发生器也可得到增速运动。但增速运动常需一个最小的转动力矩。这与转矩与构件之间的摩擦及三大件和轮齿的几何参数有关。只有参数适当,且很好地跑合之后才能降低这一转矩。对于示教型机器人,必须充分注意这一特性,如果最小的反力矩太大,就很难实现手把手示教。

图 4-11 所示为另一种常用的扁平式谐波传动机构。该机构有两个刚轮,一个固定,一个输出;柔轮呈环形,外齿较长;输入仍为波发生器。可将此种类型的谐波传动看作二级传动,其中,第一级为刚轮 B_1 固定,柔轮输出,波发生器输入;第二级为刚轮 B_2 输出,共用

柔轮和波发生器。设第一级的齿数分别为 Z_{b1}、Z_{g1}，第二级为 Z_{b2}、Z_{g2}，商品传动装置多取 $Z_{g1}=Z_{g2}=Z_{b2}$。所以它的传动比仍为 $i=-(Z_{b1}-Z_{g1})/Z_g$。这可想象成仍是一级刚轮固定柔轮输出的传动，只是输出部分用“花键”连接了输出“钢套”。这种传动形式的最大优点是大大缩小了谐波传动的轴间长度，在机器人中多用于后三个关节，组成结构极为紧凑的腕结构。

上面的讨论只限于谐波传动的“三大件”，它相当于齿轮传动中一对带轴的齿轮。在商品化生产中，还有用“三大件”制成的各类减速器，分为单级、双级，卧式、立式等，供设计者选用。

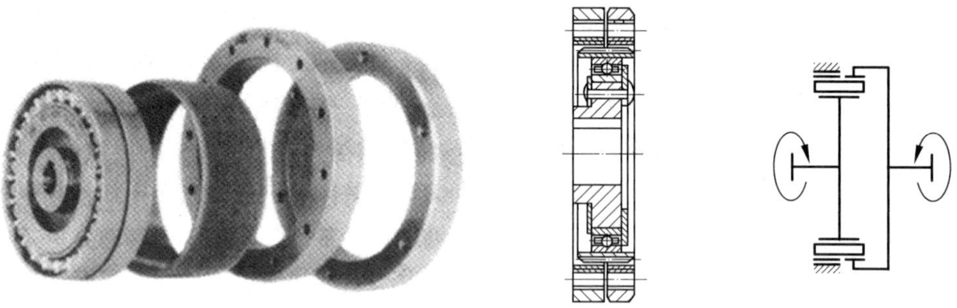

(a) (b) (c)

图 4-11 扁平式谐波传动

(a) 直观图；(b) 结构图；(c) 机构简图

2. 谐波传动的主要特点

与一般齿轮传动相比，谐波传动有以下主要特点：

(1) 传动比大。单级传动比为 50～300，双级传动比可达 6×10^4。

(2) 传动平稳，承载能力高。谐波传动中同时参与啮合的齿数多，故传动平稳，承载能力高，传递单位扭矩的体积和重量小。在相同的工作条件下，体积可减小 20%～50%。

(3) 齿面磨损小且均匀，传动效率高。若正确选择啮合参数，则齿面的相对滑动速度很低，因此磨损小、效率高。当结构合理、润滑良好时，对 $i=100$ 的传动，效率 η 可达 0.85；对 $i=75$ 的传动，效率 η 可达 0.92。传动效率随着扭矩的增大而增大，但是当传递的扭矩比额定值小 20%时，效率下降很快。

(4) 传动精度高。在制造精度相同的情况下，谐波传动的精度可比普通齿轮传动高一级。若齿面经过很好的研磨，则谐波齿轮传动的传动精度要比普通齿轮传动高 4 倍。

(5) 回差小。精密谐波传动的回差一般可小于 $1'$～$3'$，甚至可以实现无回差传动。

(6) 可以通过密封壁传递运动。当采用长杯式柔轮固定传动时，可实现向密封箱内传递运动，这是其他传动机构很难实现的。

(7) 谐波传动不能获得中间输出，并且杯式柔轮刚度较低。

3. 谐波传动的选择

1) 谐波传动的技术数据

商品化的谐波传动装置有两种类型，即“三大件”和由“三大件”装配而成的减速器。对机器人来说，最常选用的是“三大件”，然后根据结构配置于各转动关节，这样可以构造出结构十分紧凑的传动系统。对“三大件”来说(对减速器也适用)通常有两种技术数据,即运动、力和精度方面的数据和尺寸方面的数据,这些数据都可以在有关产品样本中查得或向厂家索取。下面简要介绍几个与谐波传动有关的技术数据。

(1) 平均负载转矩 T_V、平均转速 n_V 和当量转矩 T_{eq}。对于经常处于启动、等速和减速运动状态的机器人来说,其典型的转矩-时间(T-t)和转速-时间(n-t)关系曲线如图 4-12 所示,T_V、n_V、T_{eq} 的计算如下:

$$T_V=\sqrt[3]{\frac{n_1t_1T_1^3+n_2t_2T_2^3+n_3t_3T_3^3+\cdots}{n_1t_1+n_2t_2+n_3t_3+\cdots}}\ \mathrm{N\cdot m} \tag{4-11}$$

$$n_V=\frac{n_1t_1+n_2t_2+n_3t_3+\cdots}{t_1+t_2+t_3+\cdots}\ \mathrm{s^{-1}} \tag{4-12}$$

$$T_{eq}=T_V\cdot\sqrt[3]{\frac{n_V}{n_r}}\ \mathrm{N\cdot m} \tag{4-13}$$

式中,n_r 为某一额定转速。

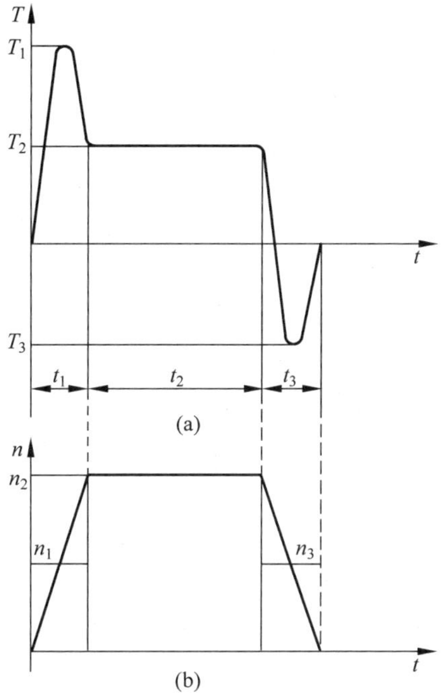

图 4-12　转矩、转速与时间的关系曲线

(a) 转矩-时间; (b) 转速-时间

(2) 飞轮力矩和刚性。对机器人来说,由于机器人的关节运动经常处于加减速运动过程中,因此这两项数据非常重要。而产品目录通常只给出入轴(波发生器)处的 GD^2 值,如果需要计算,则可取波发生器的 GD^2 值,但是由于柔轮速度较慢,因此其影响一般可以忽略不计。

谐波减速器的刚性曲线可表示为图 4-13。由图 4-13(a)可知,刚度曲线是一迟滞回线。产品样本以图 4-13(b)的形式给出分段刚度 K_1、K_2、K_3。其中,$K_1=T_1/\theta_1$,$K_2=\dfrac{T_2-T_1}{\theta_2-\theta_1}$,$K_3=\dfrac{T_0-T_2}{\theta_0-\theta_2}$。在做动力学计算时,也可取平均值或取 K_2。

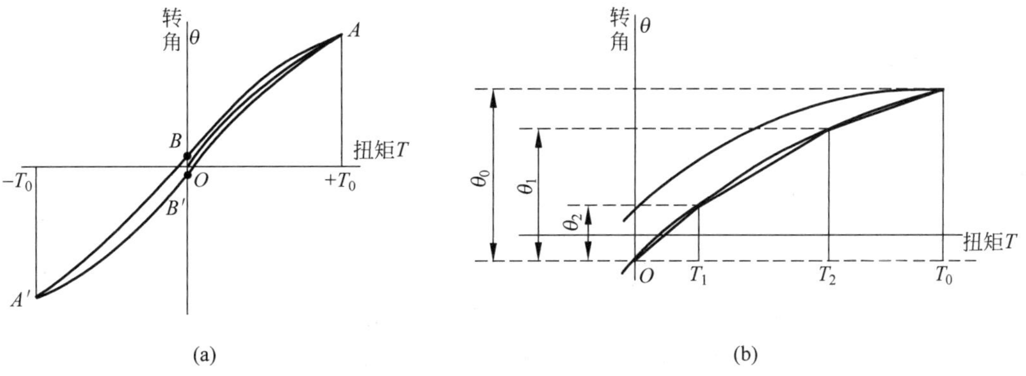

图 4-13　角度-扭矩曲线

(a) 实测曲线; (b) 简化曲线

(3) 回差。回差又称空回，它不仅影响机器人的位置精度，对控制的过渡过程也有很大影响。回差应尽可能小一些，但过小会影响效率，同时价格也大大提高，一般回差取 $1'\sim3'$，对于后 3 个关节，也可取 $3'\sim6'$。

2) 谐波传动的选择

谐波传动的选择分为以下几个步骤：

(1) 确定结构形式(杯形柔轮还是环形柔轮)和速比。

(2) 绘制扭矩-时间、转速-时间曲线图，并计算 T_{V}、n_{V}、T_{eq}。

(3) 在满足 $i_0\approx i$、$T_{\mathrm{V0}}\geqslant T_{\mathrm{V}}$、$n_{\mathrm{V0}}\geqslant n_{\mathrm{V}}$ 的条件下，根据样本确定型号(其中 i_0、T_{V0}、n_{V0} 为样本值)。

(4) 校核 T_{eq}，即在 n_{r} 条件下 $T_{\mathrm{nr}}\geqslant T_{\mathrm{eq}}$($T_{\mathrm{nr}}$ 是样本中对应的扭矩)。

若产品样本未给出 T_{V0}、n_{V0}，可用 $T_{\mathrm{nr}}\geqslant T_{\mathrm{eq}}$ 来选择谐波传动型号。

4.2.2 摆线针轮传动

1. 工作原理和速比计算

摆线针轮减速器是由一级行星轮系串联一级摆线针轮减速器组合而成的，又称旋转矢量(rotary vector，RV)减速器，如图 4-14 所示。它有一个输入轴，通过轴上的输入齿轮带动周向分布的 2 个或 3 个行星齿轮(2)。每个行星轮连接 1 个双向曲柄轴，后者再带动 2 个径向对置的 RV 摆线齿轮在内齿为圆柱销的固定壳体上滚动，RV 摆线齿轮(3)再通过周向分布的 2 个或 3 个非圆柱销轴带动盘式输出轴转动。因此，它的速比 i 大于普通摆线针轮减速器。i 的计算式为

$$i=\frac{\dfrac{Z_2}{Z_1}+\dfrac{Z_4-Z_3}{Z_4}}{\dfrac{Z_4-Z_3}{Z_4}}=\frac{Z_4\dfrac{Z_2}{Z_1}+(Z_4-Z_3)}{Z_4-Z_3} \tag{4-14}$$

当 $Z_4-Z_3=1$ 时

$$i=1+\frac{Z_2}{Z_1}Z_4 \tag{4-15}$$

2. 主要特点

与谐波传动相比，RV 传动不仅具备速比大、同轴线传动、结构紧凑、效率高等特点，还具有刚性好、GD^2 小的特点。传动装置与日本生产并用于机器人的谐波传动装置(“三大件”)相比，在相同的输出转矩、转速和减速比条件下，两者的体积几乎相等。虽然 RV 传动装置相较于“三大件”的重量增加了 1～3 倍，但传动刚度要大 2～6 倍，折合到输入轴上，GD^2 要小一个数量级以上。整机重量大而输入轴的飞轮力矩 GD^2 特别小的原因是 RV 传动装置增加了一级行星传动，使得输入轴和太阳轮(1)可以视作一个质量不大的圆柱体，而后面的转动件，虽然质量很大，但经过一级减速后，可使得折合到输入轴上的 GD^2 变得很小。高刚度、小 GD^2 和比较大的重量使该减速器特别适用于机器人上的第一级旋转关节(腰关节)，这时大的自重是坐落在底座上的，高刚度和小 GD^2 就充分发挥了作用。高刚度可以大大提高整机的固有频率，降低振动；小 GD^2 则在频繁加、减速的运动过程中可以提

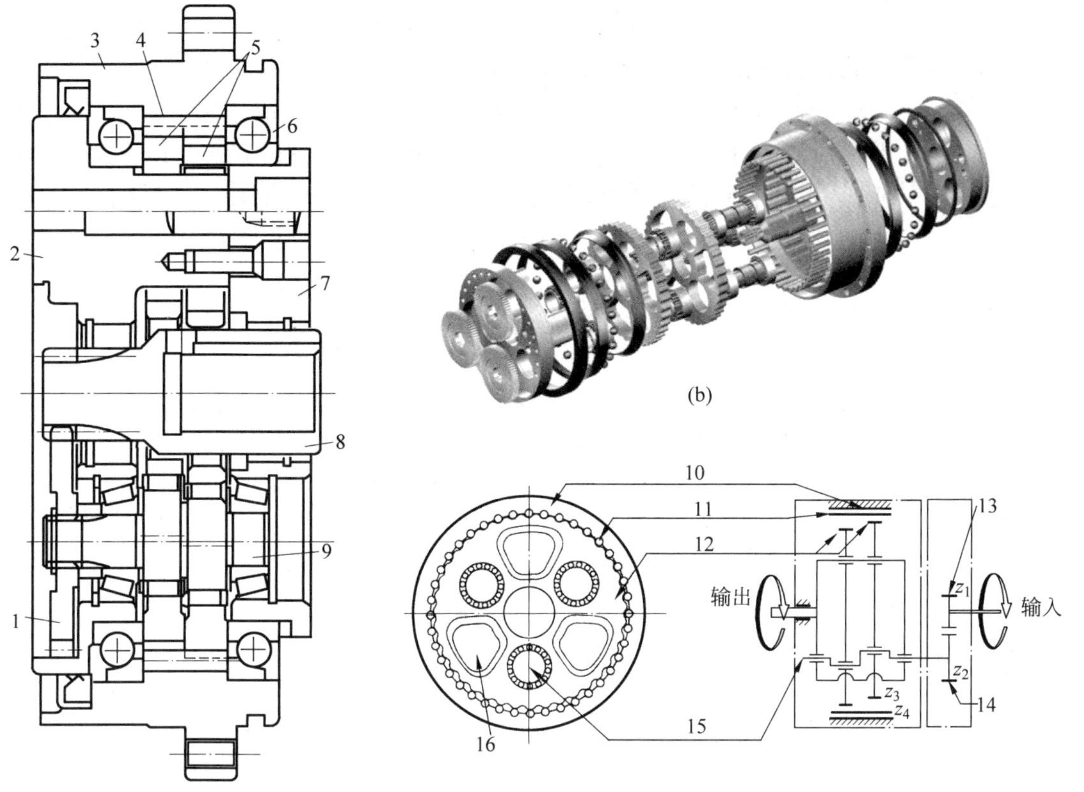

(a) (c)

1—行星齿轮(2)；2—轴；3,10—壳体；4—销；5-RV摆线齿轮；6—主轴承；7—螺栓端盖；8—输入齿轮；9—曲柄轴；11—圆柱箱；12—RV摆线齿轮(3)；13—太阳轮(1)；14—行星轮；15—偏心轮；16—非圆柱销。

图 4-14 RV 减速器

(a) 结构图；(b) 直观图；(c) 原理图

高响应速度并降低能量消耗。

3. RV 减速器的选择

RV 减速器的选择基本上与谐波传动相同，只是平均转矩 T_V 和转速 n_V 的计算略有区别：

$$T_V = \sqrt[10/3]{\frac{t_1 n_1 T_1^{10/3} + t_2 n_2 T_2^{10/3} + t_3 n_3 T_3^{10/3} + \cdots}{t_1 n_1 + t_2 n_2 + t_3 n_3 + \cdots}}\ \mathrm{N \cdot m} \tag{4-16}$$

$$n_V = \frac{t_1 n_1 + t_2 n_2 + t_3 n_3 + \cdots}{t_1 + t_2 + t_3 + \cdots}\ \mathrm{s}^{-1} \tag{4-17}$$

产品性能表给出的技术数据项目会因厂家的不同而有所差异，选择时应根据生产厂的选择说明和例题进行比较。此外，在订货时必须对回差(空回)数据加以限制，在一般机器人精度条件下，回差应限制在 3′以内。

4.2.3 滚动螺旋传动

1. 工作原理及结构形式

滚动螺旋传动是在具有螺旋槽的丝杠与螺母之间放入适当的滚珠，使丝杠与螺母之间

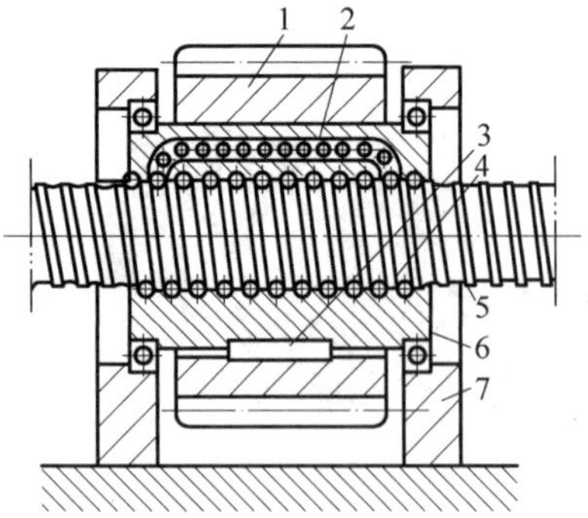

1—齿轮；2—返回装置；3—键；
4—滚珠；5—丝杠；6—螺母；7—座。

图 4-15 滚动螺旋传动

由滑动摩擦变为滚动摩擦的一种传动方式，如图 4-15 所示。螺旋槽的正截面常有两种形式：单圆弧式和双圆弧式(见图 4-16)。两种滚道的接触角均为 45°，单圆弧滚道用于一般工作环境；双圆弧滚道用于灰尘多的环境，污物进入滚道后会被辗入槽底，并由润滑油带离。为了降低接触应力，滚道半径 R 几乎接近滚珠半径 r，即 $r/R=0.9\sim0.97$。滚珠在工作过程中顺螺旋槽(滚道)滚动，故必须设置滚珠的返回通道才能循环使用。返回通道有内循环和外循环两种，如图 4-17 所示。内循环滚珠在螺母体内返回，而最常见的插管式外循环则通过外部管道返回。

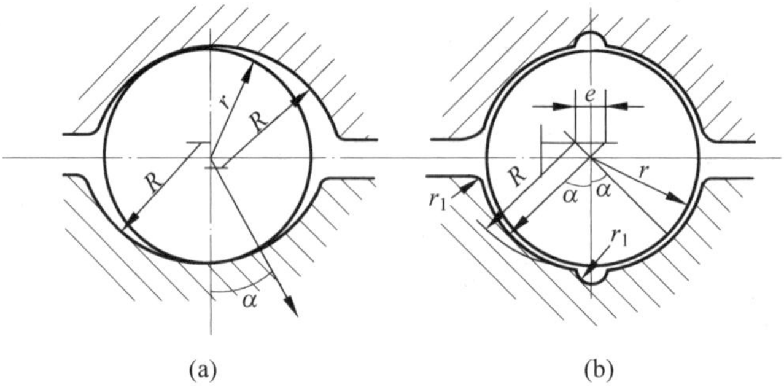

图 4-16 滚道形式

(a) 单圆弧式；(b) 双圆弧式

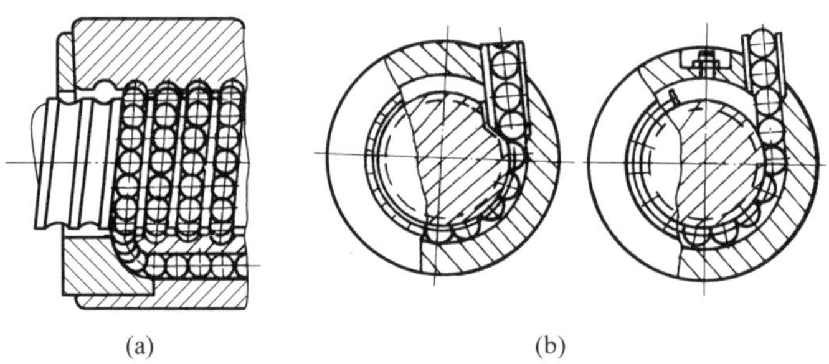

图 4-17 滚珠返回方式

(a) 内循环；(b) 插管式外循环

为了消除回差(空回)，螺母分为两段，以垫片、双螺母或齿差调整两段螺母的相对轴向位置，从而消除间隙和施加预紧力，使得在有额定轴向负荷时回差也能为零。图 4-18 所示给出了三种消隙方式，其中使用最多的是双螺母式，但齿差式最为可靠。

螺母与丝杠的材料一般为 GCr15、GCr9 等，硬度为 HRC60±2。螺母内各圈滚珠所承受的载荷是不同的。第 1 圈滚珠承受轴向载荷的 30%～45%；第 5 圈以后承受的轴向载荷几乎为零。为了使滚珠回返通畅，一列(即一条螺纹线)滚珠数应不多于 150 个，且圈数不超过 3 圈或 5 圈，否则应改为双列或多列结构。

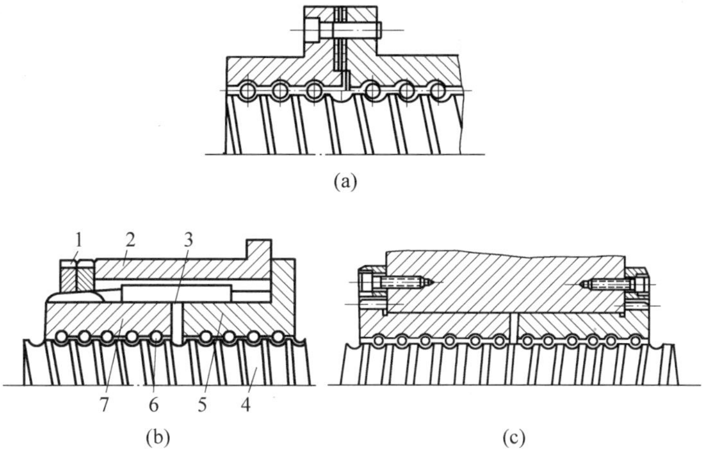

1—圆螺母；2—套筒；3—键；4—丝杠；5—右螺母；6—滚珠；7—左螺母。

图 4-18　间隙和预紧力调整

(a) 垫片式；(b) 双螺母式；(c) 齿差式

2. 主要特点

滚动螺旋传动主要有以下特点：

(1) 摩擦小、效率高。一般情况下，滚动螺旋传动的效率在 90%以上。在同样的负荷下，驱动扭矩较滑动螺旋传动减少 2/3～3/4。滚动螺旋传动的逆传动效率也很高，接近于正传动效率，故可作为直线运动变为旋转运动的传动装置。然而，该特性使得滚动螺旋传动不具备自锁能力，因此必须有防止逆转的制动或自锁机构才能安全地用于自重下降的场合。

(2) 灵敏度高、传动平稳。由于滚动螺旋传动是滚动摩擦，动、静摩擦系数相差较小。无论是静止还是高、低速传动，摩擦扭矩几乎不变，因此具有灵敏度高、传动平稳的特性。

(3) 磨损少、寿命长。滚珠螺旋副中的主要零件均经热处理，具有较高的表面硬度和光洁度，再加上滚动摩擦的磨损很小，因而有良好的耐磨性。

(4) 可消除轴向间隙，提高轴向刚度。由于该种传动效率高，预紧后仍能轻快地工作，所以可以通过预紧完全消除间隙，使反向时无空行程，并可通过预紧施加一定的预应力来提高传动刚度。

滚动螺旋传动容易受到灰尘、铁屑和砂粒的影响。通常情况下，必须在螺母两端进行严密的密封，而丝杠的外露部分则需要使用“风箱”套或钢带卷套进行有效密封。

3. 承载能力和选择

滚动螺旋副的工作情况与滚动轴承相似，所以它的承载能力也用额定动载荷 C 和额定静载荷 C_0 来表示，它的定义、计算及选用方法和滚动轴承基本相同。滚动螺旋副的尺寸规格一般按额定动载荷或额定静载荷选定。对于细长而又承受压缩载荷的滚动丝杠，需做压杆稳定性校核；对转速高、支承距离大的滚动丝杠，需做临界转速核算。

4. 按额定动载荷选用

额定动载荷 $C(N)$是指一批相同规格的滚动螺旋副运转 10^6 转后，90%的滚珠或螺纹滚道表面不产生疲劳损伤(点蚀)的轴向载荷。不同规格的滚动螺旋副的额定动载荷值可通过产品样本查得。

实际应用中，由于要求的总运转时间(寿命)、转速、载荷性质等与得到额定动载荷值时进行试验的条件不尽相同，因此必须根据已知条件，按式(4-18)折算成与之相当的额定动载荷值 C_j，而且计算获得的 C_j 值应不大于额定动载荷值 C。

$$C_j = \frac{f_h \cdot f_d \cdot f_H}{f_n} P_d \tag{4-18}$$

式中，f_h 为寿命系数，f_h 与 L_h 的关系为

$$f_h = \left(\frac{L_h}{500}\right)^{\frac{1}{3}} \tag{4-19}$$

L_h 为预期寿命，对于机器人，取 $L_h = 1500$ h；f_d 为载荷性质系数，一般为 1～1.5，弧焊机器人取偏小值，搬运机器人取偏大值；f_H 为动载荷硬度影响系数，当滚珠和滚道硬度 HRC 不小于 58 时，取 $f_H = 1$；f_n 为转速系数，与 n_d 的关系为

$$f_n = \left(\frac{33.3}{n_d}\right)^{\frac{1}{3}} \tag{4-20}$$

n_d 为给定转速，根据机器人载荷-时间、转速-时间图(见图 4-19)，n_d 的计算式为

$$n_d = \frac{n_1 t_1 + n_2 t_2 + n_3 t_3 + \cdots}{t_1 + t_2 + t_3 + \cdots} \tag{4-21}$$

P_d 为当量轴向载荷，其计算式为

$$P_d = \sqrt[3]{\frac{P_1^3 n_1 t_1 + P_2^3 n_2 t_2 + P_3^3 n_3 t_3 + \cdots}{n_1 t_1 + n_2 t_2 + n_3 t_3 + \cdots}} \tag{4-22}$$

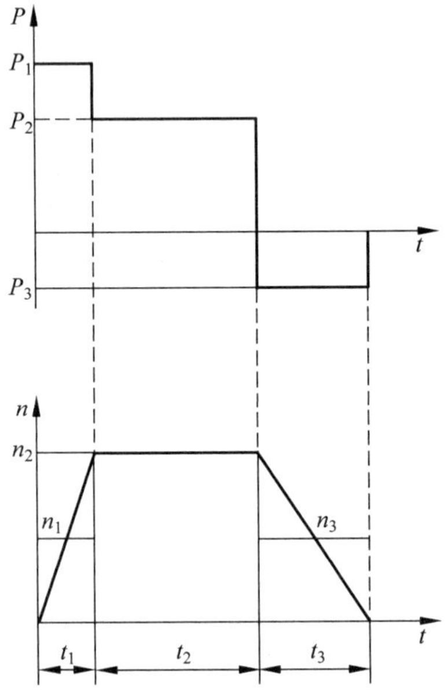

图 4-19 机器人载荷-时间、转速-时间图

5. 按额定静载荷选用

额定静载荷 C_0 是指滚动螺旋副在静止状态下承受最大接触应力的滚珠和滚道接触面的塑性变形量之和为滚珠直径万分之一时的轴向载荷。该值可通过产品样本获得。

如果丝杠(或螺母)的转速小于 10 r/min，可按静载荷选择。计算得到的静载荷 C_{0j} 应小于或等于 C_0：

$$C_{0j} = f_d f'_H P_{max} \tag{4-23}$$

式中，f_d 为载荷性质系数，同式(4-18)；f'_H 为静载荷硬度影响系数，当滚珠与滚道硬度 HRC 不小于 58 时，取 $f'_H = 1$，P_{max} 为最大载荷。

4.3 机器人常用驱动装置的类型

电动驱动装置是目前机器人广泛采用的驱动装置之一，主要分为步进电动机和伺服电动机两大类。

4.3.1　步进电动机

步进电动机是一种把开关激励的变化变换成精确的转子位置增量运动的执行机构，它将电脉冲转化为角位移。当步进驱动装置接收到一个脉冲信号时，它就驱动步进电动机按设定的方向转动一个固定角度(即步距角)。可以通过控制脉冲个数来控制角位移量，从而达到准确定位的目的；还可以通过控制脉冲频率来控制电动机转动的速度和加速度，从而达到调速的目的。步进电动机具有转矩大、惯性小、响应频率高等优点，因此具备瞬间启动与急速停止的特性。使用步进电动机的控制系统通常不需要反馈即可对位置或速度进行控制。步进电动机的步距角有误差，转子转过一定的步数以后也会出现累积误差，但转子转过一周后，其累积误差为“零”，故其位置误差不会积累，步进电动机控制系统结构简单，与数字设备兼容，价格便宜。

1. 步进电动机的工作原理

图4-20所示为三相反应式步进电动机工作原理图。其定子有6个均匀分布的磁极，每两个相对磁极组成一相，即有A—A′、B—B′、C—C′三相，磁极上绕有励磁绕组。定子具有均匀分布的4个齿。当A、B、C三个磁极的绕组依次通电时，A、B、C三对磁极依次产生磁场吸引转子转动。

如图4-20(a)所示，如果先将电脉冲加到A相励磁绕组，定子的A相磁极就产生磁通，并对转子产生磁拉力，使转子的1、3两个齿与定子的A相磁极对齐。然后将电脉冲通入B相励磁绕组，定子的B相磁极便产生了磁通。由图4-20(b)可以看出，这时转子2、4两个齿与定子的B相磁极靠得最近，于是转子便沿着逆时针方向转过30°角，使转子2、4两个齿与定子的B相磁极对齐。如果按照A→B→C→A的顺序通电，转子则沿逆时针方向一步步地转动，每步转过30°角，该角度即为步距角。显然，单位时间内通入的电脉冲数越多(即电脉冲频率越高)，电动机的转速也越高。如果按A→C→B→A的顺序通电，步进电动机将沿顺时针方向一步步地转动。从一相通电换接到另一相通电称为一拍，每一拍转子转动一个步距角。像上述的步进电动机，三相励磁绕组依次单独通电运行，换接3次完成一个通电循环，称为三相单三拍通电方式。

如果使两相励磁绕组同时通电，即按AB→BC→CA→AB的顺序通电，这种通电方式称为三相双三拍，其步距角仍为30°。

还有一种是按三相六拍通电方式工作的步进电动机，即按照A→AB→B→BC→C→CA→A的顺序通电，换接6次完成一个通电循环。这种通电方式的步距角为15°，其工作原理如图4-21所示，若将电脉冲首先通入A相励磁绕组，转子齿1、3与A相磁极对齐，如图4-21(a)所示。然后将电脉冲同时通入A、B相励磁绕组，这时A相磁极拉着1、3两个齿，B相磁极拉着2、4两个齿，使转子沿着逆时针方向旋转。转过15°角时，A、B两相的磁拉力正好平衡，转子静止于如图4-21(b)所示的位置。如果继续按B→BC→C→CA→A的顺序通电，步进电动机就沿着顺时针方向以15°步距角一步步转动。

步进电动机的步距角越小，意味着它所能达到的位置精度越高。通常的步距角是1.5°或0.75°，为此需要将转子做成多极式的，并在定子磁极上制成小齿。定子磁极上的小齿和

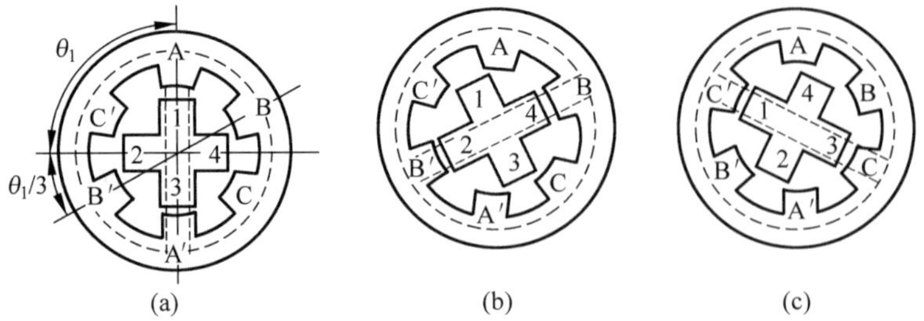

图 4-20 三相反应式步进电动机

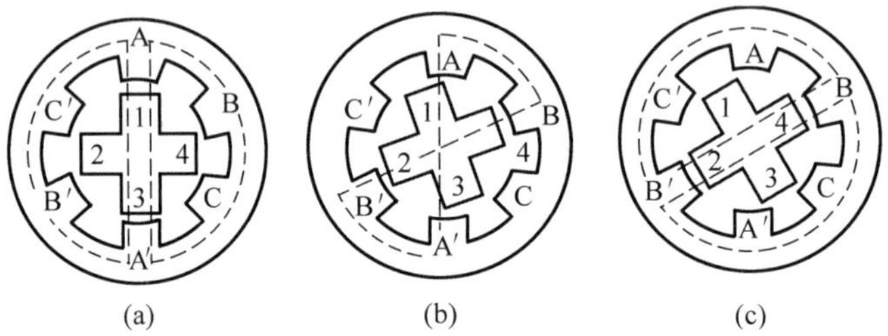

图 4-21 三相六拍反应式步进电动机工作原理图

转子磁极上的小齿大小一样，两种小齿的齿宽和齿距相等。当一相定子磁极的小齿与转子的齿对齐时，其他两相磁极的小齿都与转子的齿错过一个角度。按照相序，后一相比前一相错开的角度要大。例如，转子上有 40 个齿，则相邻两个齿的齿距角是 360°/40＝9°。若定子每个磁极上制成 5 个小齿，当转子齿和 A 相磁极小齿对齐时，B 相磁极小齿则沿逆时针方向超前转子齿 1/3 齿距角，即超前 3°，而 C 相磁极小齿则超前转子 2/3 齿距，即超前 6°。按照此结构，当励磁绕组按 A→B→C 顺序进行三相三拍通电时，转子按逆时针方向以 3°步距角转动；当励磁绕组按照 A→AB→B→BC→C→CA→A 的顺序以三相六拍通电时，步距角将减小一半，为 1.5°。如通电顺序相反，则步进电动机将沿着顺时针方向转动。

由上述内容可知，步距角的大小与通电方式和转子齿数有关，其大小计算公式为

$$\alpha = \frac{360^\circ}{Zm} \tag{4-24}$$

式中，Z 为转子齿数；m 为运行拍数，通常等于相数或相数的整数倍数。

若步进电动机通电的脉冲频率为 f（脉冲数/秒），则步进电动机的转速为

$$n = \frac{60f}{mZ}\ (\text{r/min}) \tag{4-25}$$

步进电动机也可以制成四相、五相、六相或更多的相数，以减小步距角来改善步进电动机的性能。为了减少制造电动机的困难，多相步进电动机常做成轴向多段式（又称顺轴式）。例如，五相步进电动机的定子沿轴向分为 A、B、C、D、E 5 段，每一段是一相，在本段内只有一对定子磁极。在磁极的表面上开有一定数量的小齿，各相磁极的小齿在圆周方向互相错开 1/5 齿距。转子也分为 5 段，每段转子具有与磁极同等数量的小齿，但它们在圆周方向并不错开。这样，定子的 5 段就是电动机的五相。

与三相步进电动机相同，五相步进电动机的通电方式也可以是五相五拍、五相十拍等。但是，为了提高电动机运行的平稳性，多采用五相十拍的通电方式。

归纳起来，步进电动机具有以下特点：

(1) 定子绕组的通电状态每改变一次，其转子便转过一定的角度，转子转过的总角度(角位移)与输入脉冲的数量严格成正比。

(2) 定子绕组的通电状态改变速度越快，其转子旋转的速度就越快，即通电状态的变化频率越高，转子的转速就越高。

(3) 改变定子绕组的通电顺序，将导致转子旋转方向的改变。

(4) 若维持定子绕组的通电状态，步进电动机便停留在某一位置固定不动，即步进电动机具有自锁能力，不需要机械制动。

(5) 步距角 α 与定子绕组相数 m、转子齿数 Z、通电方式 k(k＝拍数/相数，其中，拍数是指步进电动机旋转一圈，定子绕组的通电状态被切换的次数；相数是指步进电动机在每个通电状态下通电的相数)有关。

2. 步进电动机的分类及型号命名

1) 分类

按照结构特点进行分类，常用的步进电动机主要分为三种类型：

(1) VR型。VR型步进电动机又称磁阻反应式步进电动机，转子结构由软磁材料或钢片叠制而成。定子的线圈通电后产生磁力，吸引转子使其旋转。该电动机在无励磁时不会产生磁力，故不具备保持力矩。这种VR型电动机的转子惯量小，适于在高速下运行。

(2) 永磁(PM)型。永磁型步进电动机的转子采用了永久磁铁。按照步距角的大小可分为大步距角型和小步距角型两种。大步距角型永磁型步进电动机的步距角为90°，仅限于在小型机种上使用，具有自启动频率低的特点，常用于陀螺仪等航空管制机器、计算机、打字机、流量累计仪表和远距离显示器装置。小步距角型永磁型步进电动机的步距角小，有7.5°、11.5°等类型，由于采用钣金结构，其价格便宜，属于低成本型的步进电动机。

(3) 混合(HB)型。此类步进电动机是将PM型和VR型组合起来构成的，具有高精度、大转矩和步距角小等优点。步距角多为0.9°、1.8°、3.6°等，应用范围从几牛顿·米的小型机到数千牛顿·米的大型机。

按照转子的运动方式，步进电动机又可以分为

① 旋转式步进电动机；

② 直线式步进电动机；

③ 平面式步进电动机。

其中平面式步进电动机大多由四组直线运动的步进电动机组成，在励磁绕组电脉冲的作用下，可以在 X 轴和 Y 轴两个互相垂直的方向上运动，从而实现平面运动。

2) 型号命名

步进电动机的型号命名一般由名称代号、电动机机座号、机身长度、出轴方式四部分组成，其中机座号表示机壳外径，产品名称代号，见表4-2。

在表4-2中，电磁式步进电动机是指由外电源建立励磁磁场的步进电动机，永磁感应子式步进电动机即混合式步进电动机，印制绕组步进电动机是指具有印制绕组的步进电动机，滚切式步进电动机是指转子在定子内表面上滚动步进的步进电动机。例如，36BF02表示机座外径36 mm的反应式步进电动机，第二个性能参数序号的产品，BF系列标准中选定的一种基本结构形式。

表 4-2 步进电动机的产品名称代号

序号	产品名称	代号	含义	序号	产品名称	代号	含义
1	电磁式步进电动机	BD	步、电	5	印制绕组步进电动机	BN	步、印
2	永磁式步进电动机	BY	步、永	6	直线步进电动机	BX	步、线
3	永磁感应子式步进电动机	BYG	步、永、感	7	滚切式步进电动机	BG	步、滚
4	反应式步进电动机	BF	步、反				

3. 步进电动机的运行特性

1）分辨率

在一个电脉冲作用下(即一拍)电动机转子转过的角位移就是步距角 α，α 越小，分辨率越高。最常用的 α 值有 0.6°/1.2°、0.75°/1.5°、0.9°/1.8°、1°/2°、1.5°/3°等。

2）静态特性

步进电动机的静态特性是指它在稳定状态时的特性，包括矩角特性、保持转矩及静态稳定区。

(1) 矩角特性。在空载状态下，给步进电动机某相通以 DC 电流时，转子齿的中心线与定子齿的中心线相重合，转子上没有转矩输出，此时的位置为转子初始稳定平衡位置。

如果在电动机转子轴加上负载转矩 T_L，则转子齿的中心线与定子齿的中心线将错过一个电角度 θ_e 才能重新稳定下来。此时转子上的电磁转矩 T_j 与负载转矩 T_L 相等，该转矩为静态转矩，θ_e 为失调角。$\theta_e=\pm 90°$时，其静态转矩 T_{jmax} 为最大静转矩。T_j 与 θ_e 之间的关系大致为一条正弦曲线(见图 4-22)，该曲线被称作矩角特性曲线。静态转矩越大，自锁力矩越大，静态误差就越小。一般产品说明书中标示的最大静转矩就是指在额定电流的通电方式下的 T_{jmax}。当失调角 θ_e 在 $-\pi\sim\pi$ 的范围内时，若去掉负载转矩 T_L，转子仍能回到初始稳定平衡位置。因此，$-\pi\leqslant\theta_e\leqslant\pi$ 的区域被称为步进电动机的静态稳定区。

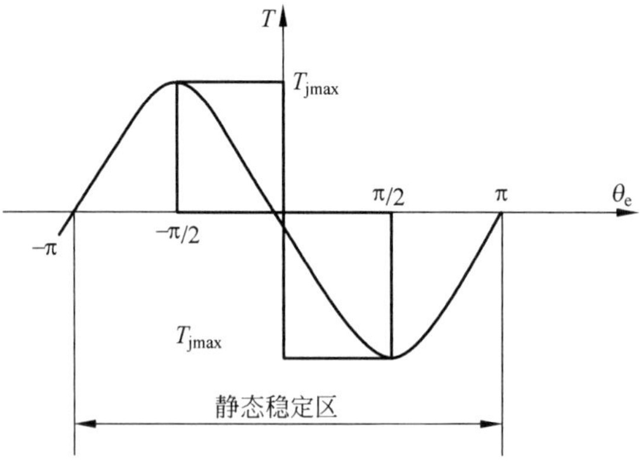

图 4-22 矩角特性曲线

(2) 保持转矩(holding torque)。保持转矩是指步进电动机通电但没有转动时，定子锁住转子的力矩。它是步进电动机最重要的参数之一，通常步进电动机在低速时的力矩接近保持转矩。由于步进电动机的输出力矩随着速度的增大不断衰减，输出功率也随着速度的增大而变化，因此保持转矩就成为衡量步进电动机最重要的参数之一。比如，人们说的2 N·m的步进电动机，在没有特殊说明的情况下是指保持转矩为2 N·m的步进电动机。

3）动态特性

步进电动机的动态特性将直接影响到系统的快速响应速度及工作可靠性。这里仅就动态稳定区、启动转矩、空载启动频率等问题做简要说明。

多相通电时的矩角特性为各相的矩角特性叠加，如图4-23(a)所示。每条曲线依次错开的电角度为$2\pi/m$（m为运行拍数），当通电方式为三相单三拍时$\theta_e=2\pi/3$，为三相六拍时$\theta_e=\pi/3$（见图4-23(b)）。

(1) 动态稳定区。由图4-23所示可知，步进电动机从A相通电状态切换到B相（或AB相）通电状态时，不致引起丢步，该区域被称为动态稳定区。由于每条曲线依次错开一个电角度，故步进电动机在拍数越多的运行方式下，裕量角θ_r也就越大，在运行中也就越不易丢步。

(2) 启动转矩T_q。图4-23中A相与B相矩角特性曲线的交点所对应的转矩T_q被称为启动转矩。它表示步进电动机单相励磁时所能带动的极限负载转矩。启动转矩通常与步进电动机的相数和通电方式有关。

(3) 空载启动频率，即步进电动机在空载情况下能够正常启动的脉冲频率。如果脉冲频率高于该值，电动机不能正常启动，可能发生丢步或堵转。在有负载的情况下，启动频率应更低。如果要使电动机达到高速转动，脉冲频率应该有加速过程，即启动频率较低，然后按一定的加速度升到所需要的高频（电动机转速从低速升到高速）；否则，步进电动机将无法启动，并常伴有啸叫声。

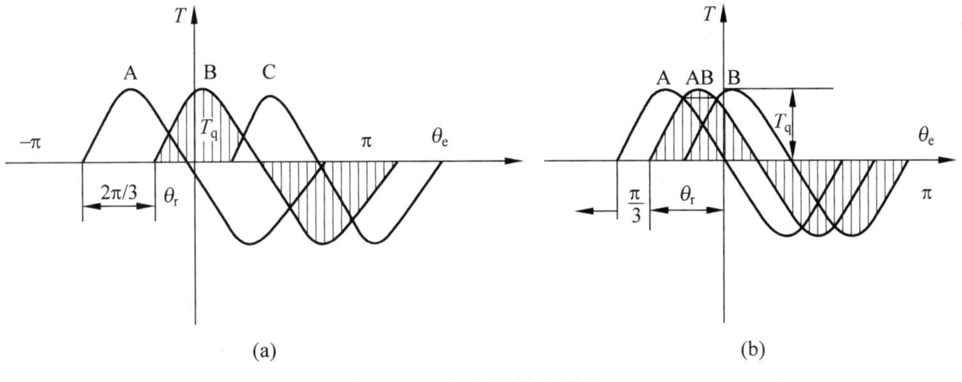

图4-23 矩角特性曲线族

(a) 多相通电时矩角特性为各相的矩角特性；(b) 三相电动机两相通电时的矩角特性

步进电动机在连续运行时所能接受的最高控制频率被称为最高运行频率，用f_{max}表示。电动机在连续运行状态下，其电磁转矩随着控制频率的升高逐步下降。这种转矩与控制频率之间的变化关系称为矩频特性。在不同控制频率下，电动机所产生的转矩称为动态转矩。当步进电动机转动时，电动机各相绕组的电感将形成一个反向电动势。频率越高，反向电动势越大。在它的作用下，电动机随频率（或速度）的增大，相电流减小，从而导致力矩下降,且在较高转速下会急剧下降,所以其最高工作转速一般为 300～600 r/min。

4. 步进电动机驱动技术

1）步进电动机驱动装置的组成

步进电动机的运行特性与配套使用的驱动电源有密切关系。驱动电源由脉冲分配器和功率放大器组成,如图 4-24 所示。变频信号源是一个脉冲频率能由几赫兹到几十千赫兹连续变化的脉冲信号发生器,常见的为由多谐振荡器和单结晶体器构成的弛张振荡器,它们都是通过调节 R 和 C 的大小,改变充放电的时间常数,从而得到各种频率的脉冲信号。

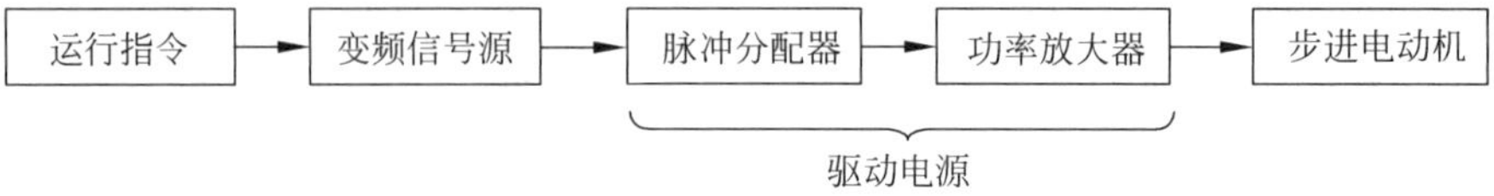

图 4-24 步进电动机驱动组成框图

驱动电源是将变频信号源(微机或数控装置等)送来的脉冲信号和方向信号按要求的配电方式自动地循环供给电动机各相绕组,以驱动电动机转子正反向旋转。因此,只要控制输入电脉冲的数量和频率,就可以精确控制步进电动机的转角和速度。

2）环形脉冲分配器

步进电动机的各相绕组必须按一定的顺序通电才能正常工作,这种使电动机绕组的通电顺序按一定规律变化的部分称为脉冲分配器,又称为环形脉冲分配器。实现环形分配的方法有三种：第一种是采用计算机软件,利用查表或计算方法进行脉冲的环形分配,简称软环分。该方法能够充分利用计算机软件资源,降低硬件成本,尤其是对多相电动机的脉冲分配具有更大的优点。但由于软环分占用计算机的运行时间,故会使插补一次的时间增加,易影响步进电动机的运行速度。第二种是采用小规模集成电路搭接而成的三相六拍环形脉冲分配器。这种方式灵活性很大,可搭接任意通电顺序的环形分配器,同时在工作时不占用计算机的工作时间。第三种是采用专用环形分配器器件(如 CH250),即一种三相步进电动机专用环形分配器,它可以实现三相步进电动机的各种环形分配,使用方便,接口简单。

3）功率放大器

从计算机输出或从环形分配器输出的信号脉冲电流一般只有几毫安,不能直接驱动步进电动机,必须采用功率放大器将脉冲电流进行放大,使其增大到几安培至十几安培,从而驱动步进电动机运转。由于电动机的各相绕组都是绕在铁芯上的线圈,故电感较大,绕组通电时,电流上升率受到限制,因而影响电动机绕组电流的大小。绕组断电时,电感中磁场的储能组件将维持绕组中已有的电流不能突变,在绕组断电时会产生反电动势,为使电流尽快衰减,并释放反电动势,必须适当增加续流回路。对功率放大器的要求包括：能提供足够的幅值,前后沿较陡的励磁电流,功耗小,效率高,运行稳定可靠,便于维修,成本低廉。

步进电动机所使用的功率放大电路有电压型和电流型两种。电压型又分为单电压型、双电压型(高低压型)。电流型分为恒流驱动、斩波驱动等。

(1) 单电压型功率放大电路结构简单,但限流电阻(5～20 Ω)串在大电流回路中,会消耗能量,使放大器的功率降低。同时由于电动机绕组电感 L 较大,电路对脉冲电流的反应较慢。因此,输出脉冲波形差、输出功率低。这种放大器主要用于对速度要求不高的小型步进电动机。

(2) 双电压型功率放大电路由于仅在脉冲开始的一瞬间接通高压电源,其余的时间均由低压供电,故效率很高。由于电路中电流上升率高,故高速运行性能好,但由于电流波形陡,有时会产生过冲,故谐波成分丰富,电动机运行时振动较大(尤其在低速运行时)。

(3) 恒流驱动功率放大电路的特点是在较低的电压下,有一定的上升率,因而可用在较高频率的驱动上,由于电源电压较低,功耗减小,效率有所提高。由于恒流源管工作在放大区,管压降较大,功耗很大,故必须注意对恒流源管采用较大的散热片散热。

(4) 斩波驱动功率放大电路由于去掉了限流电阻,效率显著提高,并利用高压给电动机绕组储能,使波的前沿得到了改善,从而可使步进电动机的输出加大,运行频率得以提高。

在电源电压一定时,步进电动机绕组电流的上冲值是随工作频率的升高而降低的,使输出转矩随电动机转速的升高而下降。要保证步进电动机高频运行时的输出转矩,就需要提高供电电压。上述各种功率放大电路都是为了保证绕组电流有较好的上升沿和幅值而设计的,从而有效提高了步进电动机的工作频率。但在低频运行时,会给绕组注入过多的能量,从而引起电动机的低频振荡和噪声。为解决这一问题,便产生了调频调压功率放大电路。调频调压电源的基本原理是当步进电动机在低频运行时,供电电压降低,当其运行在高频段时,供电电压升高,即供电电压随着步进电动机转速的增加而升高。这样,既解决了步进电动机的低频振荡问题,也保证了高频运行时的输出转矩。

4) 细分驱动

步进电动机的各种功率放大电路都是由安装环形分配器决定的分配方式来控制电动机各相绕组的导通或截止,从而使电动机产生步进运动。步距角的大小只有两种,即整步工作和半步工作。步距角由步进电动机的结构确定。如果要求步进电动机有更小的步距角或者为减小电动机的振动、噪声,可以在每次输入脉冲切换时,不将绕组电流全部通入或切除,而是只改变相应绕组中额定电流的一部分,则电动机转子的每步运动也只有步距角的一部分。这里的绕组电流不是一个方波,而是阶梯波,额定电流是台阶式的投入或切除,电流分成多少个台阶,则转子就会以同样的个数转过一个步距角。这样将一个步距角细分成若干步的驱动方法称为细分驱动。细分驱动的特点是:在不改变电动机结构参数的情况下,能使步距角减小。细分后的步距角精度不高,功率放大驱动电路相应地变复杂;但细分技术能解决低速时易出现低频振动带来的低频振荡现象,使步进电动机运行平稳,匀速性提高,振荡得到减弱或消除。

5. 步进电动机控制技术

步进电动机控制技术主要包括步进电动机速度控制,步进电动机加、减速控制及步进电动机的微机控制等。

1) 步进电动机速度控制

控制步进电动机的运行速度,实际上就是控制系统发出时钟脉冲的频率或者换相的周期。系统可用两种办法来确定时钟脉冲的周期:一种是软件延时,另一种是采用定时器。软件延时的方法是通过调用延时子程序的方法来实现的,它占用 CPU 时间。定时器方法是通过设置定时时间常数的方法来实现的。

2) 步进电动机加、减速控制

对于点位控制系统,从起点至终点的运行速度都有一定的要求。如果要求运行的速度小于系统的极限启动频率,则系统可以按照要求的速度直接启动,运行至终点后可以立即停发脉冲串而令其停止。系统在这样的运行方式下速度可以认为是恒定的。但在一般情况下,系统的极限启动频率是比较低的,而要求的运行速度往往较高。如果系统以要求的速度直接启动,因为该速度超过了极限启动频率而不能正常启动,则可能发生丢步或不能运行的情况。

系统运行后,如果到达终点时突然停发脉冲串,令其立即停止,则因为系统的惯性,会发生冲过终点的现象,使点位控制发生偏差。因此在点位控制过程中,运行速度都需要有一个加速→恒速→减速→低恒速→停止的过程,如图 4-25 所示。各种系统在工作过程中,都要求加、减速过程的时间尽量短,而恒速时间尽量长。特别是在要求快速响应的工作中,从起点至终点运行的时间要求最短,这就必须要求加、减速的过程最短,而恒速时的速度最高。

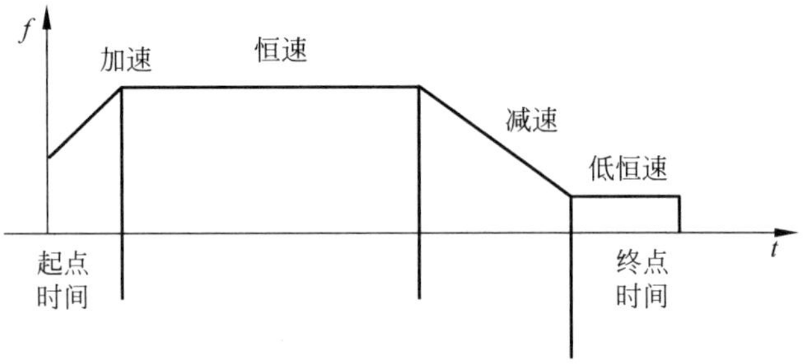

图 4-25 点位控制的加、减速过程

加速规律一般有两种选择:一是按照直线规律加速,二是按指数规律加速。按直线规律加速时加速度为恒值,因此要求步进电动机产生的转矩为恒值。从电动机本身的矩频特性来看,在转速不是很高的范围内,输出的转矩可基本认为是恒定的。但实际上电动机转速升高时,输出转矩将有所下降,如按指数规律升速,加速度是逐渐下降的,接近电动机输出转矩随转速变化的规律。用微机对步进电动机进行加、减速控制,实际上就是改变输出时钟脉冲的时间间隔。加速时使脉冲串逐渐加密,减速时使脉冲串逐渐稀疏,微机用定时器中断方式来控制电动机变速时,实际上就是不断改变定时器装载值的大小。一般用离散办法来逼近理想的升降速曲线。为了减少每步计算装载值的时间,系统设计时就把各离散点速度所需的装载值固化在系统的 EPROM 中,系统运行中用查表的方法查出所需的装载值,从而大大减少了占用 CPU 的时间,提高了系统反应速度。

3) 步进电动机的微机控制

步进电动机的工作过程一般由控制器控制,控制器按照设计者的要求完成一定的控制过程,使功率放大电路按照要求的规律驱动步进电动机运行。简单的控制过程可以采用各种逻辑电路来实现,但其缺点是线路复杂,控制方案改变困难。微处理器的问世为步进电动机控制器的设计开辟了新的途径。各种单片机的迅速发展和普及,为设计功能很强且价格低廉的步进电动机控制器提供了便利。使用微机对步进电动机进行控制的方式有串行和并行两种。

(1) 串行控制。具有串行控制功能的单片机系统与步进电动机驱动电源之间有较少的连线,可将信号送入步进电动机驱动电源的环形分配器(在这种系统中,驱动电源必须含有环形分配器)。

（2）并行控制。用微机系统的数个端口直接控制步进电动机各相驱动电路的方法，称为并行控制。电动机的驱动电源不包括环形分配器，而其功能必须由微机系统完成。由系统实现脉冲分配器的功能有两种方法：一种是纯软件方法，即完全用软件来实现相序的分配，直接输出各相导通或截止的信号；另一种是软、硬件相结合的方法，在这种接口中，计算机向接口输入简单形式的代码数据，而后接口输出步进电动机各相导通或截止的信号。

4.3.2 伺服电动机

机器人运动控制的核心与基础是其伺服执行机构及其控制系统。随着微电子技术的迅速发展，过去主要用于恒速运转的AC驱动技术，在20世纪90年代逐步取代了高性能的DC驱动，使得机器人伺服执行机构的最高速度、容量、使用环境及维护修理等条件得到大幅度改善，从而满足机器人对伺服电动机"轻薄短小""安装方便""高效率、高控制性能""无维修"的要求。目前，国际上的工业机器人90%以上均采用AC伺服电动机作为执行机构。机器人采用的AC伺服电动机也常被称作DC无刷伺服电动机，它与DC伺服电动机的构造基本上是相同的，不同之处仅仅是整流子部分。因此，本小节将从DC伺服电动机开始，以AC伺服电动机为主，进行对比分析。

1. DC伺服电动机的基本工作原理

如图4-26所示，由于永磁铁N、S的作用，当N、S之间的导体通过电刷和整流子有电流流过时，根据弗莱明(Fleming)左手法则，会产生图中所示的转矩。当导体转子回转到90°时，由于整流子的作用，电流反向，转子继续回转。如果按图4-26所示的结构，在通电瞬间，转子电流与磁通正交，故转子以最大转矩旋转。在旋转过程中，转矩逐渐减小，到90°时为0。本来转矩为0，转子应该停止旋转，可实际上由于惯性作用，转子将继续旋转，一旦超过90°，则由于换流的作用，转矩又开始增大。因此，图4-26所示的DC伺服电动机是一台转矩变化激烈的电动机。为了使电动机保持一定的最大转矩，实际应用的DC伺服电动机往往要设置数十个整流子，并在设计中保证磁通总是与电流正交。

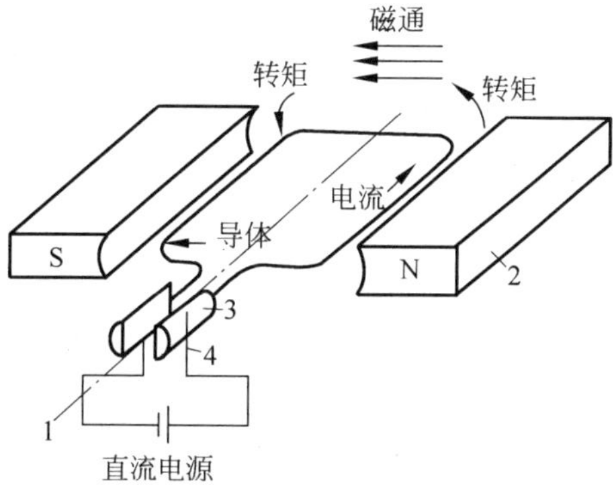

1—转轴；2—永磁铁；3—整流子；4—电刷。

图4-26 DC伺服电动机原理

如图4-27所示，将DC伺服电动机的整流子换成滑环，并在A端电刷接电源"+"极，B端接"-"极，则与DC伺服电动机一样，转子转矩的产生使转子旋转。如果保持这个状态，则因无整流子，转子会停止旋转。如果能够在适当的时刻改变外部电源的电流方向，则可以维持转子继续旋转。如果将外部电源变成交流电源，三相绕组为定子，永久磁石安置在转子上，则转子可实现与交流频率相应的回转速度而不断旋转。这种与电源频率同步，让转子不断旋转的电动机即为AC同步伺服电动机，通常也称这种电动机为DC无刷伺服电动机。它的特点是必须随时根据转子的位置改变电源的极性。

2. AC伺服电动机的基本工作原理

如图4-28所示，目前的AC伺服电动机基本采用这种旋转磁场结构。DC伺服电动机依靠整流子数目的增加来减小其转矩的波动，而 AC 伺服电动机则是将电动机定子作为三相绕组。各相电流是通过正弦波变换实现的。

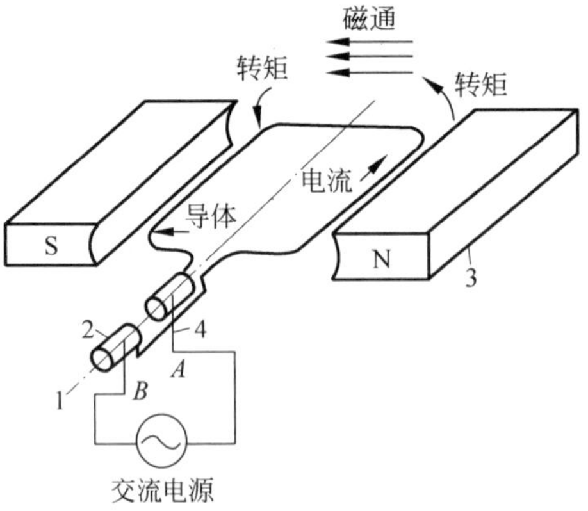

1—转轴；2—滑环；3—永磁铁；4—电刷。

图 4-27　AC 伺服电动机原理

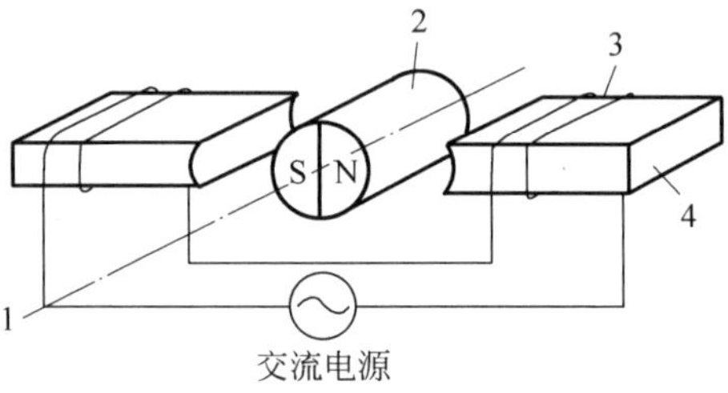

1—转轴；2—永磁铁；3—导体；4—铁芯。

图 4-28　无刷伺服电动机原理

图 4-29(a)、(b)所示是三相同步电动机的截面图。U^+、U^-、V^+、V^-、W^+、W^- 是各相绕组的始端与终端。将图 4-29(c)所示的三相交流电源接通时，在时刻 A，仅 U 相为正，V 相、W 相均为负。各绕组的电流方向如图 4-29(a)所示，根据电流而诱发的磁通合成向量产生在 N 向 S 方向上。此时，在与磁通成正交的位置上，若有转子磁场，则在顺时针方向上，转子产生回转转矩。同样，在时刻 B 所产生的磁通（见图 4-29(b)）正好在顺时针方向的 60°处。

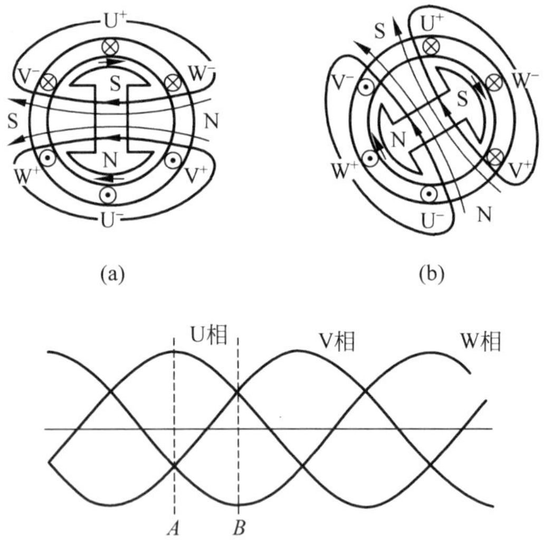

图 4-29　旋转磁场原理

(a) 时刻 *A* 电动机绕组电流与磁场的关系；(b) 时刻 *B* 电动机绕组电流与磁场的关系；
(c) 三相电动机各相电流的变化

如上所述，只要让三相正弦电流流过电动机定子上的绕组，就可以得到连续的回转磁场。只要能够做到让转子的任意回转位置总能与其正弦波相位正交，就可以得到平滑的转矩，获得高效率的 AC 伺服电动机。因此，转子位置检测及其相位正交控制成为 AC 伺服电动机控制的关键。

3. DC、AC 伺服电动机的控制系统

上面介绍了 DC、AC 伺服电动机的基本工作原理。下面进一步讨论 DC、AC 伺服电动机控制系统的结构及 AC 伺服控制系统的特点。

图 4-30 与图 4-31 是 DC 和 AC 伺服电动机控制系统框图，由电机学可知，DC 伺服电动机的转速 n(单位为 r/min)可表示为

$$n = K\frac{V - R_a i_a}{\Phi} \tag{4-26}$$

式中，K 为电动机常数(由磁极数、匝数、电枢回路匝数等决定)；V 为电枢(转子)端电压；$R_a i_a$ 为电枢回路的电压降；Φ 为主磁通。

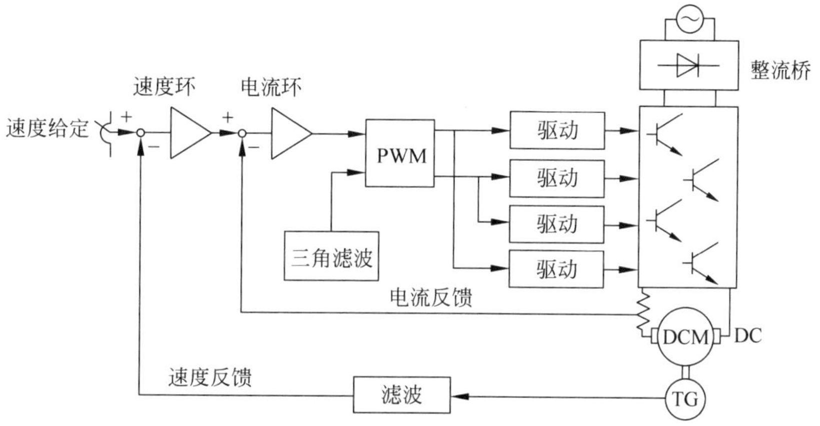

图 4-30 DC 伺服电动机速度控制系统框图

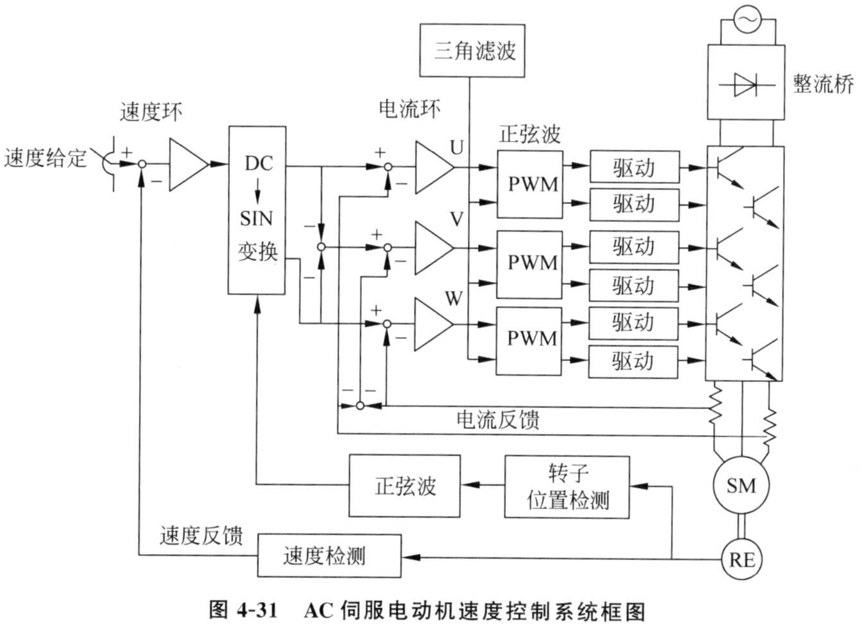

图 4-31 AC 伺服电动机速度控制系统框图

因此，根据电动机的转速公式，有三种控制 DC 伺服电动机速度的方法：改变电枢端电压(V)、改变电枢回路电阻(R_a)，以及改变主磁通(Φ)。其中，改变电枢回路电阻(R_a)的方法由于增加了回路电阻，导致电能浪费较多，使得电动机效率降低，并且负载特性较为柔软(负载的变化会引起较大的转速波动)。第三种方法，虽然负载特性较为刚性，但在高速运行时(即主磁通 Φ 较小时)，速度不稳定，一旦断电可能会导致严重问题(如飞车现象)。因此，第一种方法最优越，其调速范围广，控制简单，效率高。因此，DC 伺服电动机多采用电枢电压控制方式。在图 4-30 所示的 DC 伺服电动机速度控制系统框图中，含有两个反馈控制回路，即电流环与速度环。这是因为机器人对关节驱动系统有两个基本要求：一是忠实地响应输入速度指令，二是对外负载的变动或其他扰动不响应(鲁棒性)。只有在实现了这两个要求的情况下，机器人才能够实现高速、高精度的位置控制。其中，电流环的作用主要是为了克服外负载的扰动影响。

由 DC 伺服电动机的等效电路(见图 4-32)可知，当外负载发生变动时，首先影响的是电枢回路电流 i_a。i_a 的变动可引起转速 n 的变化，同时电动机的输出转矩 $T=K_\tau \cdot i_a$ 也将发生变动(K_τ 为转矩常数)。因此，为了克服这种外负载变化的扰动，需要对电枢回路的电流进行补偿控制，以实现输出电流 i_a 恒定或 i_a 与输入电流指令 I_a 呈比例关系。下面以电流环 PI 控制为例进行详细分析。

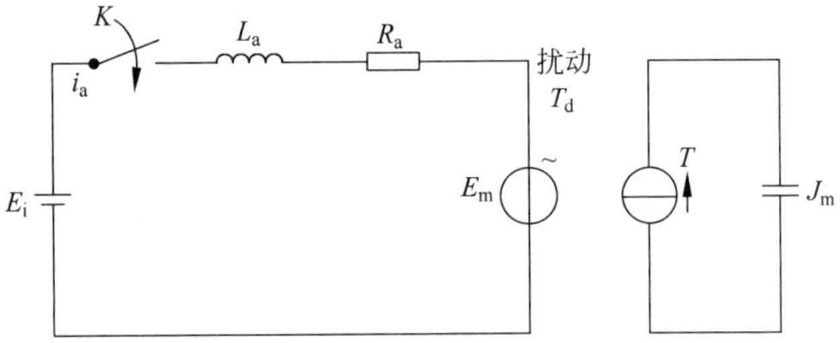

图 4-32　DC 伺服电动机的等效电路

如图 4-33 所示，引入电枢电流反馈，电枢电流与电流指令值进行比较后送入 PI 调节器，而电流指令值是由输入电压指令 E_i 与位置的差值经放大后得到的。其中，PI 调节器如图 4-34 所示。

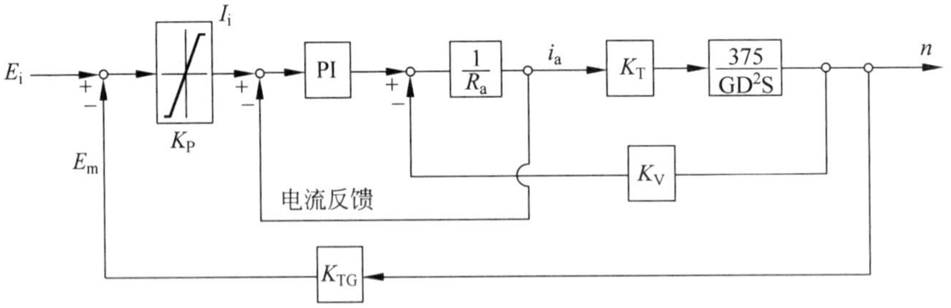

图 4-33　电流环框图 1

其传递函数为

$$G_C(S)=\frac{x_o}{x_i}=\frac{R_2+\frac{1}{CS}}{R_1}$$
$$=-\frac{R_2}{R_1}\left(1+\frac{1}{R_2CS}\right)$$
$$=K_{P1}\left(\frac{T_1S+1}{T_1S}\right) \tag{4-27}$$

式中，$K_{P1}=\frac{R_2}{R_1}$；$T_1=R_2S$(积分时间常数)。

这样，电流环又可变换为图 4-35 所示的方框图。

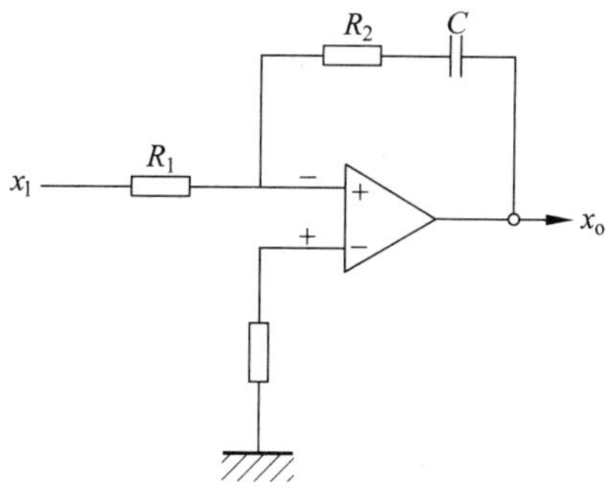

图 4-34 电流环 PI 调节器

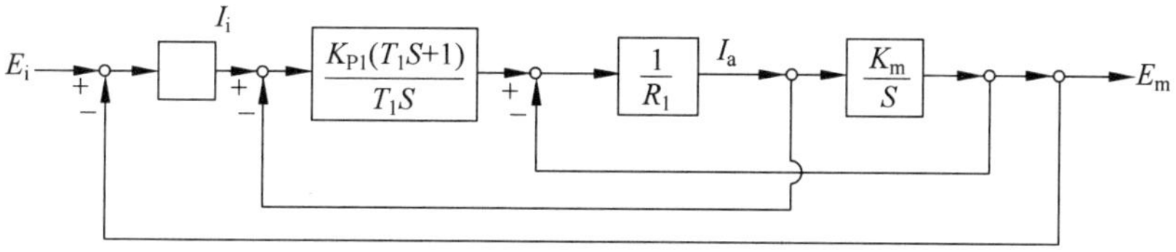

图 4-35 电流环框图 2

其中，

$$K_m=K_\tau\cdot K_V\cdot K_{TG}\cdot 375/GD^2 \tag{4-28}$$

式中，K_τ 为转矩常数；K_V 为感应电势常数；K_{TG} 为测速发电机常数。

将图 4-33 所示的框图进一步变换，可将其分成 3 个环考虑，如图 4-36 所示。

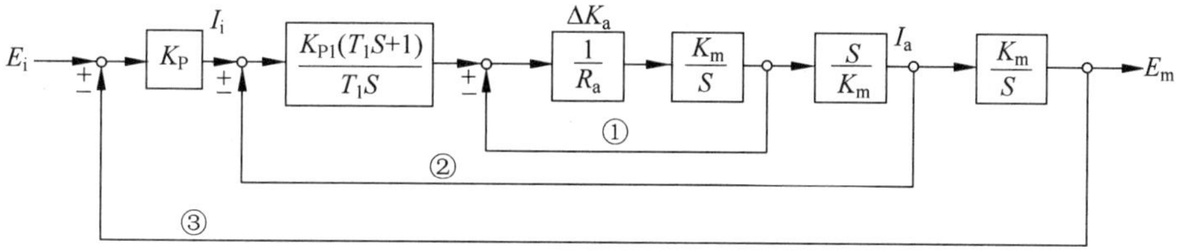

图 4-36 电流环框图 3

这样，环①的传递函数为

$$G_1(S)=\frac{K_aK_m/S}{1+K_aK_m/S}=\frac{K_aK_m}{S+K_aK_m} \tag{4-29}$$

环②的开环传递函数为

$$G_{20}(S)=\frac{K_{P1}(T_1S+1)}{T_1S}\cdot\frac{K_aK_m}{S+K_aK_m}\cdot\frac{S}{K_m}$$
$$=\frac{K_{P1}(T_1S+1)}{T_1}\cdot\frac{1}{(K_aK_m)^{-1}S+1}\cdot\frac{1}{K_m} \tag{4-30}$$

这里设$(K_aK_m)^{-1}=T_m$，并使 $T_1=T_m$，则有

$$G_{20}(S)=\frac{K_{P1}(T_1S+1)}{T_1}\cdot\frac{1}{T_mS+1}\cdot\frac{1}{K_m}=\frac{K_{P1}}{T_1K_m}=K_{P1}\cdot K_0 \tag{4-31}$$

式中，

$$K_0 = \frac{1}{T_1 K_m} \tag{4-32}$$

其闭环传递函数为

$$G_2(S) = \frac{K_{P1} \cdot K_0}{1 + K_{P1} \cdot K_0} \Delta K'_0 \tag{4-33}$$

注意：K'_0 正好是输出电流 I_a 对指令电流 i_a 的传递函数，它等于某个常数。这说明，当外负载变化时，电流响应按此比例进行控制，所以响应极快，可称其为电流比例控制。

环③的传递函数可由图 4-37 求出：

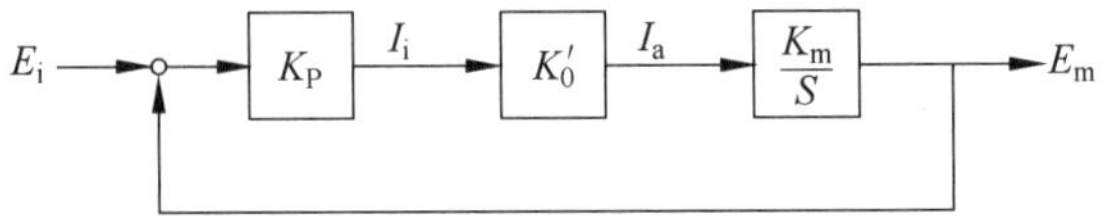

图 4-37　电流环框图 4

$$G_3(S) = \frac{K_P K'_0 \cdot \dfrac{K_m}{S}}{1 + K_P K'_0 \cdot \dfrac{K_m}{S}} = \frac{K_P \cdot K'_0 \cdot K_m}{S + K_P \cdot K'_0 \cdot K_m} \tag{4-34}$$

式(4-34)的分子、分母同除以 $K_P \cdot K'_0 \cdot K_m$，可得

$$G_3(S) = \frac{1}{T'_m S + 1} \tag{4-35}$$

式中，$T'_m = 1/(K_P \cdot K'_0 \cdot K_m)$ 是一个一阶惯性环节。设 $(K_a K_m)^{-1} = T_m$，实际上就是对电流环 PI 控制器的积分常数进行选择计算。T_m 又可以表示为

$$T_m = 1/K_a K_m = \frac{R_a \cdot GD^2}{375 \cdot K_\tau \cdot K_V \cdot K_{TG}} \tag{4-36}$$

可以看出，电流环的积分时间常数主要取决于 GD^2。

由上述分析可知，引入电流环后，输出电流 I_a 的响应及速度特性均得到了改善，但速度特性仍存在稳态误差，即系统对输入速度指令的响应不够忠实。对速度环再进行 PI 控制的分析表明，DC 伺服电动机经过两级 PI 控制，可以克服外部负载扰动的影响，从而获得高速度、高精度、良好响应特性的机器人关节驱动伺服系统。关于速度环 PI 控制的分析与电流环 PI 控制的分析相似，此处不再赘述。

如前所述，AC 伺服电动机正常使用的关键在于如何保证磁通与电流的正交控制。如图 4-30 和图 4-31 所示，DC 伺服电动机是单相电源控制，AC 伺服电动机则是三相电源控制。AC 伺服电动机速度控制系统比 DC(直流-交流)伺服电动机速度控制系统增加了转子位置检测电路、正弦波发生器、D/A 变换电路和速度检测电路等。同时对 AC 伺服电动机速度控制系统中的速度环与电流环的分析和 DC 伺服电动机速度控制系统完全相同，这里不再重复叙述，仅对 AC 伺服电动机控制系统中的几个特殊电路及其功能进行分析。

4. AC 伺服控制系统中的特殊电路

1) 转子位置检测电路

AC 伺服电动机与 DC 伺服电动机一样，为了保证电流方向与磁通方向正交，旋转磁铁

的位置极为重要。设置这个电路的目的是满足正弦波的相位条件，在接收到与电动机同轴安装的光码盘发来的转子位置信号后，将此信号变换成正弦波发生器能够读取的信号。假定采用的是8位绝对值光码盘，则电动机每旋转一周，就有 $2^8=256$ bit 编码信号发送过来，见表4-3。我们可以通过各个bit的状态来确定转子的回转位置。

表4-3　与转子回转角相对应的各个bit状态

位置	转角					
	1/256	2/256	3/256	254/256	255/256	1
2^7	0	0	0	1	1	0
2^6	0	0	0	1	1	0
2^5	0	0	0	1	1	0
2^4	0	0	0	1	1	0
2^3	0	0	0	1	1	0
2^2	0	0	0	1	1	0
2^1	0	1	1	1	1	0
2^0	1	0	1	0	1	0

2）正弦波发生器

正弦波发生器的作用是产生一个以转子位置为相位的正弦波，以保证电流方向与回转磁通方向正交。其电路构成是将一个周期的正弦波分割计算为256个数据，并分别事先写入只读存储器(read-only memory，ROM)中相应的地址区。当有读出信号输入时，将相应地址的数据送到数据总线上。当电动机为2极时，转子旋转一周为正弦波的一个周期，为4极时，转子旋转半周为正弦波的一个周期；另外，因为是三相电动机，因此相位差为120°。由三相电压关系 $U+V+W=0$ 可知，只需要存储任意两相数据即可求得另外一相数值。

如果将一个周期地址设为00H～FFH，振幅的最大值为FFH，最小值为00H，在通过计算机计算之后，将各个数据分别存储到相应地址的ROM数据区。如果按地址依次取出有关数据，其数字→模拟的变换波形如图4-38所示。

3）D/A变换电路

正弦波发生器可以输出与转子位置同步的两相正弦波。但是，由于它是二进制的数字信号，所以正弦波的振幅只能在－1、0、＋1之间变化，还需将正弦波作为电流变化系数，进一步变换成实际需要的电流值。因此，在D/A变换电路中，以速度环的输出电流为基准，乘以正弦波的振幅系数，即可得到正弦波基准电流。

无论是DC伺服电动机还是AC伺服电动机的速度给定信号都是直流。因而其速度反馈信号也必须是直流。在DC伺服电动机中，电流是直流的，因此，可以直接作为电流给定，而AC伺服电动机，则需要将速度环的输出直流信号变换成正弦波电流信号，这就是D/A变换的目的，如图4-39所示。

DC-SIN变换电路的组成如图4-40所示，由正弦波发生器给出数字信号，经D/A变换后与乘法器组合而成。这里应注意采样的时间。由于D/A变换器从数字输入到模拟量输出需要一定的整定时间，D/A变换器本身没有保持输入信号的功能，所以需要外加采样电路和保持电路。当信号的频率为 F(Hz)时，根据信号处理理论，采样时间 T 为

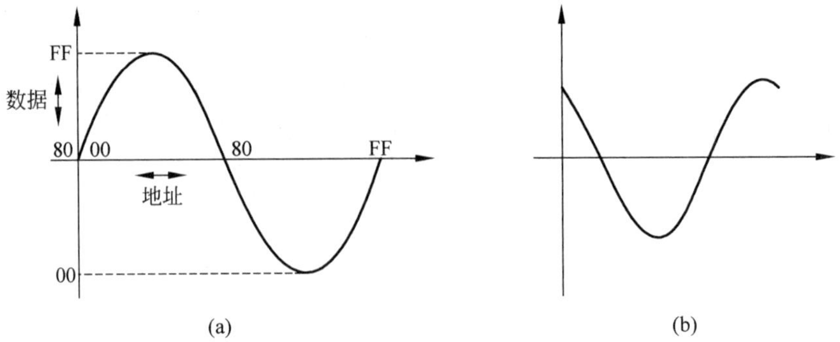

图 4-38 数字→模拟的变换波形

(a) V 相 D/A 变换波形；(b) W 相 D/A 变换波形

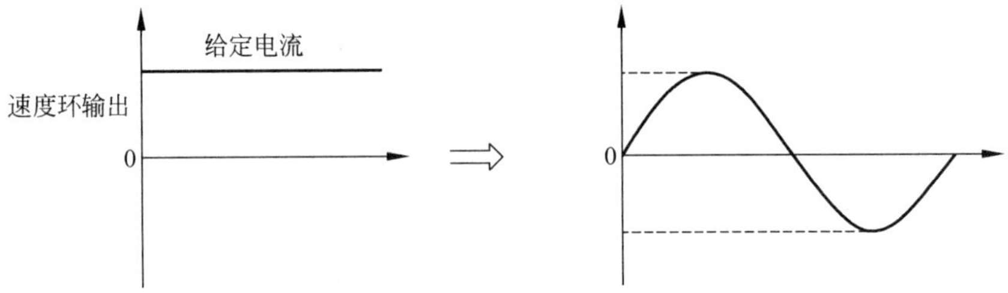

图 4-39 D/A 变换

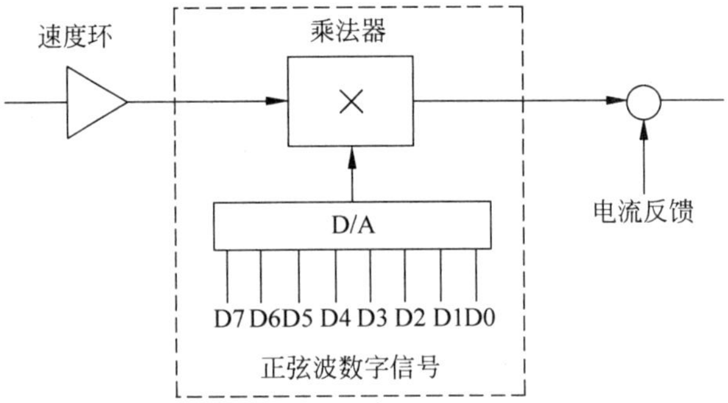

图 4-40 DC-SIN 变换电路

$$T=\frac{1}{2F} \tag{4-37}$$

例如，希望让 4 极 AC 伺服电动机以转速 1500 r/min 旋转时，电动机的驱动电流频率 F 为

$$F=1500\times\frac{1}{60}\times 2\ \mathrm{Hz}=50\ \mathrm{Hz} \tag{4-38}$$

因此，电路的采样时间 T 最少为

$$T=\frac{1}{2\times 50}\ \mathrm{s}=0.01\ \mathrm{s} \tag{4-39}$$

为了保证电动机的平滑(稳)控制，驱动电流的波形应尽可能接近正弦波，因此要求采样时间越短越好，以减少因高次谐波造成的损失，同时要选用具备尽可能短的整定时间的 D/A

变换器。

4）速度检测电路

在DC伺服电动机速度反馈控制中，一般采用直流测速发电机（或PG加F/V（频率/电压））作为速度检测单元（TG）。由于TG本身也具有电刷，对于电刷存在着维护、使用寿命及产生火花等问题，因此在AC伺服电动机的速度反馈控制中，不能采用TG作为速度检测单元。目前，AC伺服电动机的速度检测传感器大多与转子的位置检测传感器合用。下面以与电动机同轴安装的回转式光码盘作为速度检测传感器进行讨论。

光码盘可分为绝对式与增量式两种。绝对式光码盘的位数增加会导致输出信号线也增加，传感器的小型化和低成本就难以做到，且对于AC伺服电动机的转子位置检测来讲，一旦接通电源，就没有必要再使用绝对式光码盘了。

增量式光码盘结构简单，信号线少，造价低，所以是AC伺服电动机转子位置与速度检测的主要传感器。为了解决AC伺服电动机的初始位置检测问题，只要在增量式光码盘外部增设一个不间断电源的外部计数器即可。

对于速度检测来讲，只要能够得到与电动机旋转同步的脉冲列即可。但是，为了能够同时判断电动机的旋转方向，需要有如图4-41所示的相位相差90°的两相脉冲列。根据这两相脉冲列，经过F/V变换，即可得到直流速度信号。对AC伺服控制系统来讲，和DC伺服系统一样，希望AC伺服系统能够忠实高速响应输入速度指令。为了能够达到与TG同样的响应速度，光码盘脉冲输出的平滑滤波电路的时间常数要尽可能小。因此，多采用脉冲倍频方式。其次，电动机正反转的判别要以1个脉冲（最小检测单位）为单位进行。下面举例说明。

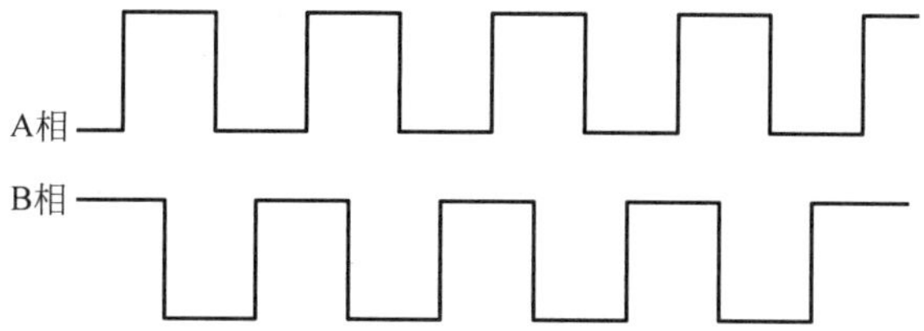

图4-41 光码盘输出波形

如图4-42所示，光码盘给出的A相、B相脉冲列经过同步电路，脉冲上升沿和下降沿与标准时钟脉冲同步（时钟频率要比光码盘的最大脉冲频率高很多），并进行整形，再经过延时电路，就得到延迟一个时钟的脉冲。经同步整形的两相脉冲和延迟一个时钟的两相脉冲同时送进译码电路，译码电路则根据各个脉冲的逻辑关系与条件分别输出与电动机转速成比例的一定频率的脉冲列。与速度相对应的两相脉冲列经过平滑滤波，就可以得到与电动机速度成比例的直流速度信号。平滑滤波电路从理论上讲，不可能完全消除直流纹波，所以要设计计算平滑滤波器的时间常数和选择满足直流纹波在允许范围内的光码盘脉冲数。

机器人伺服系统的速度控制比希望在1∶10 000以上，在F/V方式中，电动机在超低速运转时，直流速度信号波动较大，不能保证低速时的精度控制。这时要考虑其他有效的方法，如利用位置反馈信号的微分速度反馈法等。为了解决大速度范围的速度检测问题，常采用两种方法：一种是在一定时间间隔（如2 ms）内检测光码盘脉冲数；另一种是检测光码盘脉冲与脉冲之间的时间。在第一种方法中，光码盘脉冲是被计数脉冲，计数门信号由时钟脉冲给出；在第二种方法中，时钟脉冲是被计数脉冲，计数门信号由光码盘脉冲给出。下面分

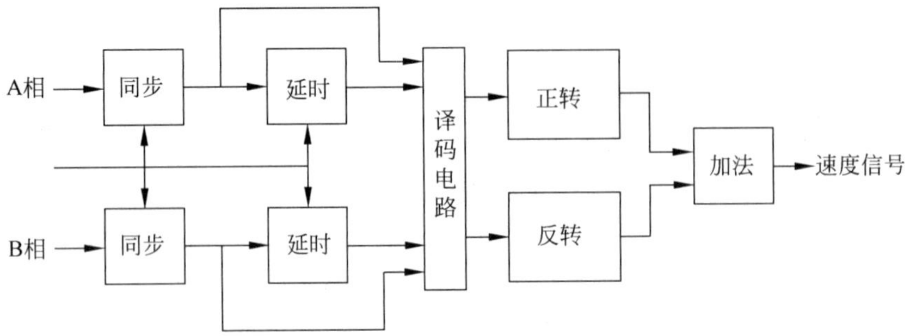

图 4-42 光码盘速度检测电路

析计数误差问题。

在计数器门打开的同时，由于时间差，总有被计脉冲丢失而未被计入的情况发生；反之，当计数器门关闭时，也会产生同样的问题。因此，尽管是在同一速度下输入被计脉冲，也会产生误差。计数器的最大误差为2(个脉冲)。这就是所谓的数字计算机领域的离散化误差问题。

设实测脉冲数为 N_c，则真实(或平均)计数值 N_R 为

$$N_c - 1 < N_R < N_c + 1 \tag{4-40}$$

误差 ε 为

$$\varepsilon = \pm \frac{1}{N_c} \times 100\% \tag{4-41}$$

在第一种方法中，设计数器门打开后的计数时间为 T_s(单位为 s)，计数值为 N_c(个脉冲)，则从光码盘来的脉冲速度为

$$v = \frac{N_c}{T_s} \tag{4-42}$$

这种情况下，检测时间是正确的，但 N_c 存在离散化误差，特别是低速时，N_c 很小，精度极差。

在第二种方法中，设计数器门打开后的计数时间为 T_c(单位为 s)，因为从光码盘来的脉冲数为 1(个脉冲)，所以脉冲速度为

$$v = \frac{1}{T_c} \tag{4-43}$$

这种情况下，由于时钟脉冲的被计数值产生离子化误差，所以速度越高，精度越差。

上述两种方法各有所长，如能将二者结合起来，则可以得到一种从低速到高速的宽调速范围的速度检测方法。

如图 4-43 所示，在全数字化软伺服控制中，设采样控制周期为 T_{Sp}，上一次采样到本次采样前输入的 PG 脉冲数为 N_c，上一次采样到本次采样的时间间隔为 T_c，则从 PG 来的脉冲速度为

$$v = \frac{N_c}{T_c} \tag{4-44}$$

由式(4-44)可知，当 $N_c=1$ 时，与式(4-43)的结果相同。因此，T_c 的计数虽然仍存在离散化误差，只要提高计时用的时钟频率，T_c 的计数值就会足够大，所以低速时的脉冲速度 v

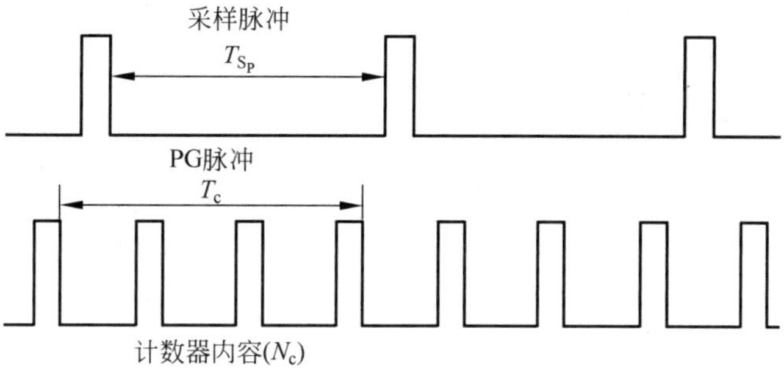

图 4-43 速度检测动作时序

的误差很小。而高速时，因为 N_c 很大，T_c 与 T_{S_p} 值很接近，所以第二种方法在高速时精度差的情况也不会出现。这是目前 AC 伺服控制系统中最好且最实用的一种速度检测方法。

5. AC 伺服控制系统的数字化

AC 伺服控制系统的结构与控制方法经历了以下阶段：

(1) 数字化(计算机控制)位置环＋模拟量速度单元；

(2) 数字化(计算机控制)位置环、速度环＋模拟量电流环；

(3) 位置环、速度环、电流环全部由计算机控制。

常称(1)为半数字化 AC 伺服控制系统，称(2)(3)为全数字化 AC 伺服控制系统或软伺服系统。这里须指出，全数字化并不是 AC 伺服系统本身的目的，只是一种控制的方法。

与模拟量控制相比，全数字化控制的优点有：

(1) 无温度漂移现象，系统稳定性好；

(2) 计算精度高，特别是线性好、重复精度高；

(3) 控制参数与系统参数可以设定，无调整误差；

(4) 系统由数字电路组成，容易大规模集成电路化；

(5) 根据编程，可以自由构成各种算法与逻辑运算，为机器人的智能控制提供了可能；

(6) 容易与其他控制设备进行通信，可以在线改变控制参数；

(7) 在系统硬件不变的情况下，可以通过软件与算法的改变，扩大应用领域等。

当然，全数字化也有弱点：

(1) 由于受到离散化分辨率的限制，控制的平滑性不如模拟控制；

(2) 系统的响应性依存于系统采样周期；

(3) 系统性受到计算机性能的影响等。

因此，根据应用对象、控制目的不同，AC 伺服系统应采取不同的控制手段。但就目前看，全数字化 AC 伺服系统已占据了主流。

4.3.3 机器人气压传动与控制技术

气压传动与控制技术简称气动，是以压缩空气为工作介质来进行能量与信号的传递，以实现各种生产过程、自动控制的一门技术。它是流体传动与控制学科的一个重要组成部分。传递动力的系统是将压缩气体经由管道和控制阀输送给气动执行元件，把压缩气体的压力能转换为机械能而做功；传递信息的系统是利用气动逻辑元件或射流元件实现逻辑运算等功能，也称气动控制系统。

1. 气动控制系统的基本构成

比例控制阀与电子控制技术组成的气动比例控制系统，可满足各种各样的控制要求。比例控制系统的基本构成如图 4-44 所示。图中的执行元件可以是气缸或气马达、容器和喷嘴等将空气的压力能转化为机械能的元件。比例控制阀作为系统电-气压转换的接口元件，可以实现对执行元件供给气压能量的控制。控制器作为人机接口，起着向比例控制阀发出控制量指令的作用。它可以是单片机、微机及专用控制器等。比例控制阀的精度较高，一般为±(0.5%～2.5%)满量程(full scale，FS)。即使不用各种传感器构成负反馈系统，也能得到十分理想的控制效果，但不能抑制被控对象参数变化和外部干扰带来的影响。对于控制精度要求更高的应用场合，必须使用各种传感器构成负反馈，以进一步提高系统的控制精度，如图 4-44 中虚线部分所示。

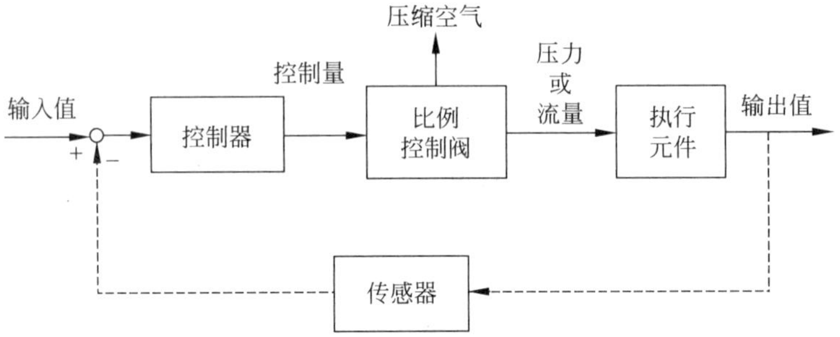

图 4-44 比例控制系统的基本构成

对于 FESTO 公司的 MPYE 系列伺服阀，使用中可用计算机作为控制器，通过 D/A 转换器直接驱动，使用标准气缸和位置传感器来组成廉价的伺服控制系统。但对于控制性能要求较高的自动化设备，可使用厂家提供的伺服控制系统(见图 4-45)，包括 MPYE 型伺服阀、位置传感器、气缸、SPC 型控制器等。在图 4-45 中，目标值以程序或模拟量的方式输入控制器中，由控制器向伺服阀发出控制信号，以实现对气缸的运动控制。气缸的位移由位置传感器检测，并反馈到控制器。控制器以气缸位移反馈量为基础计算出速度、加速度反馈量。再根据运行条件(负载质量、缸径、行程及伺服阀尺寸等)，自动计算出控制信号的最优值，并作用于伺服控制阀，从而实现闭环控制。控制器与微机相连接后，使用厂家提供的系统管理软件，可实现程序管理、条件设定、远距离操作、动态特性等多项功能。控制器也可以与可编程控制器相连接，从而实现与其他系统的顺序动作、多轴运行等功能。

2. 比例/伺服控制阀的选择

比例阀的类型主要根据被控对象的类型和应用场合来选择。被控对象的类型不同，对控制精度、响应速度、流量等性能指标的要求也不同。控制精度和响应速度是矛盾的，两者难以同时兼顾。对于既定的控制系统，应以最重要的性能指标为依据来确定比例阀的类型。然后考虑设备的运行环境，如污染、振动、安装空间及安装姿态等方面的要求，最终选择出合适类型的比例阀。表 4-4 给出了不同应用场合下比例阀优先选用的类型。

MPYE 系列伺服阀最早只有 G1/8(700 L/min)一个尺寸，现已发展到 M5(100 L/min)～

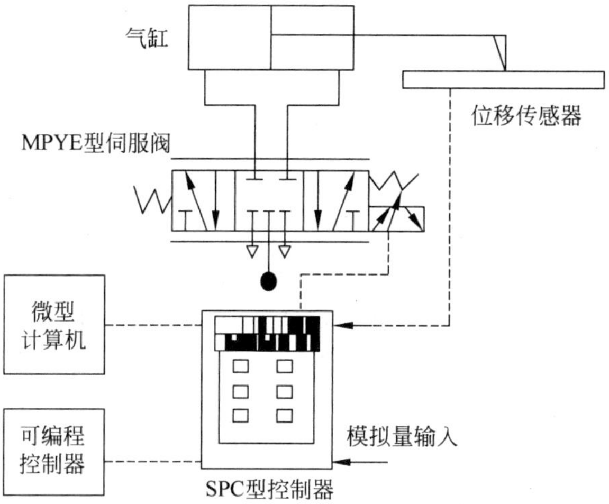

图 4-45 FESTO 伺服控制系统的组成

G3/8(2000 L/min)5 个规格。伺服阀的规格主要根据执行元件所需的流量来确定,选择起来较简单。

表 4-4 不同应用场合下比例阀优先选用的类型

控制领域	应用场合	比例压力阀			比例流量阀
		喷嘴挡板型	开关电磁阀型	比例电磁铁型	比例电磁铁型
下压控制	焊接机		○	◎	
	研磨机等	◎	○	○	
张力控制	各种卷绕机	◎	○		
喷流控制	喷漆机、喷流织机、激光加工机等	◎	◎		○
先导压力控制	远控主阀、各种流体控制阀等	◎	○		
速度、位置控制	气缸、气马达			○	◎

注:◎—优;○—良。

3. 气动控制系统的控制理论

气动比例/伺服控制系统的性能虽然依赖于执行元件、比例/伺服阀等系统构成要素的性能,但要更好地发挥系统构成要素的作用,控制器控制量的计算是至关重要的。控制器通常以输入值与输出值的偏差为基础,通过选择适当的控制算法可以设计出不受被控对象参数变化和干扰影响、具有较强鲁棒性的控制系统。

控制理论分为古典控制理论和现代控制理论两大类。比例积分微分(proportional integral derivative,PID)控制是古典控制理论的核心,它具有简单、实用易掌握等特点,在气动控制技术中得到了广泛应用。PID 控制器设计的难点是比例、积分及微分增益系数的确定。合适增益系数的获得需经过大量实验,工作量很大。另外,PID 控制不适用于控制对象参数经常变化、外部有干扰、大滞后系统等场合。在这种情况下,可以采取两种措施:一是使用神经网络与 PID 控制并行组成控制器,利用神经网络的学习功能,在线调整增益系数,抑制因参数变化等对系统稳定性造成的影响。二是使用各种现代控制理论，如自适应控制、最优控制、鲁棒控制、H_∞控制及μ控制等来设计控制器，构成具有强鲁棒性的控制系统。目前应用现代控制理论来控制气缸的位置或力的研究相当活跃，并取得了一定的研究成果。

4. 气动控制系统的典型应用

1）张力控制

为了保证产品的质量，带材或板材（纸张、胶片、电线、金属薄板等）卷绕机在卷绕过程中，要求卷筒张力保持一定。因气动制动器具有价廉、维修简单、制动力矩范围变更方便等特点，所以在各种卷绕机中得到了广泛应用。图4-46为采用比例压力阀组成的张力控制系统图，其中，高速运动的带材或板材的张力由张力传感器检测，并反馈到控制器。控制器以张力反馈信号与输入信号的偏差作为基础，采用一定的控制算法，输出控制量到比例压力阀，调整气动制动器的制动压力，以保证带材或板材的张力恒定。在张力控制中，控制精度比响应速度要求高，应选用控制精度较高的喷嘴挡板型比例压力阀。

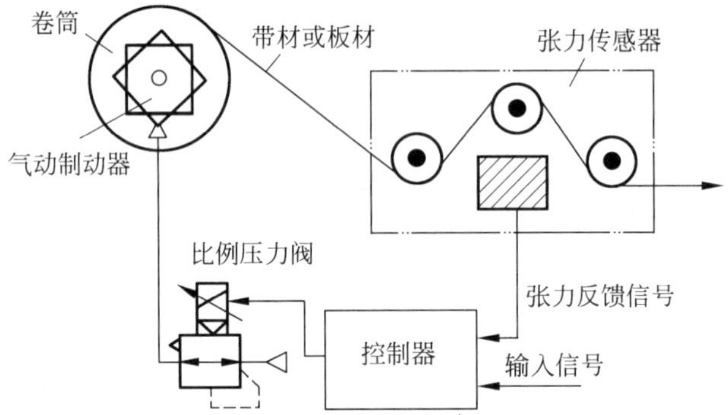

图4-46 由比例压力阀组成的张力控制系统

2）加压控制

图4-47为比例压力阀在磨床加压控制中的应用。在该应用场合下，控制精度比响应速度要求高，所以应选用控制精度较高的喷嘴挡板型或开关电磁阀型比例压力阀。应该注意的是，加压控制的精度不仅取决于比例压力阀的精度，气缸的摩擦阻力特性也对其有较大影响。标准气缸的摩擦阻力随工作压力、运动速度等因素变化，难以实现平稳加压控制。所以，在该应用场合下，应选用低速、恒摩擦阻力气缸。系统中减压阀的作用是向气缸有杆腔加一恒压，以平衡活塞杆和夹具机构的自重。

3）位置和力的控制

（1）控制方法。

采用电气伺服控制系统能方便地实现多点无级柔性定位（由于气体的可压缩性，能实现柔性定位）和无级调速；比例伺服控制技术的发展及新型气动元件的出现，能大幅降低工序节拍，提高生产效率。伺服气动系统实现了气动系统输出物理量（压力或流量）的连续控制，主要用于气动驱动机构的启动和制动、速度控制、力控制（如机械手的抓取力控制）和精确定位。通常气动伺服定位系统主要由气动比例/伺服控制阀、执行元件（气缸或马达）、传感器（位移传感器或力传感器）及控制器等组成，如图4-48所示。

控制器在系统中占有重要地位，气动伺服定位系统的定位精度、动态特性主要取决于控

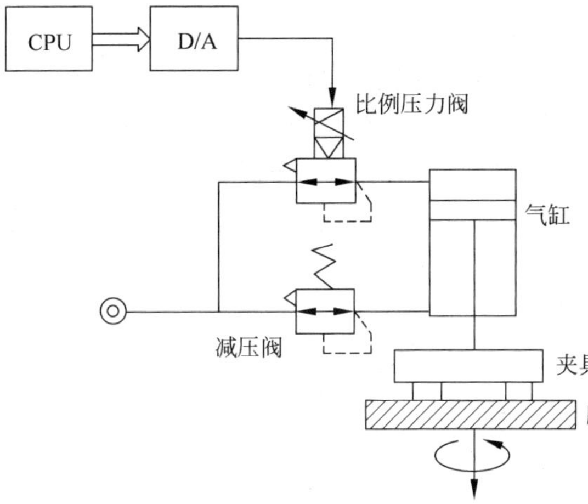

图 4-47 磨床加压机构气动系统的构成

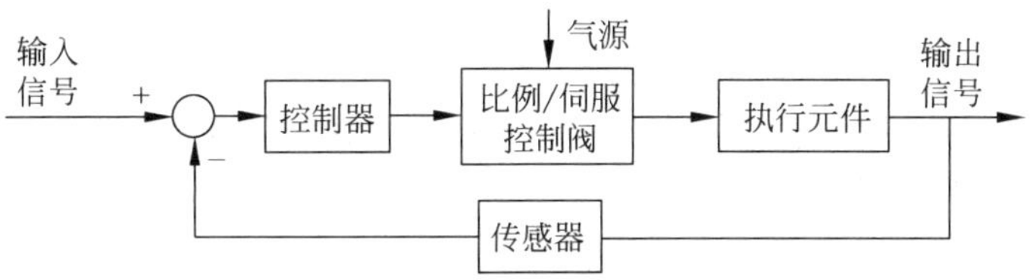

图 4-48 伺服定位控制系统

制器算法和控制参数。控制器包括反馈控制电路和控制方法，应根据系统性能要求选择相应的控制策略。

(2) 汽车方向盘疲劳试验机。

气动比例/伺服控制系统非常适用于汽车部件、橡胶制品、轴承及键盘等产品的中、小型疲劳试验机。图 4-49 所示为气动比例/伺服控制系统在汽车方向盘疲劳试验机中的应用。该试验机主要由被试体（方向盘）、伺服控制阀、伺服控制器、位移和负荷传感器及计算机等构成。要求向方向盘的轴向、径向和螺旋方向单独或复合（两轴同时）施加正弦波变化的负荷，然后检测其寿命。该试验机的特点是：精度和简单性兼顾；在两轴同时加载时，不易产生相互干涉。

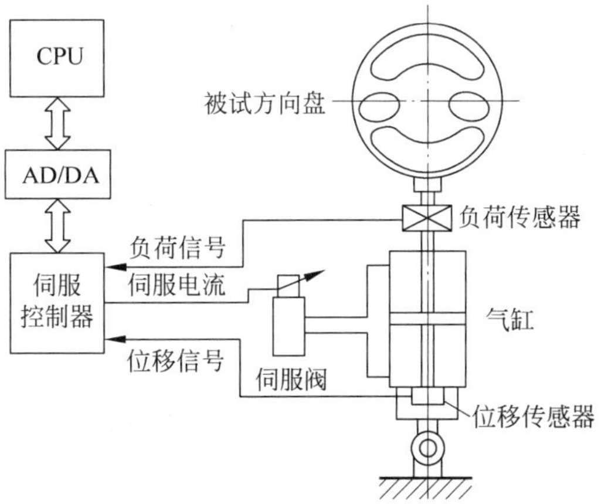

图 4-49 汽车方向盘疲劳试验机气动比例/伺服控制系统

（3）挤牛奶机器人。

在日本ORION公司开发的自动挤牛奶机器人中，挤奶头装置 X、Y、Z 轴方向的移动是靠FESID伺服控制系统驱动的。X、Y、Z 轴选用的气缸（带位移传感器）尺寸分别为 $\phi40\times1000$、$\phi50\times300$ 和 $\phi2\times500$，对应的MPYE系列伺服阀分别为G1/4、G1/8和G1/8。伺服控制器为SPC100型。以奶牛的屁股和横腹作为定位基准，在气动伺服控制系统的驱动下，挤奶头装置向奶牛乳头部位定位。把位移传感器的绝对零点定为0 V，满量程定为10 V。利用SPC100的模拟量输入控制功能，只要控制输入电压值，即可实现轴的位置控制。利用该功能不仅能控制轴的位置，还可以实现轴的速度控制，即在系统的响应频率范围内，可按照输入电压波形（台形波、正弦波等）的变化驱动轴运动。

在该应用中，定位对象奶牛在任何时刻都有踢腿、晃动的可能。由于气动控制系统特有的柔软性，使其能够顺应奶牛的这种随机动作，而不会使奶牛受到任何损伤。在这种场合下，气动控制系统的优点得到了最大发挥。

5. 气压系统在机器人中的应用

1）气动系统在机器人中应用的优势

（1）以空气为工作介质，比较容易获得，使用后的空气可以排到大气中，处理方便，与液压传动相比不必设置回收油箱和管道。

（2）因为空气的黏度很小（约为液压油动力黏度的万分之一），其损失也很小，所以便于集中供气、远距离输送，且不易发生过热现象。

（3）与液压传动相比，气压传动动作迅速、反应快，可在较短的时间内达到所需的压力和速度。这是因为压缩空气的黏度小，流速大，一般压缩空气在管路中的流速可达180 m/s，而油液在管路中的流速仅为2.5～4.5 m/s。

（4）安全可靠，在易燃、易爆场所使用不需要昂贵的防爆设施。压缩空气不会爆炸或着火，特别是在易燃、易爆、多尘、强磁、辐射、振动、冲击等恶劣工作环境中，比液压、电子、电气控制优越。

（5）成本低，过载能自动保护，在一定的超载运行下也能保证系统安全工作。

（6）系统组装方便，使用快速接头可以非常简单地进行配管，因此系统的组装、维修及元件的更换比较简单。

（7）贮存方便，气压具有较高的自保持能力，压缩空气可贮存在贮气罐内，随时取用。即使压缩机停止运行，气阀关闭，气动系统仍可维持一个稳定的压力，故不需要压缩机的连续运转。

（8）清洁，基本无污染，发生泄漏不会像液压传动那样严重污染环境。这对于要求高净化、无污染的场合（如食品、印刷、木材和纺织工业等）是极为重要的，相较于液压、电子、电气控制，气动系统具有独特的优势。

（9）可以把驱动装置做成关节的一部分，因而结构简单、刚性好、成本低。

（10）通过调节气量可实现无级变速。

（11）由于空气具有可压缩性，所以气压驱动系统具有较好的缓冲作用。

总之，气动系统具有速度快、系统结构简单、清洁、维修方便、价格低等特点，适合在机器人上应用。

2）气动机器人的适用场合

气动机器人适于中、小负荷的使用，但因难于实现伺服控制，多用于程序控制的机器人中，如在上、下料和冲压机器人中应用较多。气动机器人以压缩空气作为动力源，一般是从工厂的压缩空气站引到机器作业位置，也可以单独建立小型气源系统。

由于气动机器人具有气源使用方便、不污染环境、动作灵活迅速、工作安全可靠、操作维修简便及适于在恶劣环境下工作等特点，因此其在冲压加工、注塑及压铸等有毒或高温条件下作业，机床上、下料，仪表及轻工行业中、小型零件的输送和自动装配等作业，食品包装及输送，电子产品输送、自动插接，弹药生产自动化等场合获得了广泛应用。

气动系统在多数情况下用于两位式的或有限点位控制的中、小机器人。这类机器人多是圆柱坐标型和直角坐标型或二者的组合型结构；3～5个自由度，负荷在200 N以内，速度为300～1000 mm/s，重复定位精度为±0.1～±0.5 mm。控制装置目前多数选用可编程控制器(PLC)。在易燃、易爆的场合下可使用气动逻辑元件组成控制装置。

3）气动机器人技术应用进展

近年来，人们在研究与人类亲近的机器人和机械系统时，气压驱动的柔软性受到格外关注使气动机器人的研究取得了实质性进展。如何构建柔软机构、积极发挥气压柔软性的特点是今后气压驱动装置应用的一个重要方向。

在三维空间内的任意定位、任意姿态抓取物体或握手任务中，"阿基里斯"六脚勘测员、攀墙机器人都显示出足够的自由度来适应工作空间区域。在彩电、冰箱等家用电器产品的装配生产线上，在半导体芯片、印制电路等各种电子产品的装配流水线上，不仅可以看到各种大小不一、形状不同的气缸、气爪，还可以看到许多灵巧的真空吸盘将一般气爪很难抓起的显像管、纸箱等物品轻轻地吸住，运送到指定的目标位置。对加速度限制十分严格的芯片搬运系统，采用了平稳加速的SMC正弦S1N气缸。

面向康复、护理、助力等与人类共存、协作型的机器人已崭露头角。医疗领域的重要研究成果是内窥镜手术辅助机器人(EMARO)。EMARO是主刀医生可通过头部动作操作内窥镜的系统，无需助手(把持内窥镜的医生)的帮助。东京医科齿科大学生体材料工学研究所教授川屿健嗣和东京工业大学精密工学研究所副教授只野耕太郎等人，从着手研究到EMARO上市足足用了10年时间。使用EMARO时，若头部佩戴陀螺仪传感器的主刀医生的头部上下左右倾斜，系统就会感应到这些动作，使内窥镜活动自如，还可与脚下的专用踏板联动，无需助手，就可获得所希望的无抖动图像，有助于医生更准确地实施手术。EMARO作为手术辅助机器人，首次采用了气压控制技术。这一技术实现了灵活的动作，在工作中"即使接触到人，也可以躲开其作用力"，可保证高安全性。与马达驱动的现有内窥镜夹持机器人相比，整个系统更加轻量小巧也是一大特点。该系统平时由主刀医生通过头部的陀螺仪传感器来操作，紧急情况下，还可以利用机体上附带的控制面板按钮手动操作。

由"可编程控制器—传感器—气动元件"组成的典型控制系统仍然是自动化技术的重要方面；发展与电子技术相结合的自适应控制气动元件，使气动技术从"开关控制"进入高精度的"反馈控制"，是气动控制系统的发展趋势；节省配线的复合集成系统，不但减少了配线、配管和元件，而且拆装简单，大大提高了系统的可靠性，这也是值得关注的发展热点。

电气可编程控制技术与气动技术相结合，使整个系统自动化程度更高，控制方式更灵活，性能更加可靠；气动机器人、柔性自动生产线的迅速发展对气动技术提出了更多更高的要求；微电子技术的引入促进了电气比例伺服技术的发展。

4）机器人用气动元件的主要品牌

受益于机器人产业的迅猛发展，气动元件也迎来巨大的市场机遇。目前，国际上著名的气动元件供应商主要有德国FESTO公司、日本SMC公司和美国派克汉尼汾（Parker Hannifen）公司等。

德国FESTO公司是世界领先的自动化技术供应商，也是世界气动行业第一家通过ISO 9001认证的企业。FESTO公司的品牌质量包含许多方面，主要表现在智能化和易操作的产品设计、使用寿命长的产品、持久的效率优化方面。FESTO公司不仅提供气动元件、组件和预装配的子系统，下设的工程部还能为客户定制特殊的自动化解决方案。FESTO公司能提供约28 000种产品，几十万个派生型号，已经设计制作了超过21 000件单一及系列产品。

日本SMC公司成立于1959年，总部设在日本东京。目前SMC已成为世界级的气动元件研发、制造、销售商，在日本本土拥有庞大的市场网络，为客户提供产品及售后服务。SMC作为世界著名的气动元件制造和销售跨国公司，其销售网及生产基地遍布全球。SMC产品以其品种齐全、可靠性高、经济耐用、能满足众多领域不同用户的需求而闻名。SMC气动元件超过11 000种基本系列、610 000余种不同规格，主要包括气动洁净设备、电磁阀，各种气动压力、流量、方向控制阀，各种形式的气缸、摆缸、真空设备，气动仪表元件及设备，以及其他各种传感器与工业自动化元器件等。

派克汉尼汾公司是一家总部位于美国俄亥俄州的跨国公司，成立于1918年，现已成为世界上最大的专业生产和销售各种制冷空调件、液压、气动和流体控制产品及元器件的公司，是唯一一家能够给客户提供液压、气动、密封、机电一体化和计算机传动控制解决方案的制造商。公司制造的各种元件和系统用于控制各种机械和其他设备的运动、流量和压力。派克汉尼汾公司提供了1400多条生产线，用于完成1000多个工程机械、工业和航空航天领域项目。此外，遍布全球的7500多个销售商为400 000多个用户提供服务。派克汉尼汾公司气动部门可以提供全系列气动产品，从带导轨的无杆气缸、MODUFLEX系列阀岛、气源处理元件到过滤器-调压器-油雾器（filter-regulator lubricator，FRL）气源三联件、开关阀岛、气管、接头等，还可为客户提供一站式订单服务。

此外，日本CKD公司、日本小金井公司、韩国JSC公司、德国博世力士乐公司、英国诺冠公司、韩国TPC公司、中国台湾亚德客公司等也在该技术领域占有一席之地。

4.3.4 机器人液压传动与控制技术

液压控制系统能够根据装备的要求，对位置、速度、加速度、力等按一定的精度进行控制，并且能在有外部干扰的情况下，稳定、准确地工作，达到既定的工艺目的。

1. 液压控制系统的工作原理

这里以液压伺服系统为例，说明液压控制系统原理。图 4-50 所示为一机床工作台液压伺服控制系统原理图，系统的能源为液压泵，它以恒定的压力（由溢流阀设定）向系统供油。液压动力装置由伺服阀（四通控制滑阀）和液压缸组成。伺服阀是一个转换放大组件，它将电气-机械转换器（力马达或力矩马达）给出的机械信号转换成液压信号（流量、压力）输出并加以功率放大。液压缸为执行器，其输入的是压力油的流量，输出的是拖动负载（工作台）的运动速度或位移。与液压缸左端相连的传感器用于检测液压缸的位置，从而构成反馈控制。

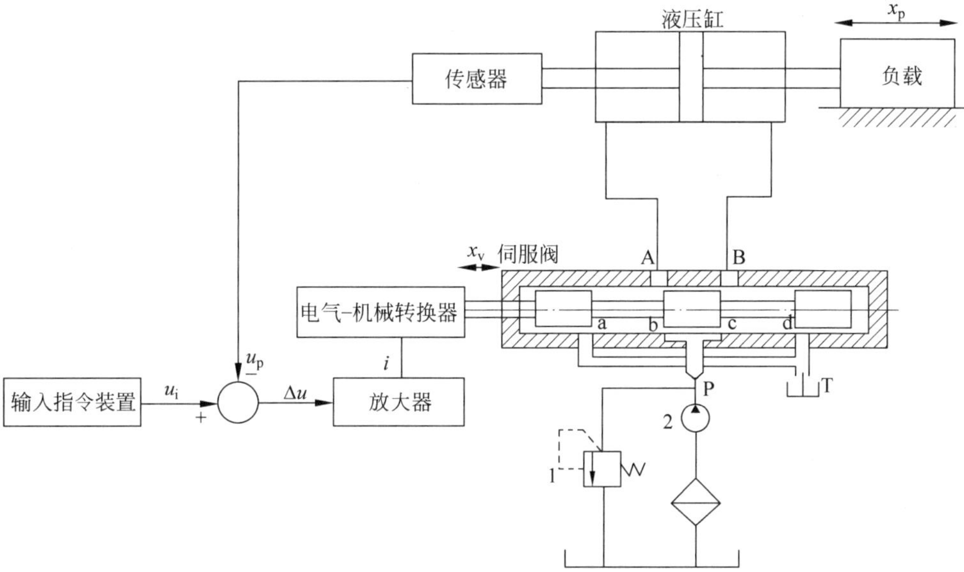

1—溢流阀；2—液压泵。

图 4-50　液压控制系统原理图

当电气输入指令装置给出指令信号 u_i 时，反馈信号 u_o 与指令信号进行比较得出误差信号 Δu，Δu 经放大器放大后得出的电信号（通常为电流 i）输给电气-机械转换器，从而使电气-机械转换器带动滑阀的阀芯移动。假设阀芯向右移动一个距离 x_v，则节流窗口 b、d 便有一个相应的开口量，阀芯所移动的距离即节流窗口的开口量（通流面积）与误差信号 Δu（或电流 i）成比例。阀芯移动后，液压泵的压力油由 P 口经节流窗口 b 进入液压缸左腔（右腔油液由 B 口经节流窗口 d 回油）。液压缸的活塞杆推动负载右移 x_p，同时反馈传感器动作，使误差及阀的节流窗口开口量减小，直至反馈传感器的反馈信号与指令信号之间的差别（误差）$\Delta u=0$ 时，电气-机械转换器又回到中间位置（零位）。于是伺服阀也处于中间位置，其输出流量等于零，液压缸停止运动，此时负载就处于一个合适的平衡位置，从而完成了液压缸输出位移对指令输入的跟随运动。如果加入反向指令信号，则滑阀反向运动，液压缸也反向运动。

2. 液压控制系统的组成

图 4-51 所示为液压控制系统的组成，其基本组件包括输入元件、检测反馈元件、比较元件及转换放大装置（含能源）、液压执行器和受控对象等部分，各组成部分的作用见表 4-5。

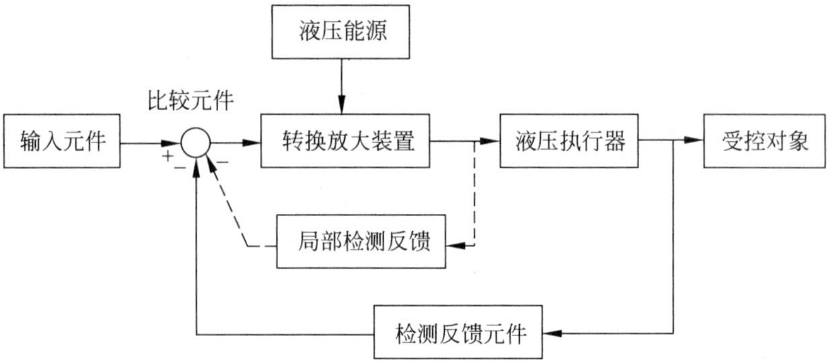

图 4-51 液压控制系统的典型组成

表 4-5 液压控制系统的组成部分及其作用

序号	名称	作用	说明
1	输入元件(指令元件)	根据系统的动作要求,给出输入信号(也称指令信号),加于系统的输入端	机械模板、电位器、信号发生器或程序控制器、计算机都是常见的输入元件。输入信号可以手动设定或用程序设定
2	检测反馈元件	用于检测系统的输出量并转换成反馈信号,加于系统的输入端与输入信号进行比较,从而构成反馈控制	各类传感器均为常见的反馈检测元件
3	比较元件	将反馈信号与输入信号进行比较,产生偏差信号,加于放大装置	比较元件通常不单独存在,而是与输入元件、反馈检测元件或放大装置一起同时完成比较、反馈或放大
4	转换放大装置	将偏差信号的能量形式进行变换并加以放大,输入执行机构	各类液压控制放大器、伺服阀、比例阀、数字阀等都是常用的转换放大装置
5	液压执行器	驱动受控对象动作,实现调节任务	可以是液压缸、液压马达或摆动液压马达
6	受控对象(负载)	与执行器的可动部分相连接并同时运动,在负载运动时所引起的输出量中,可根据需要选择其中某个物理量作为系统的控制量	受控对象可以是被控制的主机设备或其中一个机构、装置
7	液压能源	为系统提供驱动负载所需的具有压力的液流,是系统的动力源	液压泵站或液压源即为常见的液压能源

3. 液压控制系统的分类

液压控制系统的类型繁杂,可按不同方式进行分类。按使用的控制组件不同,液压控制系统可分为伺服控制系统、比例控制系统和数字控制系统三大类。也可以从以下角度分类。

1) 位置控制、速度控制及加速度控制和力及压力控制系统

液压控制系统的被控制量有位置(或转角)、速度(或转速)、加速度(或角加速度)、力(或力矩)、压力(或压差)及其他物理量。

为减轻司机的体力劳动,通常在机动车辆上采用转向液压助力器。这种液压助力器是一种位置控制的液压伺服机构。图 4-52 所示为转向液压助力器的原理图,它主要由液压缸

和控制滑阀两部分组成。液压缸活塞的右端通过铰销固定在汽车底盘上，液压缸缸体和控制滑阀阀体连在一起形成负反馈，由方向盘通过摆杆控制滑阀阀芯的移动。当缸体前后移动时，通过转向连杆机构等控制车轮偏转，从而操纵汽车转向。当阀芯处于图示位置时，各阀口均关闭，缸体固定不动，汽车保持直线运动。由于控制滑阀采用负开口的形式，故可以防止引起不必要的扰动。当旋转方向盘，假设使阀芯向右移动时，液压缸中的压力 p_1 减小，p_2 增大，缸体也向右移动，带动转向连杆机构逆时针摆动，使车轮向左偏转，实现左转弯；反之，缸体若向左移就可以实现右转弯。

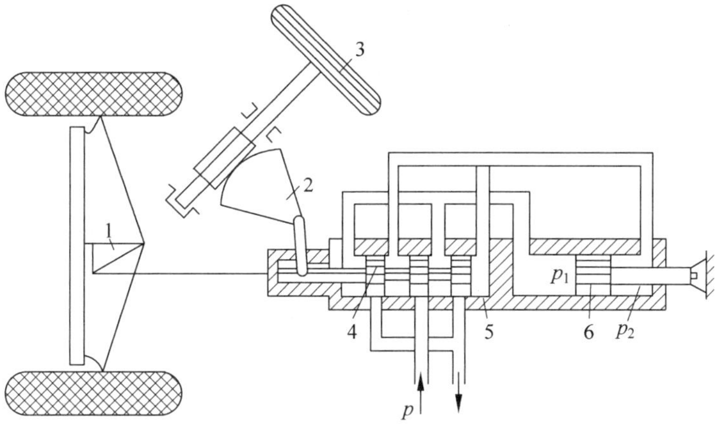

1—转向连杆机构；2—摆杆；3—方向盘；4—阀芯；5—缸体；6—活塞。

图 4-52 转向液压助力器

2）闭环控制系统和开环控制系统

采用反馈的闭环控制系统由于加入了检测反馈，具有抗干扰能力，对系统参数变化不太敏感，控制精度高，响应速度快，但要考虑稳定性问题，且成本较高，多用于系统性能要求较高的场合（如高精数控机床、冶金、航空、航天设备）。在带钢生产过程中要求控制带钢的张力。图 4-53 所示为带钢恒张力控制系统，牵引辊牵引带钢移动，加载装置使带钢保持一定的张力。当张力由于某种干扰发生波动，通过设置在转向辊轴承上的力传感器检测带钢的张力，并和给定值进行比较，得到偏差值，通过放大器放大后，控制电液伺服阀，进而控制输入张力调节液压缸的流量，驱动浮动辊来调节张力，使张力恢复到原来的给定值。

不采用反馈的开环控制系统（见图 4-54）不存在稳定性问题，但其缺点包括不具有抗干扰能力和较低的控制精度。然而，由于成本较低，因此其也适用于控制精度要求不高的场合。对于闭环稳定性难以解决、响应速度要求较快、控制精度要求不太高、外扰较小、功率较大、要求成本低的场合，可以采用开环或局部闭环的控制系统。

3）阀控系统和泵控系统

阀控系统又称节流控制系统，其主要控制组件是液压控制阀，具有响应快和控制精度高的优点，缺点是效率低，特别适合中小功率快速高精度控制系统使用。图 4-55 为电液比例阀控制系统的构成方块图；图 4-56 所示为采用增量式数字阀的数字控制系统。

泵控系统又称容积控制系统，其实质是以控制阀控制变量液压泵的变量机构，由于无节流和溢流损失，故效率较高，且刚性大，但响应速度慢、结构复杂，适用于功率大且响应速度

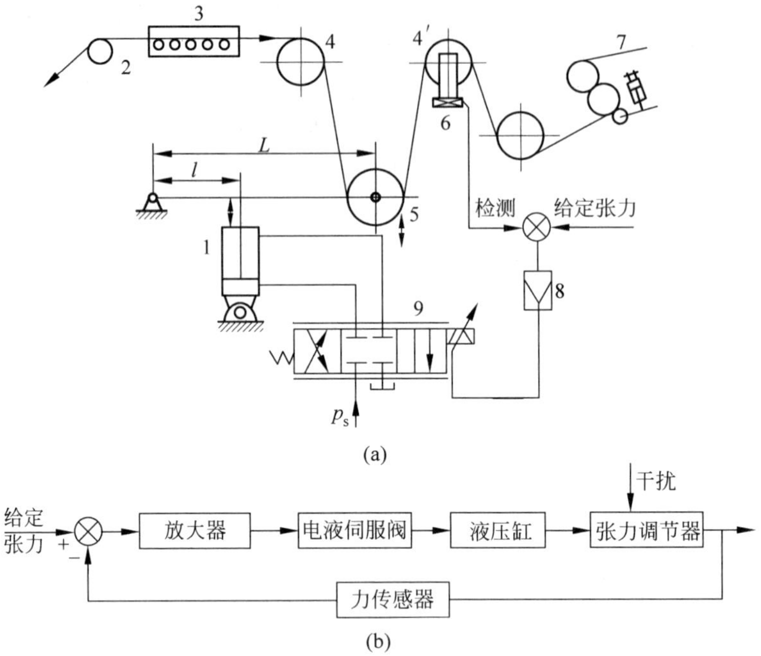

1—张力调节液压缸；2—牵引辊；3—热处理炉；4,4′—转向辊；
5—浮动辊；6—力传感器；7—加载装置；8—放大器；9—电液伺服阀。

图 4-53 带钢恒张力控制系统

(a) 控制系统图；(b) 方框图

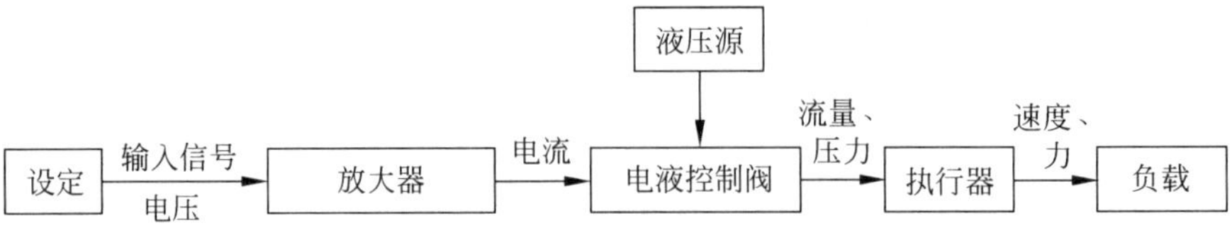

图 4-54 开环控制系统

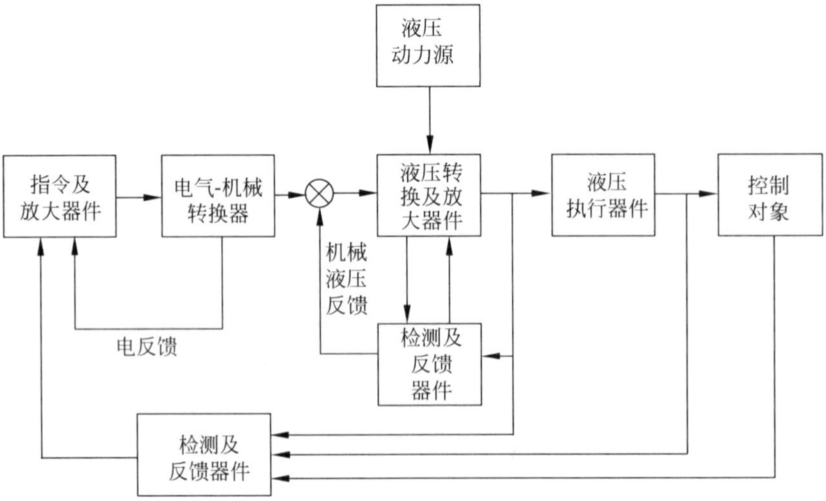

图 4-55 电液比例控制系统的一般技术构成方块图

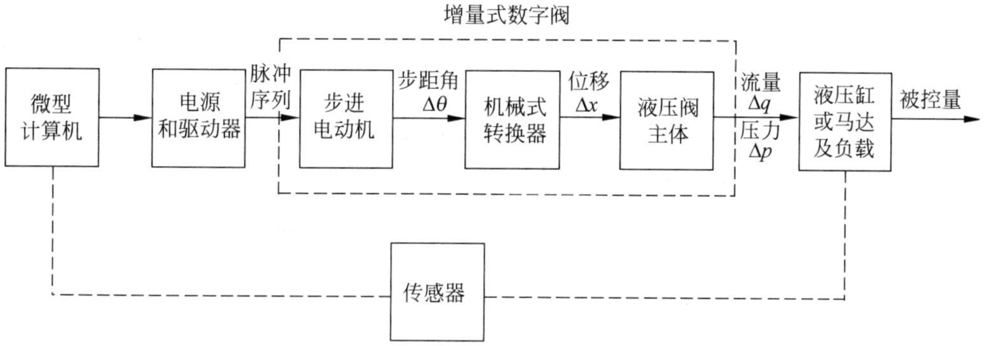

图 4-56 增量式数字阀控制系统构成方块图

要求不高的控制场合。

泵控系统示例如图 4-57 所示，它是一个位置控制系统。工作台由双向液压马达与滚珠丝杠驱动，双向变量液压泵提供液压能源，泵的输出流量控制通过电液控制阀控制变量缸实现，工作台的位置由位置传感器检测并与指令信号相比较，其偏差信号经控制放大器放大后送入电液控制阀，从而实现闭环控制。采用这种位置控制的设备有各种跟踪装置、数控机械和飞机等。

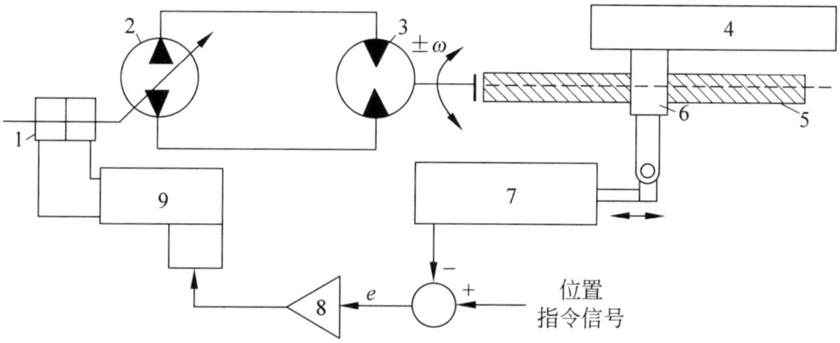

1—泵的变量缸；2—变量液压泵；3—定量液压马达；4—工作台；
5—滚珠丝杠；6—滚珠螺母；7—位置传感器；8—控制放大器；9—电液控制阀。

图 4-57 泵控系统结构

4. 液压系统在机器人中的应用

1）液压系统应用于机器人的优势

电动驱动系统为机器人领域中最常见的驱动装置，但存在输出功率小、减速齿轮等传动部件容易磨损的问题。相对于电动驱动系统，传统液压驱动系统具有较高的输出功率、高带宽、快响应及一定程度上的精准性。因此，机器人在大功率的应用场合一般采用液压驱动。

随着液压技术与控制技术的发展，各种液压控制机器人已广泛应用。液压驱动的机器人结构简单，动力强劲，操纵方便，可靠性高，其控制方式多种多样，如仿形控制、操纵控制、电液控制、无线遥控、智能控制等。在某些应用场合，液压机器人仍有较大的发展空间。

2）液压技术应用于机器人的发展历程

机器人是物流自动化中的重要装置之一，是当今世界新技术革命的一个重要标志，近代机器人的原型可以追溯到 20 世纪 40 年代，当时为适应核技术的发展需要而开发了处理放射性材料的主从机械手；50年代初美国提出了“通用重复机器人”的方案，用了5年时间研制出第一代机器人原型；由于历史条件和技术水平的限制，60年代机器人发展较慢；进入70年代后，焊接、喷漆机器人相继在工业中应用和推广；随着计算机技术、控制技术、人工智能的发展，出现了更为先进的可配视觉、触觉的机器人；到80年代，机器人开始在工业上普及应用，到1985年年底就达到1000万台；据GIR(Global Info Research)调研，按收入计，2022年全球液压机械臂收入仍有1.07亿美元，在重载机器人领域仍占有较大的市场份额。

(1) 国外发展概况。

20世纪60年代，美国首先发展了机电液一体化技术，如第一台机器人、数控车床、内燃机电子燃油喷射装置等，而工业机器人在机电液一体化技术方面的开发，甚至比汽车行业还早。如60年代末，日本小松制作研制的7 m水深的无线电遥控水陆两用推土机就投入了运行。期间，日本日立建机制造所也研制出了无线电遥控水陆两用推土机，其工作装置采用了仿形自动控制。70年代初，美国卡特彼勒公司将其生产的激光自动调平推土机也推向市场。

日本在工程机械上采用现代机电液一体化技术虽然比美国晚几年，但不同的是，美国工程机械运用的这一技术主要由生产控制装置的专业厂家开发，而日本直接由工程机械制造厂自行开发或与有关公司合作开发。由于针对性强，日本工程机械与机电液一体化技术结合较紧密，发展较为迅速。

最近20年来，随着超大规模集成电路、微型电子计算机、电液控制技术的迅速发展，日本和欧洲各国都十分重视将这些技术应用于工程机械和物流机械，并开发出适用于各类机械的机电液一体化系统。例如，美国卡特彼勒公司自1973年第一次将电子监控系统(EMS)用于工程机械以来，至今已发展成系列产品，其生产的机械产品中，60%以上均设置了不同功能的监控系统。

时至今日，美国BigDog系列机器人作为典型的机电液一体化产品，融合了机械、液压、电子、控制、计算机、仿生等领域先进的技术和装置。BigDog既是最先进的四足机器人，同时也是当前机器人领域实用化程度最高的机器人之一。BigDog系统的研发，在一定程度上反映了国际尖端机器人技术的发展现状和趋势。BigDog以技术性为主的研究思路主要包括以下特点：①已有技术方法的深度挖掘与拓展，如压力传感器、虚拟模型；②已有技术系统性能的提升，如液压驱动系统；③已有尖端技术和产品的直接利用，如视觉导航、电液伺服阀；④各种基本性能的有机整合，如运动控制系统。

采用各种可行的技术方法赋予机器人自主性和智能性，也是BigDog技术研究的主要特点。BigDog大部分单项技术并无太大的创新性，然而各种技术方法和基本性能的集成使得机器人系统具有很高的自主性和智能性。因此最终整合而成的机器人系统是BigDog系列机器人研究最大的创新点。

(2) 国内发展概况。

国家“863”计划机器人技术主题在“发展高技术，实现产业化”方针的指导下，面向国民经济主战场，开展了工业机器人与应用工程的研究与开发，并在短短几年内取得了重大进展。先后开发了包括点焊、弧焊、喷漆、装配、搬运、自动导引车在内的全系列机器人产品，并在汽车、摩托车、工程机械、家电等制造业得到成功应用，对我国制造业的发展和技术进步起到了促进作用。

20 世纪 70 年代初，我国机器人开始运用机电液一体化技术，如天津工程机械研究所与塘沽盐场合作研制了我国第一台 3 m 水深无线电遥控水陆两用推土机。该机采用全液压、无线电操纵装置。经长期运行考核，其主要技术性能接近当时国际同类产品先进水平。到 20 世纪 80 年代后期，我国相继开发了以电子监控为主要内容的多种机电液一体化系统。另外，机器人智能化系统也在有关院所进行研发。燕山大学黄真教授采用液压驱动技术研发了国内首款并联机器人平台，山东大学开发的高性能液压驱动四足机器人 SCalf、哈尔滨工业大学开发的仿生液压机器人等均达到了较高的技术水平。

与发达国家相比，我国液压机器人技术的研究与开发起步较晚，液压元件的性能参数有待提高，机器人在总体技术上与国外先进水平相比还有一定的差距。在制造工艺与装备方面，我国也有差距。目前我国尚不能生产高精密、高速与高效的制造装备，国际上先进的制造工艺和装备在我国工业生产中应用少。受引进技术水平的限制，至今关键技术仍落后于工业发达国家。

3）机器人液压系统的特点

（1）高压化。液压系统的特点就是输出的力矩和功率大，而这依赖于高压系统。随着大型机器人的出现，向高压发展是液压系统发展的一个趋势。从人机安全和系统元件寿命等角度来考虑，液压系统工作压力的升高受到很多因素制约。例如，液压系统压力的升高增加了工作人员和机体的安全风险系数；高压下的腐蚀物质或颗粒物质会在系统内造成更严重磨损；压力增大使泄漏增加，从而使系统的容积效率降低；零部件的强度和壁厚势必会因为高压而增加，致使元件机体、重量增大或者工作面积和排量减小，在给定的负载下，工作压力过高导致的排量和工作面积减小会导致液压机械的共振频率下降，给控制带来困难。

（2）灵敏化与智能化。根据实际施工的需要，机器人向着多功能化和智能化方向发展，这就使机器人有很强的数据处理能力和精度很高的“感知”能力。使用高速微处理器、敏感元件和传感器不只是满足多功能和智能化要求，还可以提高整机的动态性能，缩短响应时间，使机器人面对急剧变化的负载能够快速做出动作反应。先进的激光传感器、超声波传感器、语音传感器等高精度传感器可以提高机器人的智能化程度，便于机器人的柔性控制。

（3）注重节能增效。液压驱动系统为大功率作业提供了保证，但液压系统有节流损失和容积损失，整体效率不高。因此新型材料的研制和零部件装配工艺的提高也是提高机器人工作效率的必然要求。

（4）发挥软件的作用。先进的微处理器、通信介质和传感器必须依赖于功能强大的软件才能发挥作用。软件是各组成部分进行对话的语言。各种基于汇编语言或高级语言的软件开发平台不断涌现，为开发机器人控制软件程序提供了更多、更好的选择。软件开发中的控制算法也日趋重要，可用专家系统建立合理的控制算法，PID 和模糊控制等各种控制算法的综合控制算法将会得到更完美的应用。

（5）智能化的协同作业。机群的协同作业是智能化单机、现代化通信设备、全球定位系统（global positioning system，GPS）、遥控设备和合理的施工工艺相结合的产物。这一领域为电液系统在机器人中的应用提供了广阔的发展空间。

习　题

4-1　机器人常用的减速器有哪几种？对比说明它们的特点。

4-2　简述步进电动机与伺服电动机的特点。

4-3　气压与液压控制系统在机器人系统中应用的优势有哪些？

4-4　简述气压控制系统的典型组成与原理。

4-5　简述液压控制系统的典型组成与原理。

第 5 章

机器人本体分析与设计

5.1 机器人机型与构型方法

5.1.1 典型的商用机器人机型及其评价

1. 典型的工业机器人结构

由于伺服电动机，特别是 AC 伺服电动机的发展，负荷在 300 kgf 以下的液压驱动机器人几乎都采用了电气驱动。目前常见的机器人机型如图 5-1 所示。其中，水平关节型和垂直

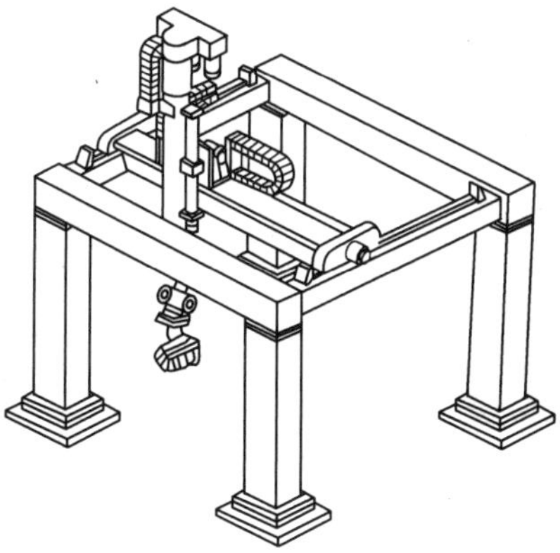

(a)

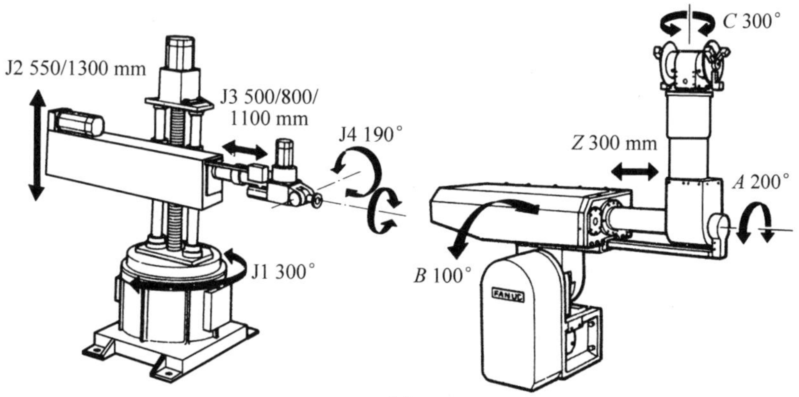

(b)

图 5-1 机器人的常见形式

(a) 直角型(NY-H200)；(b) 圆柱坐标型(FANUC ROBOTOM)；(c) 水平关节型(SONY SRX-4CH)；(d) 垂直关节型(MOTOMAN 等)

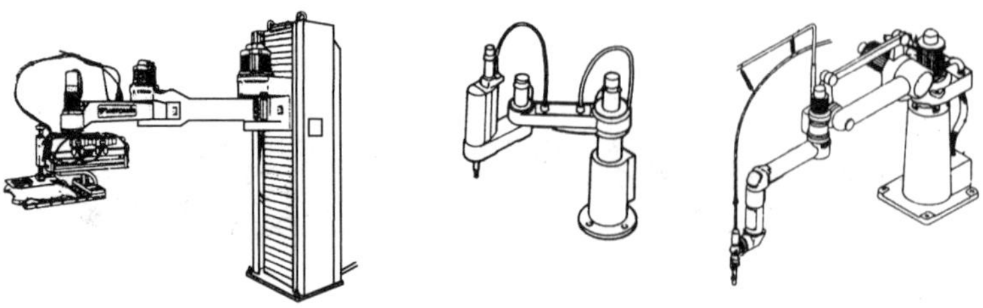

(c)

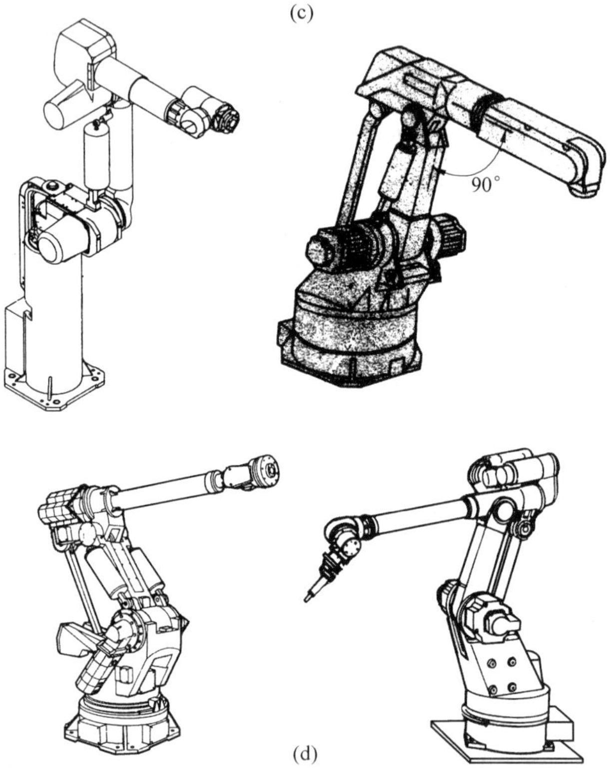

(d)

图 5-1 （续）

关节型已成为机器人的主要机型。为了满足某些特殊要求和提高效率，机器人制造厂家还生产了混合关节型（水平关节型＋垂直关节型）和特殊的吊挂型机器人（见图 5-2）。美国 Unimate 公司最早推出的球坐标式液压驱动机器人目前已很少生产，而图 5-3 所示的用于冶金企业的大负荷操纵型液压机器人得到了快速发展。

表 5-1 是目前最流行的商用机器人构型简图。直角坐标型有两种基本形式：吊车式和基座式，前者工作空间大且负荷较大，如安川公司生产的吊车式机器人的负荷为 200～350 kg。圆柱坐标型比较单一。水平关节型也有两种基本形式：手爪移动式用于需要快速移动的场合，如电子插件的装配；臂杆移动式行程较大，但速度不高。垂直关节型有开链和局部闭链两种基本类型：前者工作空间大，但负荷较小，美国的 PUMA 机器人是其代表；局部闭链式工作空间相对较小，但负荷较大（已达 4000 N），并且可以使第 2 轴（大臂倾动）、第 3 轴（小臂摆动）的动力学部分解耦。局部闭链型又分为丝杠传动和同轴减速传动两类：前者刚度大、精度高，但工作空间较小；后者是电动机通过 RV 减速器或谐波减速器直接驱动大臂和小臂的曲柄，这样可以显著增加小臂的转角范围，目前正取代丝杠传动。局部闭链

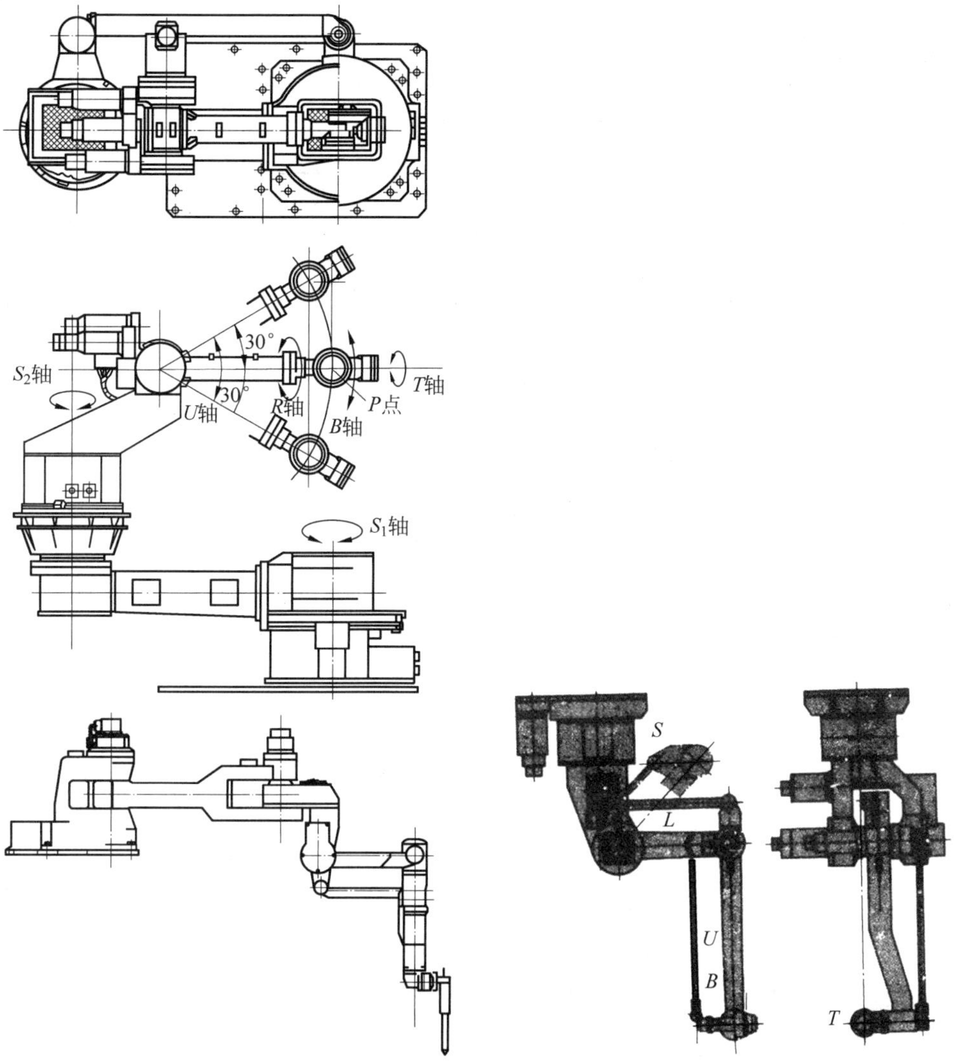

(a) (b)

图 5-2 混合关节型和吊挂型机器人

(a) 混合关节型；(b) 吊挂型

图 5-3 大负荷操作型液压机器人(垂直关节型)

的同轴减速传动是一种工作空间大、承载能力强、刚度好的较佳机型，其关键部件是 RV 减速器(或具有较高刚度的谐波减速器)。

表 5-1 常见机型

类型		构型简图
直角坐标型		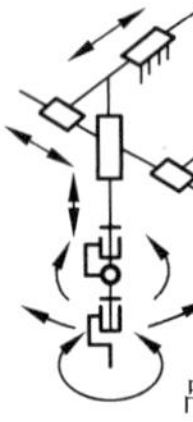 吊车式 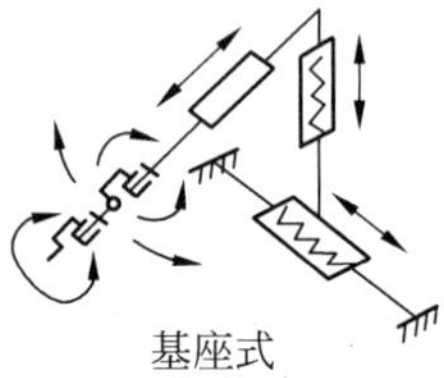 基座式
圆柱坐标型		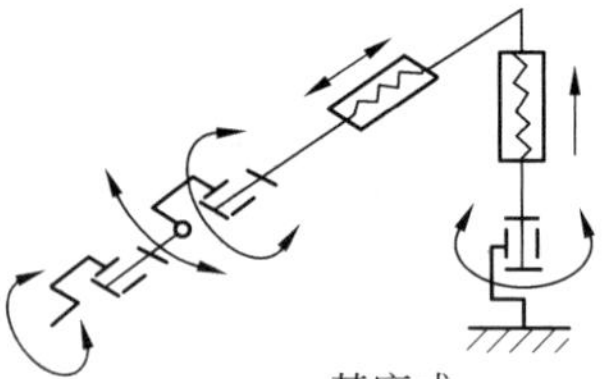 基座式
水平关节型		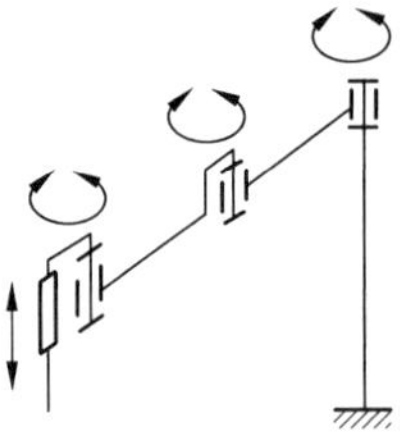 手爪移动式 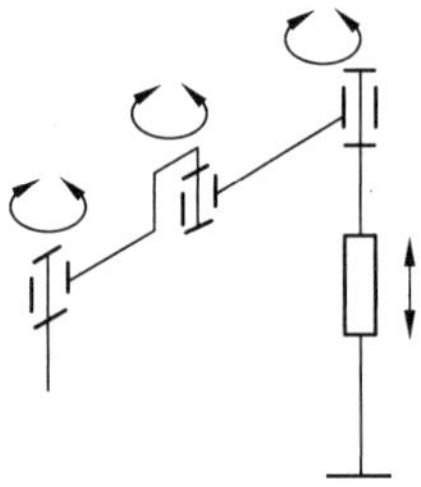 臂杆移动式
垂直关节型	开链	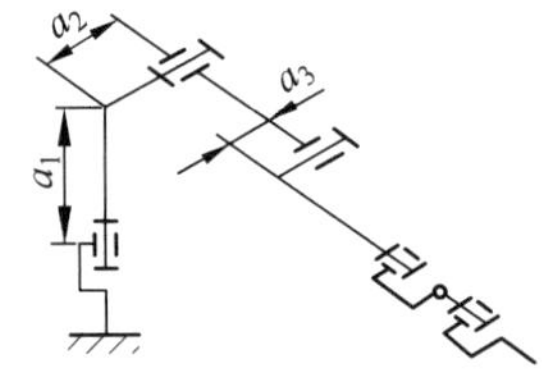 偏置式 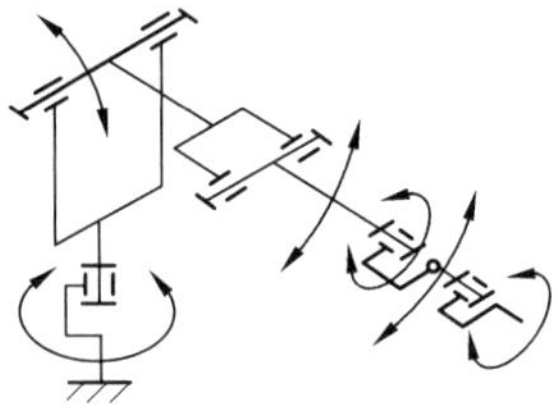 正交式
	局部闭链	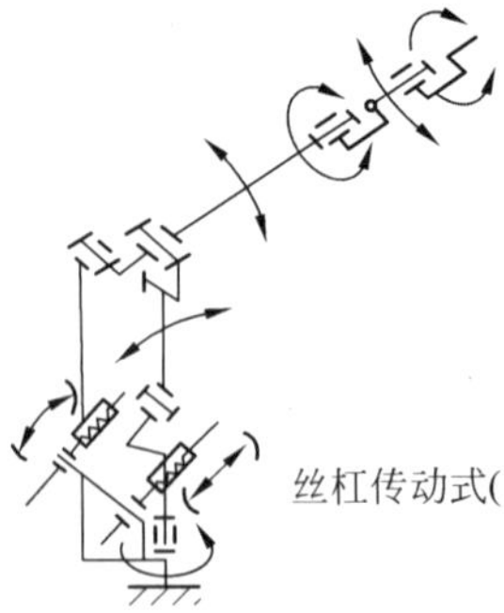 丝杠传动式(1) 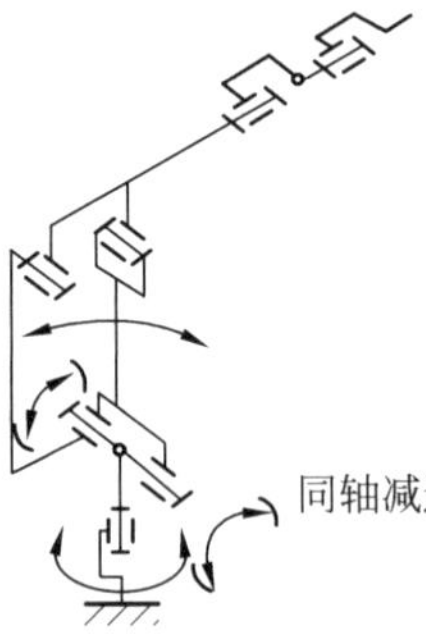 同轴减速传动式

续表

类　　型		构型简图
垂直关节型	局部闭链	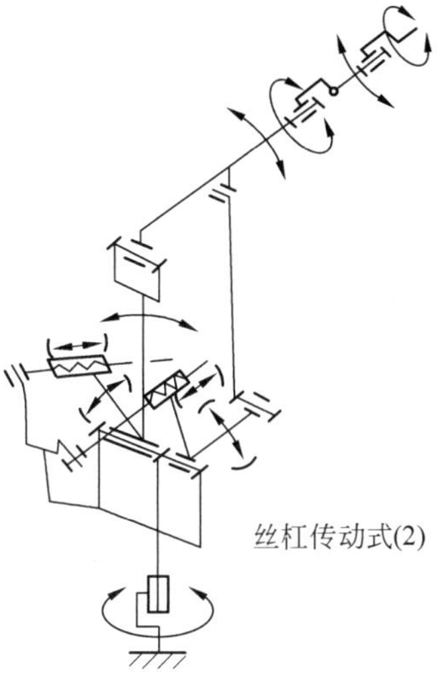

2. 机型评价

机型评价是一个十分复杂的问题，目前尚无统一的标准。在负荷和位姿重复精度相同，自由度数目和驱动方式相同的条件下，最主要的评价指标是：性能指标、能耗指标和寿命指标。

1）性能指标

用以评价性能的指标有两个，分别为性能重量比 K_W 和性能价格比 K_C。通常，由高刚强度的轻型材料制作的机器人具有较大的 K_W 值，但其 K_C 值可能较小；相反，使用普通材料制作的机器人 K_C 值较大，但 K_W 值可能较小。评价中最好综合考虑这两个指标。

性能重量比 K_W 的计算式为

$$K_W = R_V\omega \times R_d D \times R_W V/W \tag{5-1}$$

其中，$\omega = (\omega_1 \times \omega_2 \times \omega_3)/\pi^3$

$$D = (\alpha \times \beta \times \gamma)/(2\pi)^3$$

$$V = V_P/V_0$$

式中，ω_1、ω_2、ω_3 为前三个关节的角速度，rad/s；α、β、γ 为手腕 3 个转角的计算值，rad，一般最大取 2π；V_P、V_0 分别为腕点（P_W）的工作空间体积和机器人零位时所占空间体积，m^3，其中 V_0 的计算式为 $V_0=\frac{\pi}{4}H_0L_0^2\left(\frac{\theta_1}{2\pi}\right)$；式中，$H_0$ 为零位时机器人的总高度；L_0 为零位时沿小臂水平方向的最大半径；θ_1 为关节 1 的转角范围；R_V、R_d、R_W 为速度、灵活度和工作空间的权重，其值为 0～1，根据评价重点确定；W 为机器人总质量，t。

性能价格比 K_C 的计算式为

$$K_C = R_V\omega \times R_d D \times R_W V/C \tag{5-2}$$

式中，C 为机器人的价格（不包括控制器）。

其他符号的含义同前。

2）能耗指标

能耗指标 K_E 的计算式为

$$K_E = \sum_{i=1}^{n} \mathrm{KW}_i / Q \tag{5-3}$$

式中，KW_i 为每个自由度驱动器的容量，kW；n 为自由度数目；Q 为负荷，kgf。

3）寿命指标

寿命指标 F 用易损件的更换周期表示(单位为 h)。

以上为本书建议的量化评价标准。如果一台机器人的上述 3 个指标都表现出色，即可认为该机器人性能是优秀的。

5.1.2 机器人构型原则及方法

构思一台工业机器人最重要的原则就是满足作业要求，即在性能方面满足作业的负荷要求、精度要求、速度要求、环境要求；在几何方面满足空间要求和姿态要求。对机器人的构型来说，几何要求是其重要的设计依据。比如，为了完成轴类零件的码放作业，设计一台带有局部闭链的垂直关节同轴减速传动式机器人。

图 5-4 所示是零件在多层台车上的码放情况。如果夹持器抓取零件的中部，按照作业要求，机器人的末端必须具有图中双点画线所示的位姿(为了图形清晰，图中只画了上排的部分零件)。因此，在机器人的构型设计过程中，首先需要根据作业要求确定末端执行器的位姿，从而设计出合适的机型。同时，还需确保机器人具备适当数量的自由度和合理的结构尺寸。

图 5-5 中的粗实线表示的是一种能完成图 5-4 所示轴类零件码放作业的机构简图。为了完成这一作业，可能还会设计出其他构型的机器人。在进行比较后，结构最紧凑、重量最轻的机器人通常被视为最佳选择，也就是设计者所需要的。由此可以得出一个非常重要的构型原则，即机器人末杆位姿图必须覆盖作业要求的末杆位姿图，并且其结构要紧凑且重量轻。

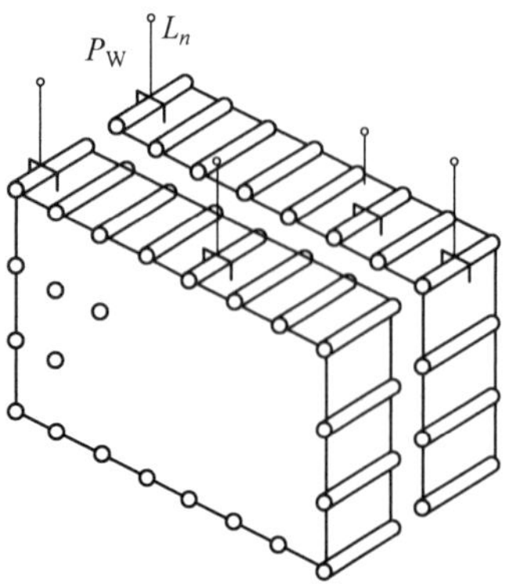

图 5-4 零件码放图

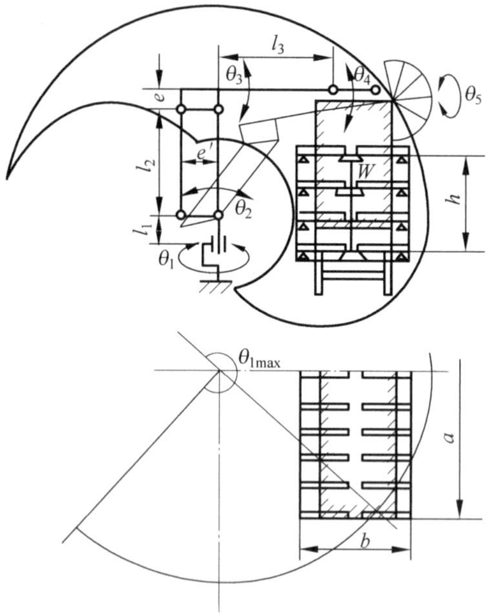

图 5-5 机器人构型简图

由图 5-5 还可以看出，由于作业要求的工作空间是一个长方体，所以该机器人的位置机构必须具有 3 个自由度，而作业的姿态要求末杆在作业空间内必须垂直向下，并能转动手爪，夹持方向始终平行于零件的轴线，为此，姿态机构必须具有 2 个自由度，于是该机器人至少应有 5 个自由度。机器人的杆长(l_2，l_3，e)及各关节的转角范围必须能使机器人的工作空间完全包容作业空间，即需要满足机器人的末杆位姿图必须对作业要求的末杆位姿图进行覆盖的构型原则。

所谓结构紧凑，就是工作空间靠近关节 1 的旋转轴线的剖截线(图 5-5 中的曲折线)在 θ_1 的转角范围内所形成的扇形体积 V_g 最小。因为 V_g 越小，工作空间就越靠近中线，结构也越紧凑。要使结构最轻，在其他条件不变的情况下，臂杆的长度尺寸之和应该最小。

在上述量化标准的基础上，机型一经确定就可用优化方法确定机器人的结构参数。以图 5-5 所示的机器人为例，其优化模型是：

(1) 设计变量 $\bar{\boldsymbol{x}}$。设计变量包括大小臂的杆长(l_2、l_3)、偏距(e)和关节 2、3 的转角范围(θ_2、θ_3)，即

$$\bar{\boldsymbol{x}} = [l_2 \quad l_3 \quad e \quad \theta_2 \quad \theta_3]^{\mathrm{T}} = [x_1 \quad x_2 \quad x_3 \quad x_4 \quad x_5]^{\mathrm{T}} \tag{5-4}$$

(2) 目标函数 $F(x)$。结构紧凑取为 $F_1(x)$，重量最轻取为 $F_2(x)$：

$$\min F_1(x) = V(x_1 \cdots x_i \cdots x_n)$$

$$\min F_2(x) = L(x_1 \cdots x_i \cdots x_n)$$

将两式合并，加权(K_1，K_2)即得目标函数：

$$\min F(x) = K_1 \cdot F_1(x) + K_2 \cdot F_2(x) \tag{5-5}$$

式中，K_1、K_2 的值由设计者根据具体要求选取，一般可取 $K_1 = K_2 = 0.5$。

(3) 约束条件 $G_i(x)$。最重要的约束条件就是机器人的腕点空间 W_{P} 大于等于作业空间 W_{T}，同时还需要考虑设计变量及其参数的上下界，即

$$\left.\begin{aligned} G_1(x) &= W_{\mathrm{P}}(x_1 \cdots x_i \cdots x_n) - W_{\mathrm{T}} \geqslant 0 \\ G_i(x) &= x_{i\min} \sim x_{i\max} \quad (i = 2, \cdots, n) \end{aligned}\right\} \tag{5-6}$$

有了上述优化模型，选用一种优化方法，如罚函数法，即可得到所需结构参数的理论值，再根据实际情况进行圆整和调整，即可得到所需的结构参数值。具体算例略。

5.2　关节的构造及其传动配置

关节是机器人各连杆间的结合部分，分为转动和移动两种类型。前 3 个关节通常称作腰关节(J_1)、肩关节(J_2)和肘关节(J_3)，它们构成了机器人的位置机构。后 3 个关节(或后二、后一关节)构成了机器人的姿态机构，称作腕部，这已在前面进行了讨论。下面分别讨论 J_1、J_2、J_3 的构造和传动配置。

5.2.1　腰关节

图 5-6 展示了当前最新的腰关节形式。该形式的特点是，电动机通过 RV 减速器驱动腰部支架旋转。整个腰部及位于其上方的所有机器人部分均由专用交叉滚子轴承支撑。该

轴承能够同时承受轴向力、径向力和倾翻力矩，同时具备高精度和高刚度。上述结构的主要优势在于关节刚度大、传动平稳，且回差可以控制在1′以内。

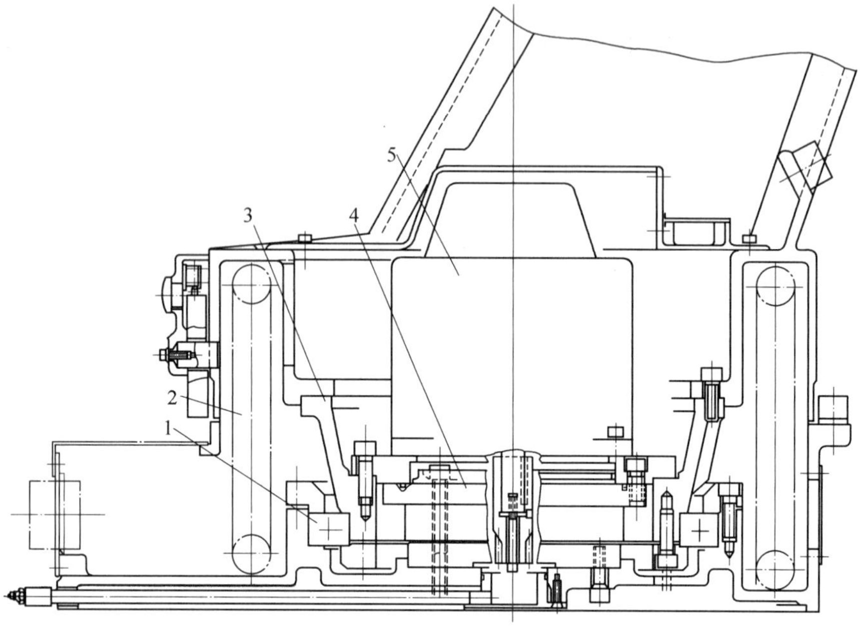

1—交叉滚子轴承；2—电缆；3—支架；4—RV减速器；5—电动机。

图 5-6 腰关节(J_1)(电动机上置)

图5-7所示是电动机位于下方，配备杯式谐波传动和四点接触式薄壁轴承的关节结构。由于杯式谐波柔轮刚度低，所以这种结构应特别注意腰部回转时整机的低频振动问题。

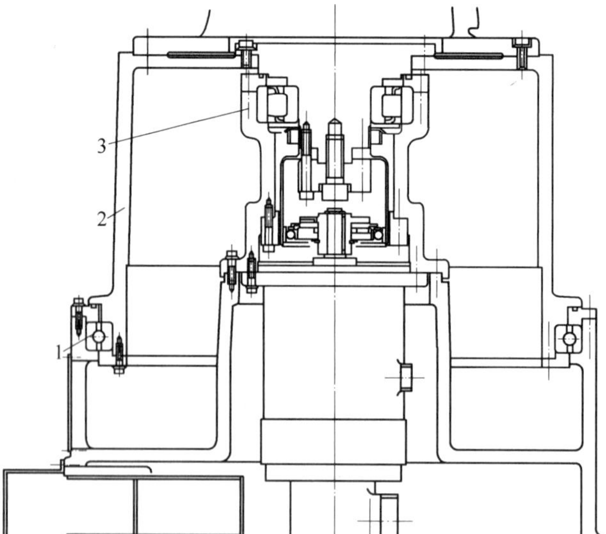

1—四点接触球轴承；2—电动机；3—谐波减速器。

图 5-7 腰关节(J_1)(电动机下置)

图5-8所示的腰关节是电动机经齿轮减速之后再带动立轴转动。立轴上下各使用一个向心推力轴承，是PUMA机器人的典型结构。该结构支承稳定，能承受很大的倾翻力矩。齿轮传动刚度较大，但必须增加消齿隙机构，否则回差过大会严重影响机器人的位置精度。

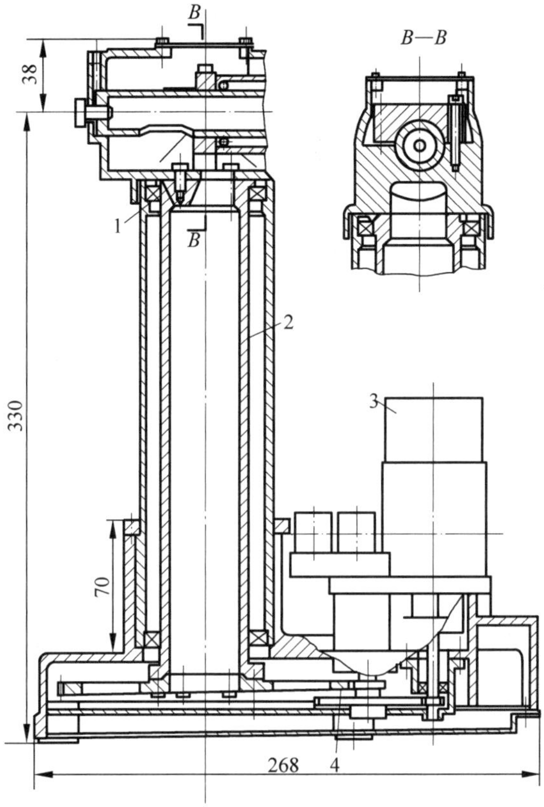

1—结合螺栓；2—立柱；3—电动机；4—齿轮。

图5-8 腰关节(J_1)

由上面的图例可以看出，腰关节的构造主要是两种类型：使用交叉滚子或四点接触式轴承的同轴式(见图5-6，图5-7)和平行轴式(见图5-8)。前者结构紧凑，腰关节高度尺寸小(使用特制轴承的缘故)，但后面关节(J_2,J_3,…)的各种电缆走线比较困难，大多是在固定的中间柱体外面留有较大的环形空间，使电缆以盘旋的形式松松地套在中间柱体上，当腰支架等机体转动时，电缆犹如盘旋弹簧或收紧或放松从而解决了电缆两固定端的相对运动问题。对于平行轴式腰关节，电缆可方便地通过中空轴，连接于支座的固定接线板上，十分方便地解决了电缆两固定端的相对运动问题。

5.2.2 肩关节和肘关节

对于开式连杆结构，J_2位于腰部的支座上，J_3位于大臂与小臂的连接处。其结构形式有PUMA式(见图5-9)或同轴传动式(见图5-10)。它采用高刚性的RV减速器减速，也可以改用谐波传动或摆线针轮。

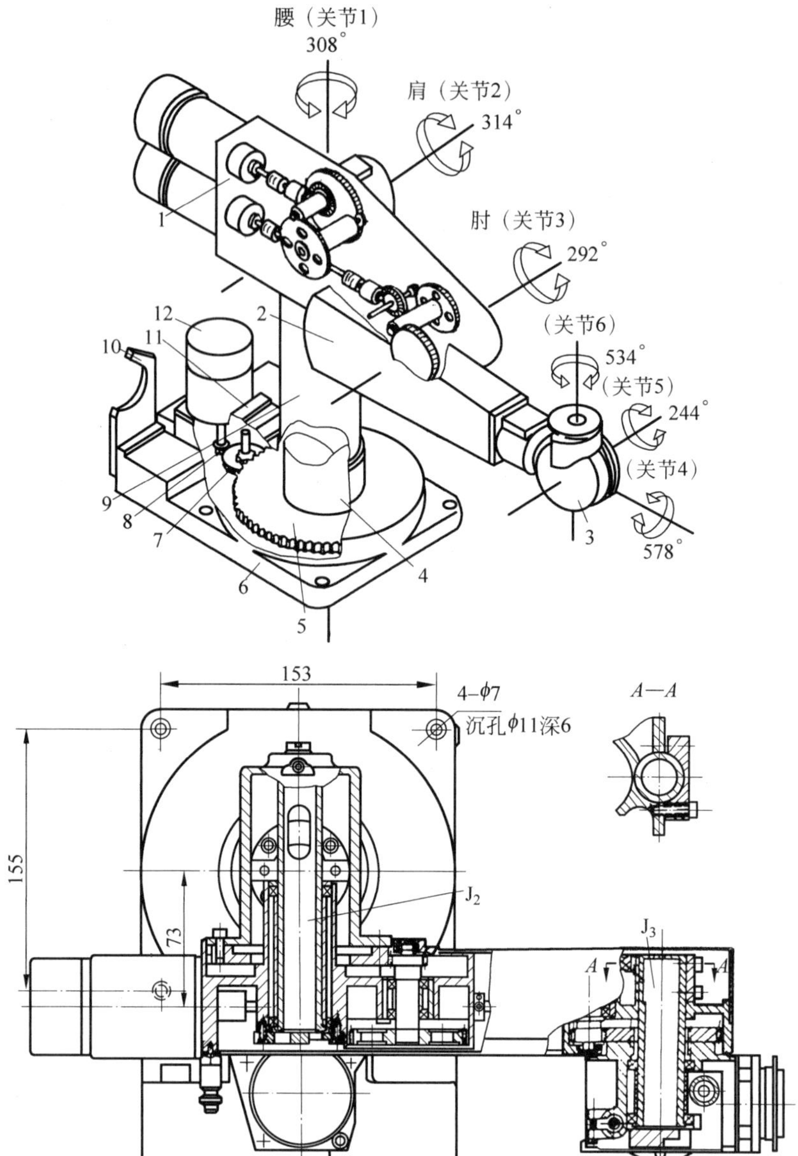

1—大臂；2—小臂；3—手腕；4—管形连接轴；5—主齿轮；6—基座；7—中间齿轮；
8—直齿轮；9—立柱；10—小臂定位夹板；11—气动阀；12—关节1电动机。

图 5-9 PUMA 机器人的 J_2、J_3 结构

局部闭链的情况就比较复杂。当采用滚动丝杠作为主动件时，肩关节 J_2 本身多为曲柄式，此时 J_2 只是一般带有滚动轴承的心轴结构。对于目前最流行的同轴减速传动，即驱动大臂转动和驱动小臂四边形传动件的曲柄转动的两个减速器处于同一轴线上，多采用图 5-11 所示的结构。驱动电动机通过 RV 减速器带动大臂的左侧法兰，使大臂转动；驱动电动机通过 RV 减速器带动曲柄，后者再通过四边形机构（见图 5-1(d)）带动小臂摆动。为了使大臂支承可靠，其右侧又通过轴承支持在曲柄上，形成双支点结构。为了缩小横向尺寸，也可

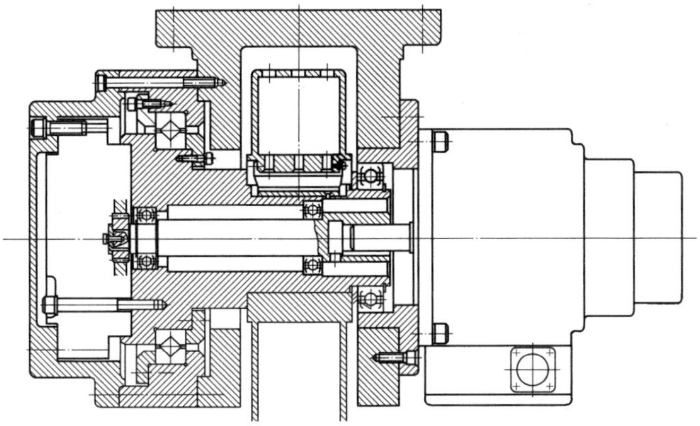

图 5-10 同轴减速传动(J_2)

以通过锥齿轮传动使电动机与关节的旋转轴线垂直布置(见图 5-12),或者通过齿形带,使电动机平行布置(见图 5-13)。

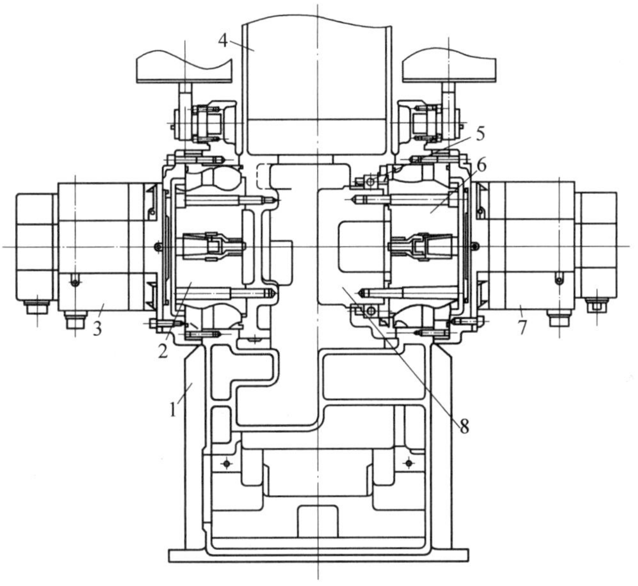

1—腰支座;2,6—RV减速器;3,7—驱动电动机;4—大臂;5—轴承;8—曲柄。

图 5-11 J_2、J_3 的同轴传动结构

5.2.3 直动关节

直动关节有两种类型:电动机驱动和液压驱动。前者多采用滚动丝杠和导柱(轨)式;后者中有一种油缸驱动齿轮的倍速移动结构,如图 5-14 所示。可以看出,当油缸推动齿轮前进时,由于齿轮在固定的上齿条上滚动,故以 2 倍的速度推动与手臂固结在一起的齿条前进,使手臂以倍速前进。

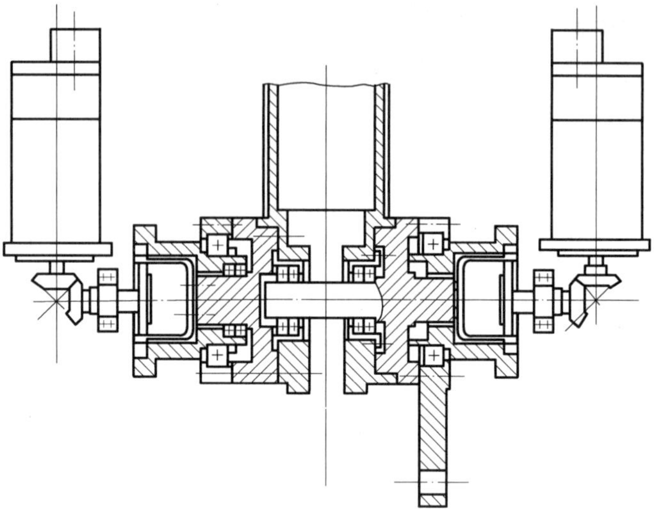

图 5-12 电动机垂直布置

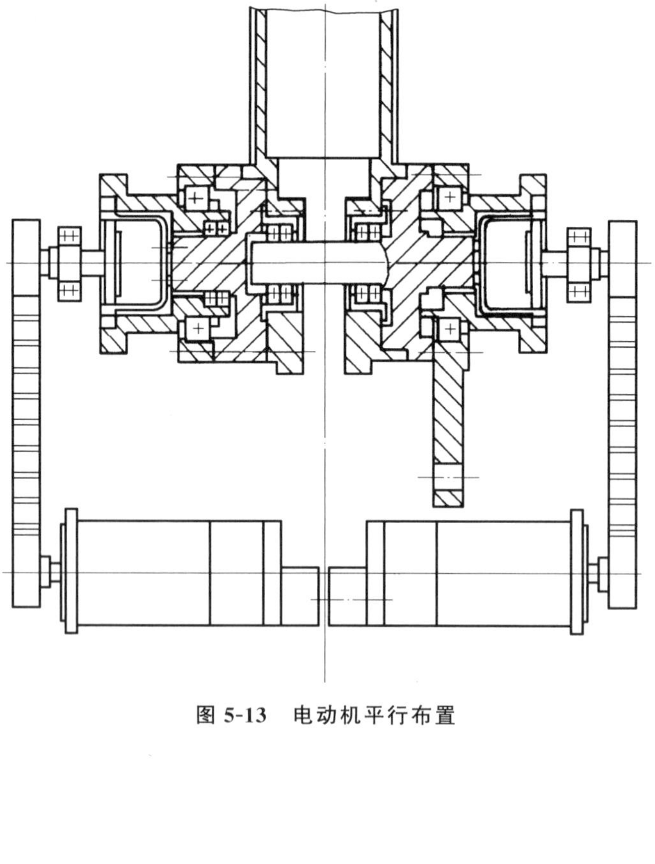

图 5-13 电动机平行布置

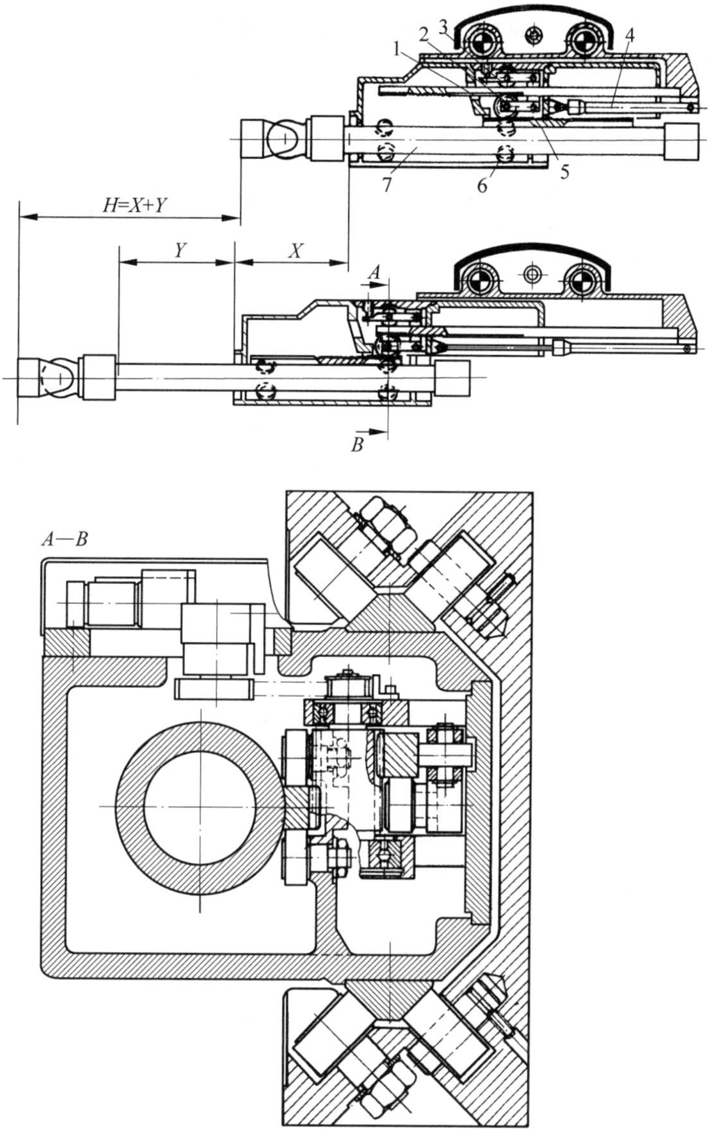

1—上齿条；2—齿轮；3—压紧轮；4—油缸；5—下齿条；
6—导向轴承；7—手臂。

图 5-14　液压驱动滚动导轨式直动关节

5.2.4　轴承的选择

1. 受力分析

表 5-2 和表 5-3 给出了洛阳轴承研究所研制的机器人用 4 点接触球轴承和交叉滚子轴承的性能。实际上，这两类轴承可以看作两套相对安装的向心推力球轴承($\alpha \leqslant 45°$)和向心推力滚子轴承($\alpha = 45°$)，它们的等效受力图如图 5-15 所示。由图可知，作用在轴承上的任意外负荷总可以将轴承组合中心 O 简化为一组力系(见图 5-15(a))。该力系由轴向力 P_a、径向力 P_r 和倾翻力矩 M 组成。

表 5-2 薄壁密封 4 点接触球轴承

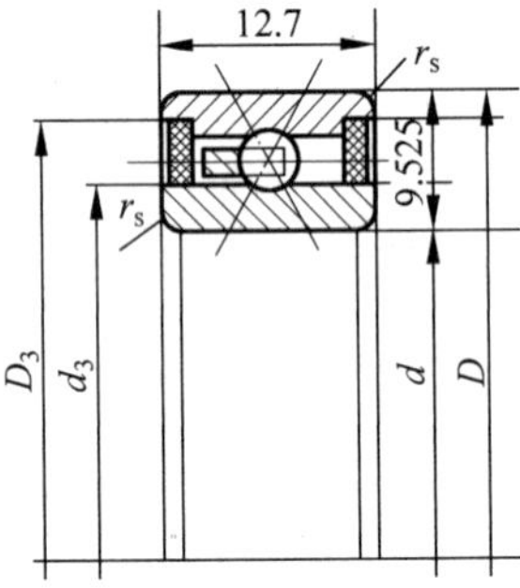

接触角 30°

轴承型号	主要尺寸						额定负荷	
	d		D	d_3	D_3	r_{smin}	C	C_0
	/in	/mm					/kN	
FPXU400 2RU	4	101.60	120.65	108.65	115.0	0.2	11.10	16.23
FPXU404 2RU	4¼	107.95	127.00	115.00	121.4	0.2	11.28	17.06
FPXU408 2RU	4½	114.30	133.35	121.35	127.7	0.2	11.63	18.30
FPXU412 2RU	4¾	120.65	139.70	127.70	134.1	0.2	11.80	19.13
FPXU500 2RU	5	127.00	146.05	134.05	140.4	0.2	11.97	19.96
FPXU508 2RU	5½	139.70	158.75	146.75	153.1	0.2	12.44	22.02
FPXU600 2RU	6	152.40	171.45	159.45	165.8	0.2	12.73	23.68
FPXU608 2RU	6½	165.10	184.15	172.15	178.5	0.2	13.16	25.75
FPXU700 2RU	7	177.80	196.85	184.85	191.2	0.2	13.43	27.40
FPXU708 2RU	7½	105.50	209.55	197.55	203.9	0.2	13.81	29.47
FPXU800 2RU	8	203.20	222.25	210.25	216.6	0.2	14.06	31.13
FPXU900 2RU	9	228.60	247.65	235.65	242.0	0.2	14.65	34.85
FPXU1000 2RU	10	254.00	273.05	261.05	267.4	0.2	15.20	38.57
FPXU1100 2RU	11	279.40	298.45	286.45	292.8	0.2	15.61	41.88
FPXU1200 2RU	12	304.80	323.85	311.85	318.2	0.2	16.11	45.60

表 5-3 薄壁密封交叉滚子轴承

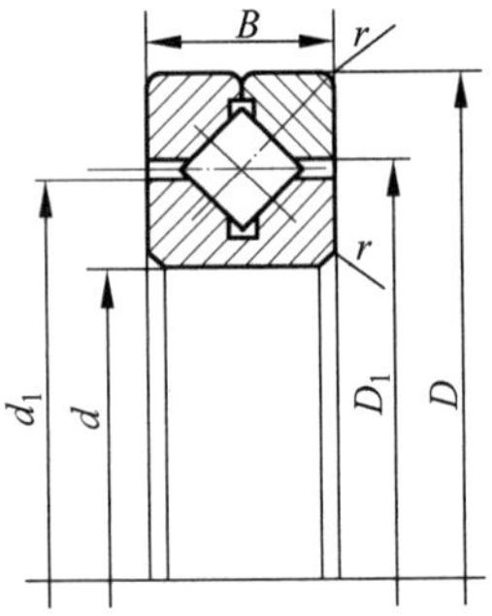

轴承型号	主要尺寸						额定负荷	
	d	D	B	d_1	D_1	r_{min}	C	C_0
	/mm						/kN	
CRB3010	30	55	10	42.1	45.3	0.5	9.25	6.45
CRB4010	40	65	10	52.1	55.3	0.5	10.41	8.01
CRB5015	50	80	15	64.5	68.1	0.5	21.08	15.72
CRB6015	60	90	15	74.5	78.1	1.0	22.85	18.58
CRB7015	70	100	15	84.5	88.1	1.0	24.48	20.96
CRB8020	80	130	20	104.4	108.6	1.0	39.39	34.06
CRB9020	90	140	20	114.4	118.6	1.5	41.42	37.39
CRB10020	100	150	20	124.4	128.6	1.5	43.35	39.88
CRB11070	110	160	20	134.4	138.6	1.5	45.20	43.20
CRB12025	120	180	25	149.4	153.6	2.0	91.67	75.77
CRB13025	130	190	25	159.4	163.6	2.0	95.04	79.65
CRB14026	140	200	25	169.4	173.6	2.0	98.28	85.48
CRB15015	150	180	15	164.4	168.0	1.0	34.99	40.98
CRB15025	150	210	25	179.3	183.5	2.0	101.42	89.70
CRB20025	200	260	25	229.3	233.5	2.5	115.94	116.57
CRB25025	250	310	25	279.2	283.4	3.0	128.89	141.82
CRB30035	300	395	35	346.5	351.3	3.0	226.39	263.92
CRB40040	400	510	40	454.0	458.8	3.5	314.92	390.39
CRB50040	500	600	40	548.9	553.7	3.5	348.34	472.86

倾翻力矩又可以分解为两个力矩 P_M，其计算式为

$$P_M = \frac{2M}{d_m \tan\alpha} \tag{5-7}$$

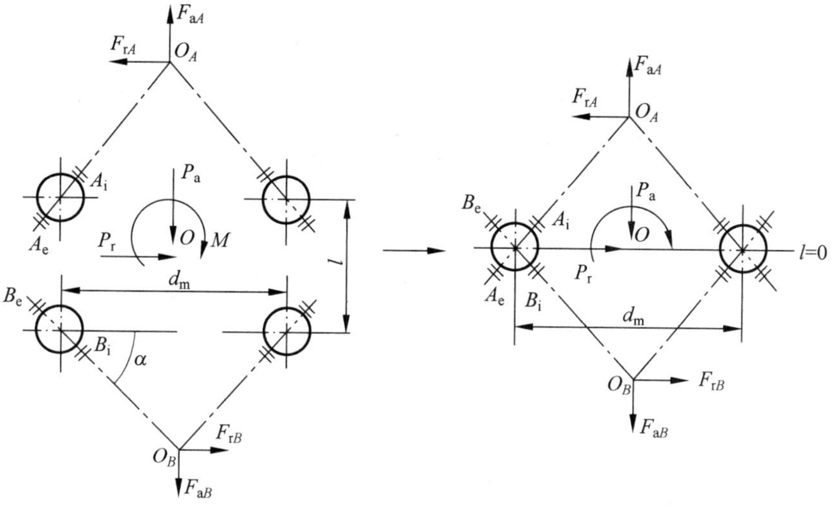

(a)　　(b)

图 5-15　轴承受力简图

(a) 内套轴承；(b) 等效轴承

式中，d_m 为轴承中径，mm；α 为接触角，(°)。

在上述力系作用下，上轴承内(A_i)外(A_e)套圈的支反力汇交于 O_A，下轴承内(B_i)外(B_e)套圈的支反力汇交于 O_B 点，设接触角为 α，两轴承的距离为 l，则有

$$\overline{O_A O_B} = d_m \tan\alpha + l$$

如果这两套轴承的间距 l 趋于零(见图 5-15(b))，那么就是与之等效的 4 点接触球轴承。同理，若两套向心推力滚子轴承的间距为零，也同样等效于交叉滚子轴承。根据这种等效性，对 4 点接触球轴承和交叉滚子轴承的选择就可以等效地进行。

4 点接触球轴和交叉滚子轴承的等效支反力可用表 5-4 中的公式计算。公式的形式与外负荷所作用的套圈(内或外)、倾翻力矩的方向，以及 P_a、P_r 和等效力矩力 P_M 的大小与次序有关，使用时必须加以区分。

在选型时，对于 4 点接触球轴承，主要承受轴向力和倾翻力矩时，α 取大值；对于交叉滚子轴承，$\alpha=45°$。

表 5-4　4 点接触球轴承和交叉滚子轴承的支反力

外负荷顺序	外负荷形式			
	外负荷直接加在内套圈上		外负荷直接加在外套圈上	
	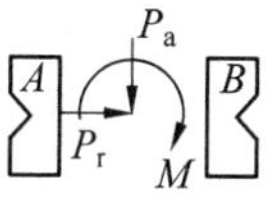	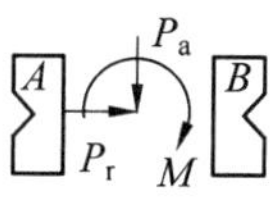	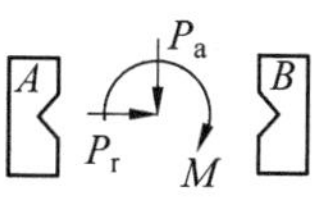	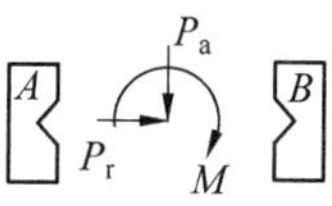
$P_a>P_M>P_r$	Ⅳ	Ⅴ	Ⅴ	Ⅳ
$P_a>P_r>P_M$	Ⅰ	Ⅵ	Ⅵ	Ⅰ
$P_M>P_a>P_r$	Ⅴ	Ⅴ	Ⅴ	Ⅳ

续表

外负荷顺序	外负荷形式			
	外负荷直接加在内套圈上		外负荷直接加在外套圈上	
	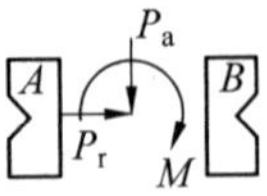	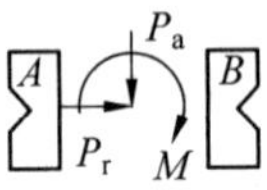	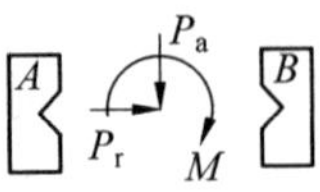	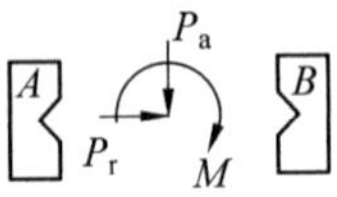
$P_M > P_r > P_a$	Ⅲ	Ⅴ	Ⅴ	Ⅲ
$P_r > P_a > P_M$	Ⅰ	Ⅵ	Ⅵ	Ⅰ
$P_r > P_M > P_a$	Ⅱ	Ⅵ	Ⅵ	Ⅱ

第Ⅰ组

$$F_{rA} = \frac{1}{2}(P_r + P_M)$$

$$F_{aA} = P_a + \frac{1}{2}(P_r - P_M)\tan\alpha$$

$$F_{rB} = \frac{1}{2}(P_r - P_M)$$

$$F_{aB} = \frac{1}{2}(P_r - P_M)\tan\alpha$$

第Ⅱ组

$$F_{rA} = \frac{1}{2}(P_r + P_M)$$

$$F_{aA} = \frac{1}{2}(P_r + P_M)\tan\alpha$$

$$F_{rB} = \frac{1}{2}(P_r - P_M)$$

$$F_{aB} = \frac{1}{2}(P_r + P_M)\tan\alpha - P_a$$

第Ⅲ组

$$F_{rA} = \frac{1}{2}(P_r + P_M)$$

$$F_{aA} = \frac{1}{2}(P_r + P_M)\tan\alpha$$

$$F_{rB} = \frac{1}{2}(P_M - P_r)$$

$$F_{aB} = \frac{1}{2}(P_r + P_M)\tan\alpha - P_a$$

第Ⅳ组

$$F_{rA} = \frac{1}{2}(P_r + P_M)$$

$$F_{aA} = P_a + \frac{1}{2}(P_r - P_M)\tan\alpha$$

$$F_{rB} = \frac{1}{2}(P_M - P_r)$$

$$F_{aB} = \frac{1}{2}(P_M - P_r)\tan\alpha$$

第Ⅴ组

$$F_{rA} = \frac{1}{2}(P_M - P_r)$$

$$F_{aA} = P_a + \frac{1}{2}(P_r + P_M)\tan\alpha$$

$$F_{rB} = \frac{1}{2}(P_M + P_r)$$

$$F_{aB} = \frac{1}{2}(P_r + P_M)\tan\alpha$$

第Ⅵ组

$$F_{rA} = \frac{1}{2}(P_r - P_M)$$

$$F_{aA} = P_a + \frac{1}{2}(P_r + P_M)\tan\alpha$$

$$F_{rB} = \frac{1}{2}(P_M + P_r)$$

$$F_{aB} = \frac{1}{2}(P_r + P_M)\tan\alpha$$

2. 计算当量动负荷和寿命

当量动负荷 P 的计算式为

$$P = XF_r + YF_a \tag{5-8}$$

式中，F_r 为轴承支反力的径向分量；F_a 为轴承支反力的轴向分量；X、Y 为系数，见表 5-5。

表 5-5 系数 X、Y 值

轴承类型	接触角	X		Y		ε
		$F_a/F_r \leqslant \varepsilon$	$F_a/F_r > \varepsilon$	$F_a/F_r \leqslant \varepsilon$	$F_a/F_r > \varepsilon$	
4 点接触球轴承	30°	1.00	0.03	0.78	1.24	0.80
	45°	1.18	0.66	0.59	1.00	1.14
交叉滚子轴承	45°	1.50	1.00	0.67	1.00	1.50

注：ε 为寿命离散指数。

由式(5-8)分别对两套圈组 A、B 求 P_A、P_B，其寿命 L_A、L_B(以百万转为单位)分别为

$$L_A = \left(\frac{C}{P_A}\right)^{\varepsilon}$$

$$L_B = \left(\frac{C}{P_B}\right)^{\varepsilon} \tag{5-9}$$

式中，C 为额定动负荷(由厂家给出，见表 5-2、表 5-3)；ε 为寿命离散指数(对 4 点接触球轴承 $\varepsilon=3$；对交叉滚子轴承 $\varepsilon=10/3$)。

整套轴承的寿命 L 可由下式求得

$$L = \left[\left(\frac{1}{L_A}\right)^{\varepsilon} + \left(\frac{1}{L_B}\right)^{\varepsilon}\right]^{-1/\varepsilon} \tag{5-10}$$

式中，ε 为寿命离散指数(4 点接触球轴承，$\varepsilon=10/9$；交叉滚子轴承，$\varepsilon=9/8$)。

如果需要用一定转速下的工作小时数来表示额定寿命，则有

$$H = L \times 10^6/(60n) \tag{5-11}$$

式中，n 为轴承工作时的转速，r/min。

3. 计算静载能力

机器人轴承的静载能力与一般轴承相同，有

$$C_0/P_0 > [S]$$

式中，C_0 为额定静负荷；P_0 为当量静负荷，其计算式为

$$P_0 = X_0 F_r + Y_0 F_a \tag{5-12}$$

[S]为安全系数，一般取 0.8～1.2，有冲击和振动时取大值。

对于 4 点接触球轴承，当 $\alpha=30°$时，$X_0=1$，$Y_0=0.66$；当 $\alpha=45°$时，$X_0=2.3$，$Y_0=1$。对于交叉滚子轴承，当 $\alpha=45°$时，$X_0=2.3$，$Y_0=1$。

4. 安装形式

图 5-16 给出了交叉滚子轴承内圈固定和外圈固定的两种结构形式，仅供参考。

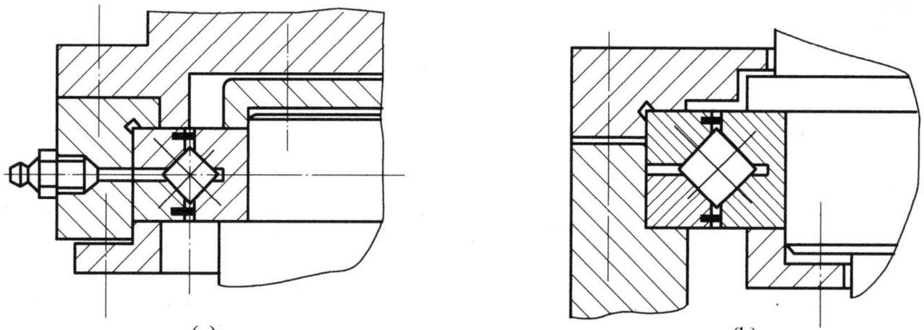

(a) (b)

图 5-16 交叉滚子轴承的结构形式

(a) 内圈固定；(b) 外圈固定

5.3 臂杆及其平衡

5.3.1 臂杆的结构及材料选择

一般机器人有 5 个较复杂的结构件，即底座、腰转台支架、大(下)臂杆、小(上)臂杆和腕壳。大、小臂杆通常有两种结构：一种是箱形结构，如 PUMA 机器人(见图 5-9)，大、小臂杆中均装有电动机和传动装置；另一种是梁形结构，驱动和传动装置安装在臂杆的端部，中间部分形成圆套截面、方壳截面等梁构件。当腕结构具有三自由度时，由于需要在上臂上配置驱动和传动机构，导致上臂十分复杂。

图 5-17 所示为两种目前流行的上臂杆示意图。可以看出，图 5-17(b)两端实际上是两个结构十分复杂的壳体，中间是多层圆筒形套装梁结构，外形像“哑铃”，多为焊铸组合结构。图 5-17(a)是箱形结构，整体来说是比较复杂的箱体，多采用铸件。为了减轻整机重量，特别是为了降低 J_2、J_3 关节的力矩，大、小臂多采用轻合金铝铸件。

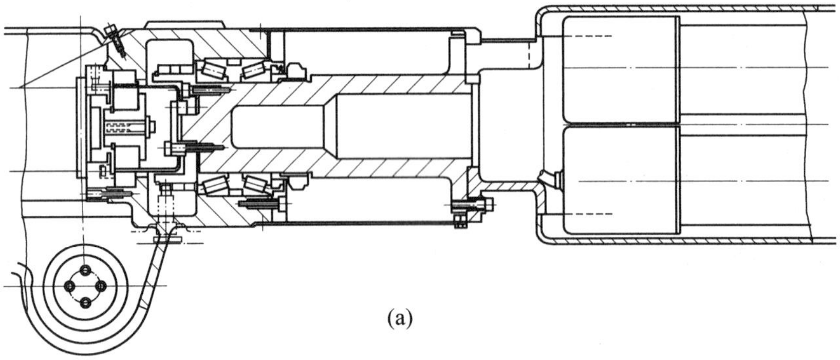

(a)

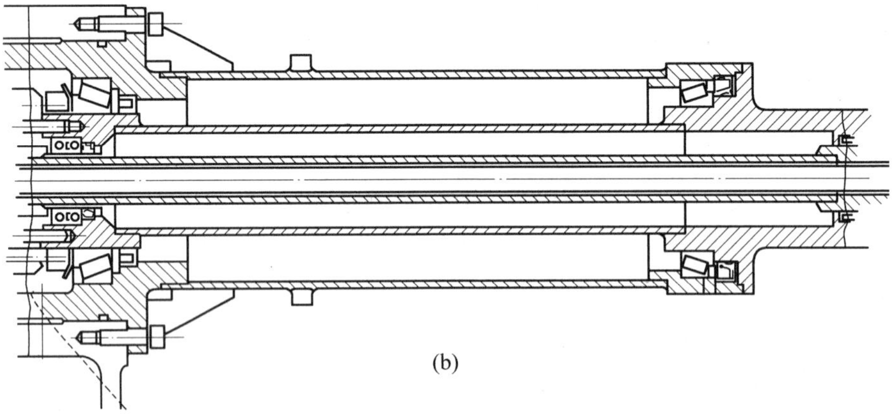

(b)

图 5-17 上臂结构

(a) 箱形结构；(b) 梁形结构

5.3.2 臂杆的平衡

为了减小驱动力矩和增加运动的平稳性，大、小臂杆原则上都需要进行平衡。但当负载较小、臂杆的重量较轻、关节力矩不大、驱动装置有足够的容量时，可以省去平衡装置。一般对于大负荷(≥3 kgf)和臂杆重量超过 30 kgf 时大都设有平衡装置。

1. 小臂杆的平衡

小臂杆通常采用结构自平衡和重块平衡两种方式。所谓结构自平衡，就是配置的腕部驱动和传动装置尽量放在关节旋转轴的两边，以达到对关节轴的重力平衡。哑铃状上臂可较好地完成自平衡。PUMA 机的小臂也是按这一原则配置的。但如果臂杆的后部长度(无效长度)太长，不利于机器人在狭窄的环境中工作，所以只采用自重平衡对大负荷机器人还很难取得满意的结果，对图 5-17(a)所示的小臂更难实现自重平衡。图 5-18 是一种对小臂进行重块平衡的方法。

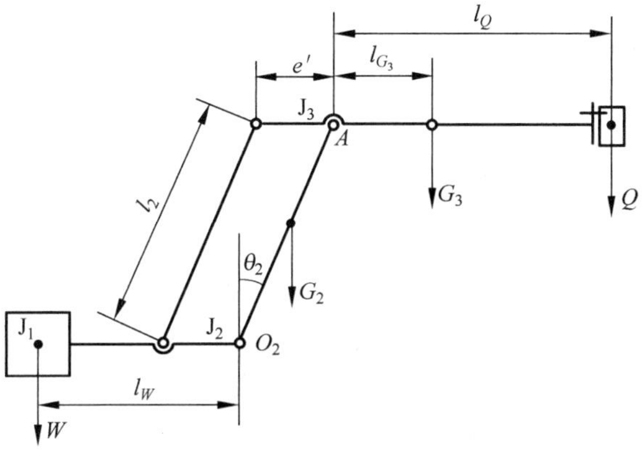

图 5-18 小臂平衡简图

由图可知，略去小拉杆和曲柄自重，则关节 J_3 在 A 点的力矩为：

$$\sum M_A = 0$$

$$G_3 l_{G_3} + Q l_q = F e' \cos\theta_2$$

$$\sum M_{O_2} = 0$$

$$W l_W = F e' \cos\theta_2$$

从而有

$$(G_3 l_{G_3} + Q l_q)/l_W = W \tag{5-13}$$

式中，G_3、Q、W 为杆 L_3 的自重、荷重和平衡块重；l_{G_3} 为杆 L_3 自重心到关节 J_3 的长度；l_q、l_W 为 Q 到 J_3、W 到 $J_2(O_2)$的长度。

设计时，在结构允许的条件下，l_W 要尽可能小些，以减小绕竖轴的转动惯量。如果在作业中载荷 Q 为变值，计算时可取 Q 的常用值。

2. 大臂杆的平衡

由图 5-18 可以看出，加在 O_2 处的力矩 M_2 是 L_2 的自重 G_2、L_3 的自重 G_3 和荷重 Q

等力共同作用的结果。对于图 5-18 中的四边形连杆系统，可以画出图 5-19 所示的受力图。

由图可得：

$$F_z=(G_3 l_{G_3}+Q l_3)/e'$$

$$F_x=F_z\tan\theta_2$$

$$R_z=G_3+Q+F_z$$

$$R_x=F_x=F_z\tan\theta_2$$

$$M_2=[G_2 l_{G_2}+(G_3+Q)l_2]\sin\theta_2 \tag{5-14}$$

如果仅考虑对 O_2 的力矩作用，则简化后的 L_2 受力图(包括平衡弹簧)如图 5-20 所示。这一静力学模型可作为杆 L_2 静力平衡的依据。由图可以看出，小臂 L_3 的自重 G_3 和负荷 Q 对 O_2 点的静力矩只是平移于 A 点后所形成的合力对 O_2 的力矩(M_2)，平移后的附加合力矩(M_3)完全通过连杆，由小臂电动机通过曲柄承担。其与静力矩 M_2 与 M_3 的完全解耦是该平行四边形局部闭链机构的一大优点。

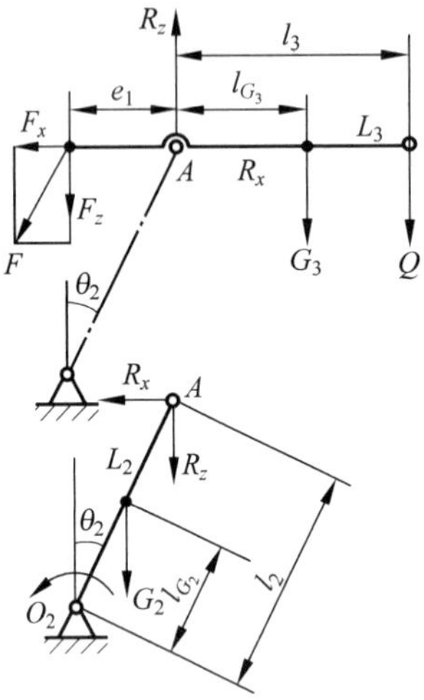

图 5-19 L_2、L_3 受力图

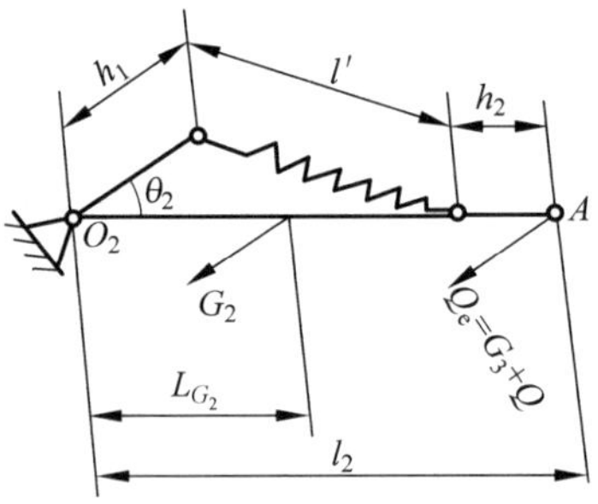

图 5-20 带平衡弹簧的 L_2 受力图

随着 θ_2、G_3 和 Q 的加大，M_2 可以很大，通常需加平衡装置予以减小。目前常用的有弹簧和气缸两种平衡方式。弹簧结构简单，且无须增加动力源，应用最为普遍。由于气缸气压可调，当负荷变化较大时，能提供较好的平衡作用。

设弹簧的自由长度为 l_0，装在机器人上之后的实际长度为 l，弹簧刚度为 K，预拉力 $f'=K(l_0-l)$，此时上臂正处于竖直位置($\theta_2=0$)。在图示位置，不平衡力矩(即 G_2、G_3、Q 引起的力矩)M_2 为

$$M_2=(l_2 Q_e+G_2 l_{G_2})\sin\theta_2 \tag{5-15}$$

弹簧力的平衡力矩 $\overline{M}$ 为

$$\overline{M}_2=K(l_0-l')h_1\sin\theta_2 \tag{5-16}$$

由图 5-20 可得

$$l'=\sqrt{h_1^2+(l_2-h_2)^2-2h_1(l_2-h_2)\cos\theta_2}$$

由于 M_2 和 $\overline{M}_2$ 不同时正比于 $\sin\theta_2(l'=f(\theta_2))$，所以两者不可能处处相等，即不可能处处平衡。必须注意，若将弹簧设计成压簧形式，上述算法稍加改变即可使用。

由式(5-16)可知，M_2 是一个与弹簧刚度 K 初始长度 l_0，固定点的位置 h_1、h_2 有关的量，可用优化方法确定这些量的理论值，其优化模型是：

(1) 设计变量 $\bar{\boldsymbol{X}}$：

$$\bar{\boldsymbol{X}}=[l_0 \quad K \quad h_1 \quad h_2]^{\mathrm{T}}=[X_1 \quad X_2 \quad X_3 \quad X_4]^{\mathrm{T}} \tag{5-17}$$

(2) 目标函数 $F(X)$。取最大不平衡力矩 $M_{\max}=M_2-\overline{M}$ 和力矩波动 $\widetilde{M}=M_{\max}-M_{\min}$ 为最小作为目标函数：

$$\begin{aligned}
&\min F_1(X)=M_{\max}(M_2-\widetilde{M})=\widetilde{M}_{\max}(X_1,X_2,X_3,X_4)\\
&\min F_2(X)=\widetilde{M}=\widetilde{M}(X_1,X_2,X_3,X_4)\\
&\min F(X)=K_1F_1(X)+K_2F_2(X)
\end{aligned} \tag{5-18}$$

式中，K_1、K_2 为权重，根据具体情况选取，可取 $K_1=K_2=0.5$。

(3) 约束条件 $G_i(X)$。可取设计变量及 θ_2 的上下限作为约束条件。为了保证在任何时候拉弹簧都不会受压(压簧会受拉)，还须有：

$$\begin{aligned}
&\min F(X)=K_1F_1(X)+K_2F_2(X)\\
&G_1(X)=(l_0-l')\geqslant 0\\
&G_i(X)=X_{i\max}\sim X_{i\min} \quad i=2,\cdots,n
\end{aligned} \tag{5-19}$$

有了上述模型，利用某一优化算法，即可得到平衡弹簧的固定位置 h_1、h_2 和弹簧参数 l_0、K，由此可设计出平衡弹簧。因为 $K=f(d,D)$(其中 d、D 分别表示弹簧丝直径和弹簧中径)，也可以把 d、D 当作设计变量取代 K 而引入优化模型。优化得出这些参数的理论值之后，再根据具体条件进行圆整。

5.4 机器人的静力学性能及动态特性分析

机器人是一种多驱动系统的空间连杆机构，其强度、刚度和动态特性直接决定着机器人完成作业的质量。为了设计制造出一台轻型快速、可连续变化位姿且具有较高位姿精度的机器人，就必须分析其主要零件或构件的强度、刚度和整机的动态特性，以减轻零件的重量，合理构造零件的形状和确定零件的尺寸，获得质高价廉的设备，满足用户日益严格的要求。

实践表明，机器人的强度、刚度与动态特性是由驱动系统、传动系统和机器人零部件的形状、材质和相互配置多种因素综合决定的。在分析和设计机器人时，其强度、刚度的计算可采用材料力学或机械设计中所提供的方法，先分析零构件的载荷，再进行强度、刚度计算。一般来说，由于机器人的载荷不大，零件的形状和尺寸多由结构确定，强度、刚度都要有足够的裕量，只是个别零件或零件的个别部位由于结构上的原因，比较薄弱，须进行强度和刚度方面的校核。相比之下，为使机器人具有高品质的工作性能，机器人整体的动态特性分析更具有实用价值。所以，这里只对机器人的强度、刚度分析做简要说明，重点阐述机器人的动态特性分析。

5.4.1 机器人的强度、刚度分析要点

机器人在运动条件下工作，而且都是空间机构，所以即使手心点在笛卡儿坐标空间做等速直线运动，但反求到各个关节，其运动参数 θ_i 和 d_i 还是存在加速运动 $\ddot{\theta}_i$ 和 $\ddot{d}_i$，所以机器人的每一个连杆和零件一般都时刻承受着附加的惯性载荷作用。因此，在进行强度、刚度计算时，仅考虑外载荷和重力载荷是不够的，还必须考虑惯性载荷，即在计算载荷时取外载荷、重力载荷和惯性载荷之和。为了强调这一特点，本节把必须涉及惯性载荷的计算称作准静态强度、刚度计算。由于必须计算惯性力，机器人的准静态强度、刚度计算比其他机械要复杂得多，并且必须分步骤进行，即先在工作空间规划出手心点（有时可用腕点）的运动轨迹和速度变化曲线，然后用牛顿-欧拉法求出沿该轨迹运动时各关节处的作用力和力矩曲线，并在这条曲线上选出最大值，最后用这既考虑到静力又考虑到惯性力的最大外力和力矩作为计算载荷，并按照材料力学或机械设计所提供的方法进行强度、刚度计算。对于复杂的连杆和壳体，还可以进行有限元计算。由于求解十分繁杂，方法并无显著特色，实例从略，仅以框图形式（见图 5-21）给出计算步骤。

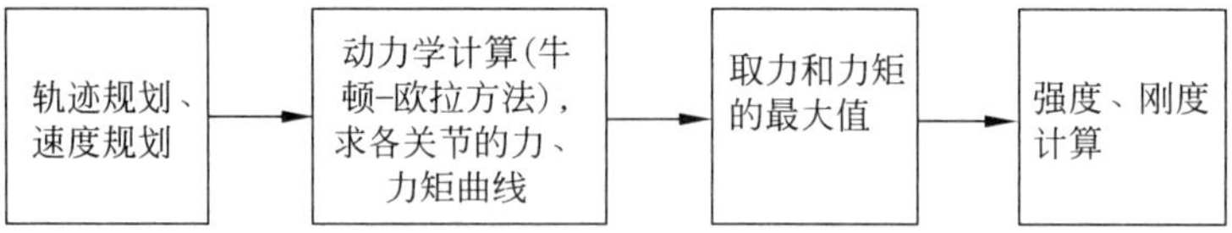

图 5-21　准静态计算步骤

5.4.2 机器人的动态特性分析

本节介绍一种比较实用的混合子结构分析法。该方法是把机器人分解为若干个不同性质的子结构，如驱动系统子结构、传动系统子结构和连杆子结构。对于连杆子结构，又可以根据构型特点分为弹性子结构和刚性子结构，例如，前面说过的“哑铃”式小臂的中间套杆部分即为弹性子结构，腕部和多轴传动的减速箱体和电动机即为刚性子结构。分别对这些子结构建立运动微分方程（动态特性方程），然后根据各子结构接口处的变形和作用力协调规律把它们组装起来，进行应力、应变、动态性及某一子结构对整体特性的影响等多种要求的整体或局部分析。限于篇幅，这里只能介绍该方法的基本思路和处理方法。第 4 章已经详细地讨论了驱动系统、传动系统的动态方程，这里只引用其基本公式。

为了便于叙述，且不失一般性，本节以图 5-22 所示的结构简图进行分析。该图是由与图 5-1(d)相似的机器人简化得来的。图中未画腕部的三自由度及其传动机构和电动机，将其固结成为两个刚体，腕部 AB 及肘部 $CDEF$（包括后置的 3 台电动机和支承它们的减速箱体和内部轮系）。

整个机器人共分为 13 个子结构，即 3 个传动系统子结构、4 个弹性系统子结构（大臂、小臂、拉杆、曲柄）、3 个刚性化子结构（腕、肘及腰）、3 个驱动系统子结构（3 台电动机及其控制）。肘、腕、腰与小臂、大臂拉杆相比，刚性很大，因此可视为刚体。当然也可以作为弹性

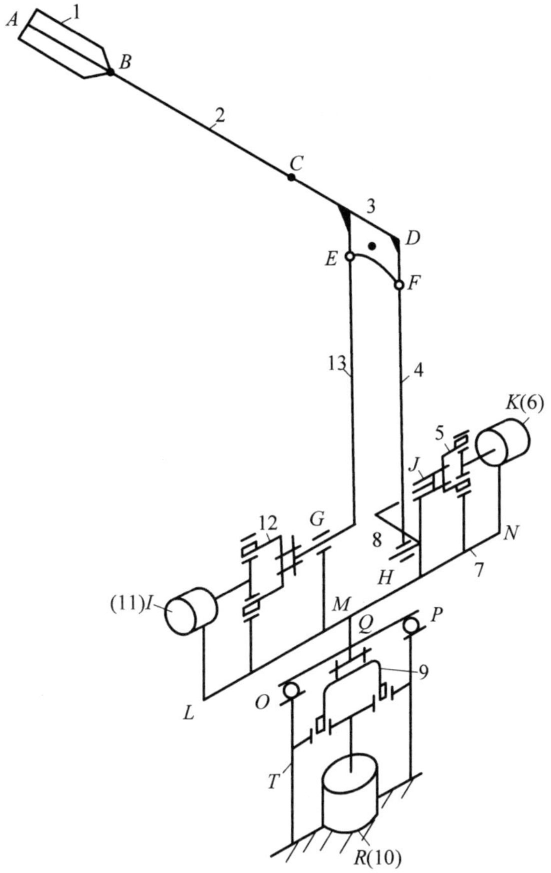

AB—腕部(刚体 1);BC—小臂(弹性体 2);CDEF—肘部(刚体 3);EG—大臂(弹性体 13);FH—拉杆(弹性体 4);HJ—曲柄(弹性体 8);GI—大臂传动系统(12-谐波);JK—小臂传动系统(5-谐波);GIMNOPQT—腰部(刚体 7);QR—腰部传动系统(8-谐波);I,K,R—电动机(11、6、10)。

图 5-22 机器人结构简图

体,这时自由度将急剧增加,需用模态综合法将其压缩。本书不介绍这方面的内容。

下面分别建立各子结构的动力学微分方程。

1. 驱动系统子结构运动微分方程

对于 DC 伺服电动机,其线性化简后的二阶运动微分方程为

$$J\ddot{\theta}_{\mathrm{m}}+(K+f)\dot{\theta}_{\mathrm{m}}+K\theta_{\mathrm{m}}=K\theta_{\mathrm{d}}-\tau_{\mathrm{T}}$$

式中,K 为给定增益系数,并有关系式:$K=K_{\mathrm{p}}K_{\mathrm{a}}/R_{\mathrm{a}}$;$K_{\mathrm{p}}$ 为比例增益系数;K_{a} 为电动机力矩常数;R_{a} 为电枢电阻;J 为电动机转子惯性矩;f 为电动机阻尼系数;θ_{m}、$\dot{\theta}_{\mathrm{m}}$、$\ddot{\theta}_{\mathrm{m}}$ 为电动机输出转角、输出角速度和输出角加速度;τ_{T} 为电动机输出力矩,即传动系统的输入力矩;θ_{d} 为伺服给定,对于某一瞬时固接结构,取 $\theta_{\mathrm{d}}=0$。

2. 传动系统子结构运动微分方程

最一般的传动系统的运动微分方程为

$$\boldsymbol{M}_t\ddot{\boldsymbol{\theta}}_t+\boldsymbol{C}_t\dot{\boldsymbol{\theta}}_t+\boldsymbol{K}_t\boldsymbol{\theta}_t=\boldsymbol{Q}_t$$

需要注意,真实系统中所没有的传动单元,质量矩阵 $\boldsymbol{M}_t$、阻尼矩阵 $\boldsymbol{C}_t$、刚度矩阵 $\boldsymbol{K}_t$ 中相应的元素取值为 0。

3. 弹性系统子结构运动微分方程

(1) 运动关系。如图 5-23 所示,坐标系 $O\text{-}x_0y_0z_0$ 是基础坐标系,$O_i\text{-}x_iy_iz_i$ 是连杆 L_i 的坐标系。设两者的变换矩阵为 $\boldsymbol{T}_i^0$(为了书写方便,以后略去上标 0),写成分块形式

$$\boldsymbol{T}_i = \begin{pmatrix} \boldsymbol{R}_i & \boldsymbol{r}_i \\ \boldsymbol{O} & 1 \end{pmatrix} \tag{5-20}$$

式中,$\boldsymbol{R}_i$ 为旋转变换矩阵;$\boldsymbol{r}_i$ 为位置向量列阵。

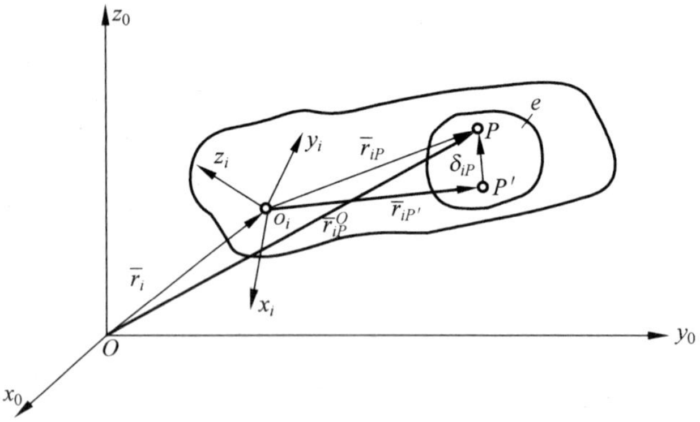

图 5-23 弹性运动与坐标关系

设杆 L_i 上单元 e 内有点 P' 由弹性变形到 P。相对于杆坐标系位置的向量为 $\boldsymbol{r}_{iP}$,相对于基坐标系的位置向量为

$$\boldsymbol{r}_{iP}^0 = \boldsymbol{r}_i + \boldsymbol{R}_i\boldsymbol{r}_{iP} \tag{5-21}$$

而

$$\boldsymbol{r}_{iP} = \boldsymbol{r}_{iP'} + \boldsymbol{\delta}_{iP} \tag{5-22}$$

式中,$\boldsymbol{\delta}_{iP}$ 为 P 点在杆坐标系中的弹性位移向量。

由有限元理论可知,单元内任一点的位移可用单元的节点(图中未画,视具体的单元划分而定)位移表示:

$$\boldsymbol{\delta}_{iP} = \boldsymbol{N}_{ie}\boldsymbol{u}_i^e \tag{5-23}$$

式中,$\boldsymbol{N}_{ie}$ 为单元 e 的形状函数;$\boldsymbol{u}_i^e$ 为单元节点位移在杆坐标系中的向量列阵。

由式(5-21)~式(5-23)可得

$$\boldsymbol{r}_{iP}^0 = \boldsymbol{r}_i + \boldsymbol{R}_i\boldsymbol{r}_{iP'} + \boldsymbol{R}_i\boldsymbol{N}_{ie}\boldsymbol{u}_i^e$$

$\boldsymbol{r}_{iP}^0$ 对时间的一阶导数即 P 点的速度向量:

$$\dot{\boldsymbol{r}}_{iP}^0 = \dot{\boldsymbol{r}}_i + \dot{\boldsymbol{R}}_i\boldsymbol{r}_{iP'} + \dot{\boldsymbol{R}}_i\boldsymbol{N}_{ie}\boldsymbol{u}_i^e + \boldsymbol{R}_i\boldsymbol{N}_{ie}\dot{\boldsymbol{u}}_i^e \tag{5-24}$$

(2) 只有分布质量时弹性系统子结构的运动微分方程。设 ρ_{ie} 为杆 L_i 上单元 e 的材料密度,则单元分布质量产生的动能为

$$\boldsymbol{T}_{ie} = \frac{1}{2}\int_{v_{ie}} \rho \dot{\boldsymbol{r}}_{iP}^{0\,\mathrm{T}} \dot{\boldsymbol{r}}_{iP}^0 \,\mathrm{d}v \tag{5-25}$$

将式(5-24)代入式(5-25)得

$$\boldsymbol{T}_{ie} = \frac{1}{2}\int_{v_{ie}} \rho_{ie} [\boldsymbol{u}_i^{e\,\mathrm{T}} \boldsymbol{N}_i^{e\,\mathrm{T}} \boldsymbol{N}_{ie}\boldsymbol{u}_i^e + \boldsymbol{u}_i^{e\,\mathrm{T}} \boldsymbol{N}_{ie}^{\mathrm{T}} + \dot{\boldsymbol{R}}_i^{\mathrm{T}} \boldsymbol{R}_i \boldsymbol{N}_{ie}\boldsymbol{u}_i^e + 2(\dot{\boldsymbol{r}}_i + \dot{\boldsymbol{R}}_i\dot{\boldsymbol{r}}_{iP'})^{\mathrm{T}} \cdot$$

$\dot{\boldsymbol{R}}_i\boldsymbol{N}_{ie}\boldsymbol{u}_i^e+2(\dot{\boldsymbol{r}}_i+\dot{\boldsymbol{R}}_i\dot{\boldsymbol{r}}_{iP'})^{\mathrm{T}}\boldsymbol{R}_i\boldsymbol{N}_{ie}\dot{\boldsymbol{u}}_i^e+(\dot{\boldsymbol{r}}_i+\dot{\boldsymbol{R}}_i\dot{\boldsymbol{r}}_{iP'})^{\mathrm{T}}(\dot{\boldsymbol{r}}_i+\dot{\boldsymbol{R}}_i\dot{\boldsymbol{r}}_{iP'})]\mathrm{d}v$

单元的势能 $\boldsymbol{U}_{ie}$ 为弹性势能与重力势能之和：

$$\boldsymbol{U}_{ie}=\frac{1}{2}\boldsymbol{u}_i^e\boldsymbol{K}_i^e\boldsymbol{u}_i^e+\int_{v_{ie}}\boldsymbol{\rho}_{ie}\boldsymbol{g}^{\mathrm{T}}\boldsymbol{r}_{iP}^0\mathrm{d}v$$

式中，$\boldsymbol{K}_i^e$ 为单元刚度矩阵；$\boldsymbol{g}$ 为重力加速度列阵。

把单元 e 的动能 $\boldsymbol{T}_{ie}$ 和势能 $\boldsymbol{U}_{ie}$ 代入拉格朗日方程：

$$\frac{\mathrm{d}}{\mathrm{d}t}\left(\frac{\partial \boldsymbol{T}_{ie}}{\partial \dot{\boldsymbol{u}}_i^e}\right)-\frac{\partial \boldsymbol{T}_{ie}}{\partial \dot{\boldsymbol{u}}_i^e}+\frac{\partial \boldsymbol{u}_{ie}}{\partial \boldsymbol{u}_i^e}=\boldsymbol{f}_i^e+\boldsymbol{Q}_i^e$$

经整理可得单元 e 的运动微分方程：

$$\boldsymbol{M}_i^e\ddot{\boldsymbol{u}}_i^e+\boldsymbol{C}_i^e\dot{\boldsymbol{u}}_i^e+(\boldsymbol{K}_i^e+(\boldsymbol{K}_i^e)_d)\boldsymbol{u}_i^e=\boldsymbol{f}_i^e+\boldsymbol{Q}_i^e-\boldsymbol{F}_i^e \tag{5-26}$$

式(5-26)中的 $\boldsymbol{M}_i^e$ 为单元的质量矩阵，是正定对称矩阵，可表示为

$$\boldsymbol{M}_i^e=\int_{v_{ie}}\rho_{ie}\boldsymbol{N}_{ie}{}^{\mathrm{T}}\boldsymbol{N}_{ie}\mathrm{d}v$$

$\boldsymbol{C}_i^e$ 为单元的“陀螺阻尼”矩阵，是反对称矩阵，可表示为

$$\boldsymbol{C}_i^e=\int_{v_{ie}}\rho_{ie}\boldsymbol{N}_{ie}{}^{\mathrm{T}}(\boldsymbol{R}_i{}^{\mathrm{T}}\dot{\boldsymbol{R}}_i-\dot{\boldsymbol{R}}_i{}^{\mathrm{T}}\boldsymbol{R}_i)\boldsymbol{N}_{is}\mathrm{d}v$$

由于$\boldsymbol{R}_i{}^{\mathrm{T}}\boldsymbol{R}_i=\boldsymbol{1}$，所以 $\dot{\boldsymbol{R}}_i{}^{\mathrm{T}}\boldsymbol{R}_i+\boldsymbol{R}_i{}^{\mathrm{T}}\dot{\boldsymbol{R}}_i=0$，于是

$$\boldsymbol{C}_i^e=2\int_{v_{ie}}\boldsymbol{N}_{ie}{}^{\mathrm{T}}\boldsymbol{R}_i{}^{\mathrm{T}}\dot{\boldsymbol{R}}_i\boldsymbol{N}_{ie}\mathrm{d}v$$

$(\boldsymbol{K}_i^e)_d$ 为单元的“离心刚度”矩阵，可表示为

$$(\boldsymbol{K}_i^e)_d=\int_{v_{ie}}\boldsymbol{N}_{ie}{}^{\mathrm{T}}\boldsymbol{R}_i{}^{\mathrm{T}}\ddot{\boldsymbol{R}}_i\boldsymbol{N}_{ie}\mathrm{d}v$$

由于 $\boldsymbol{R}_i{}^{\mathrm{T}}\ddot{\boldsymbol{R}}_i=\frac{\mathrm{d}}{\mathrm{d}t}(\boldsymbol{R}_i{}^{\mathrm{T}}\dot{\boldsymbol{R}}_i)-\dot{\boldsymbol{R}}_i{}^{\mathrm{T}}\dot{\boldsymbol{R}}_i$，故

$$(\boldsymbol{K}_i^e)_d=\frac{1}{2}\boldsymbol{C}_i^e-\int_{v_{ie}}\rho_{ie}\boldsymbol{N}_{ie}{}^{\mathrm{T}}\dot{\boldsymbol{R}}_i{}^{\mathrm{T}}\dot{\boldsymbol{R}}_i\boldsymbol{N}_{ie}\mathrm{d}v$$

可见$(\boldsymbol{K}_i^e)_d$ 可以表示为一个反对称矩阵和一个对称矩阵之和。

$\boldsymbol{F}_i^e$ 为单元刚体运动惯性力和重力等化简到单元节点上的力向量，可表示为

$$\boldsymbol{F}_i^e=\int_{v_{ie}}\rho_{ie}\boldsymbol{N}_{ie}{}^{\mathrm{T}}\boldsymbol{R}_i{}^{\mathrm{T}}(\ddot{\boldsymbol{r}}_i+\ddot{\boldsymbol{R}}_i\ddot{\boldsymbol{r}}_{ip'})\mathrm{d}v+\int_{v_{ie}}\rho_{ie}\boldsymbol{N}_{ie}{}^{\mathrm{T}}\boldsymbol{R}_i{}^{\mathrm{T}}\boldsymbol{g}^{\mathrm{T}}\mathrm{d}v$$

根据有限元理论，将单元运动微分方程叠加即可组集成弹性系统子结构的运动微分方程：

$$\boldsymbol{M}_i\ddot{\boldsymbol{u}}_i+\boldsymbol{C}_i\dot{\boldsymbol{u}}_i+(\boldsymbol{K}_i+(\boldsymbol{K}_i)_d)\boldsymbol{u}_i=\boldsymbol{Q}_i-\boldsymbol{F}_i \tag{5-27}$$

式中，$\boldsymbol{M}_i=\sum_{e=1}^{n_e}\boldsymbol{M}_i^e$，$\boldsymbol{C}_i=\sum_{e=1}^{n_e}\boldsymbol{C}_i^e$，$\boldsymbol{K}_i=\sum_{e=1}^{n_e}\boldsymbol{K}_i^e$，

式中，$\boldsymbol{Q}_i$ 为外力向量

$$(\boldsymbol{K}_i)_d=\sum_{e=1}^{n_e}(\boldsymbol{K}_i^e)_d,\quad \boldsymbol{F}_i=\sum_{e=1}^{n_e}\boldsymbol{F}_i^e$$

式中，n_e 为子单元的结构数。

由于单元与单元间的内力在组集时正负抵消，故方程式(5-27)中没有 $\boldsymbol{f}_i$ 项。

(3) 具有集中质量时弹性系统子结构的运动微分方程。机器人臂杆上经常带有轴销等各种附属零件，其质量一般作为节点处的集中质量处理。因此，即使采用分布质量法，也必须考虑节点具有集中质量的情况。

不失一般性，设弹性子结构 i 上的节点 j 具有集中质量 m_{ij}，则节点 j 的速度向量可以写作：

$$\dot{\boldsymbol{r}}_{ij}^{0} = \boldsymbol{S}_{ij}^{0} + \dot{\boldsymbol{R}}_i \boldsymbol{\delta}_{ij} + \boldsymbol{R}_i \dot{\boldsymbol{\delta}}_{ij} \tag{5-28}$$

式中，$\boldsymbol{S}_{ij}^{0}$ 为 j 节点的刚体运动速度向量；$\boldsymbol{\delta}_{ij}$ 为 j 节点相对于子结构坐标系的弹性位移向量。

由 m_{ij} 产生的动能为

$$\boldsymbol{T}_i = \frac{1}{2} m_{ij} (\dot{\boldsymbol{r}}_{ij}^{0})^{\mathrm{T}} \dot{\boldsymbol{r}}_{ij}^{0}$$

这里不包括 m_{ij} 的转动动能，因其为集中(点)质量。

子结构 i 上所有集中质量产生的动能为

$$T_i = \sum_{j=1}^{n_\tau} T_{ij}$$

式中，n_τ 为集中质量数。

所有集中质量产生的重力势能为

$$\boldsymbol{U}_i = \sum_{j=1}^{n_\tau} m_{ij} \boldsymbol{g}^{\mathrm{T}} (\boldsymbol{S}_{ij}^{0} + \boldsymbol{R}_i \boldsymbol{\delta}_{ij})$$

将子结构的分布质量与集中质量产生的动能和势能分别相加，可得子结构的总势能和总动能。同样应用拉格朗日方程，可得同时具有分布质量与集中质量的子结构运动微分方程：

$$\begin{aligned} &(\boldsymbol{M}_i + \bar{\boldsymbol{M}}_i)\ddot{\boldsymbol{u}}_i + (\boldsymbol{C}_i + \bar{\boldsymbol{C}}_i)\ddot{\boldsymbol{u}}_i + (\boldsymbol{K}_i + (\boldsymbol{K}_i)_d + (\bar{\boldsymbol{K}}_i)_d)\dot{\boldsymbol{u}}_i \\ &= \boldsymbol{Q}_i - \boldsymbol{F}_i - \bar{\boldsymbol{F}}_i \end{aligned} \tag{5-29}$$

式中，$\boldsymbol{M}_i, \boldsymbol{C}_i, \boldsymbol{K}_i, (\boldsymbol{K}_i)_d, \boldsymbol{Q}_i, \boldsymbol{F}_i$ 为只有分布质量时子结构的运动微分方程(5-27)的系数矩阵和力向量；$\bar{\boldsymbol{M}}_i$ 为节点集中质量所构成的质量矩阵；$\bar{\boldsymbol{C}}_i, (\bar{\boldsymbol{K}}_i)_d$ 为节点集中质量引起的陀螺阻尼矩阵和离心刚度矩阵；$\bar{\boldsymbol{F}}_i$ 为节点集中质量产生的刚体运动惯性力向量和重力向量。

考虑最一般的情况，每个节点具有 6 个自由度，包括 3 个线位移 $\boldsymbol{\delta}_{ij}$ 和 3 个角位移 $\boldsymbol{\varphi}_{ij}$。其中节点位移记为

$$\boldsymbol{u}_{ij} = [\boldsymbol{\delta}_{ij}{}^{\mathrm{T}}, \boldsymbol{\varphi}_{ij}{}^{\mathrm{T}}]$$

则式(5-25)中由节点集中质量引起的系数矩阵和力向量可直接写为

$$\begin{aligned} \bar{\boldsymbol{M}}_i &= \mathrm{diag}(\boldsymbol{M}_{i1} \quad \boldsymbol{M}_{i2} \quad \cdots \quad \bar{\boldsymbol{M}}_{inr}) \\ \bar{\boldsymbol{C}}_i &= \mathrm{diag}(\boldsymbol{C}_{i1} \quad \boldsymbol{C}_{i2} \quad \cdots \quad \boldsymbol{C}_{inr}) \\ (\bar{\boldsymbol{K}}_i)_d &= \mathrm{diag}((\boldsymbol{K}_{i1})_d \quad (\boldsymbol{K}_{i2})_d \quad \cdots \quad (\boldsymbol{K}_{inr})_d) \\ \bar{\boldsymbol{F}}_i &= [\boldsymbol{F}_{i1}{}^{\mathrm{T}} \quad \boldsymbol{F}_{i2}{}^{\mathrm{T}} \quad \cdots \quad \boldsymbol{F}_{inr}{}^{\mathrm{T}}]^{\mathrm{T}} \end{aligned}$$

式中，

$$\boldsymbol{M}_{ij}=\text{diag}(m_{ij}\quad m_{ij}\quad m_{ij}\quad 0\quad 0\quad 0)$$

$$\boldsymbol{C}_{ij}=\text{diag}(2m_{ij}\boldsymbol{R}_i{}^{\mathrm{T}}\dot{\boldsymbol{R}}_i\quad \boldsymbol{0})$$

$$(\boldsymbol{K}_{ij})_d=\text{diag}(m_{ij}\boldsymbol{R}_i{}^{\mathrm{T}}\ddot{\boldsymbol{R}}_i\quad \boldsymbol{0})$$

$$\boldsymbol{F}_{ij}=[(m_{ij}\dot{\boldsymbol{R}}_i{}^{\mathrm{T}}\boldsymbol{S}_{ij}^0+m_{ij}\boldsymbol{R}_i{}^{\mathrm{T}}\boldsymbol{g})^{\mathrm{T}}\quad \boldsymbol{0}^{\mathrm{T}}]^{\mathrm{T}}$$

符号“diag”表示括号内的元素对角线放置。

可将式(5-29)写成更简洁的形式：

$$\boldsymbol{M}_{\mathrm{E}}\ddot{\boldsymbol{u}}_{\mathrm{E}}+\boldsymbol{C}_{\mathrm{E}}\dot{\boldsymbol{u}}_{\mathrm{E}}+\boldsymbol{K}_{\mathrm{E}}\boldsymbol{u}_{\mathrm{E}}=\boldsymbol{Q}_{\mathrm{E}}-\boldsymbol{F}_{\mathrm{E}} \tag{5-30}$$

式中，$\boldsymbol{M}_{\mathrm{E}}=\boldsymbol{M}_i+\overline{\boldsymbol{M}}_i$，$\boldsymbol{C}_{\mathrm{E}}=\boldsymbol{C}_i+\overline{\boldsymbol{C}}_i$，$\boldsymbol{K}_{\mathrm{E}}=\boldsymbol{K}_i+(\boldsymbol{K}_i)_d+(\overline{\boldsymbol{K}}_i)_d$，$\boldsymbol{Q}_{\mathrm{E}}=\boldsymbol{Q}_i$，$\boldsymbol{F}_{\mathrm{E}}=\boldsymbol{F}_i+\overline{\boldsymbol{F}}_i$。式中的下标“E”表示弹性子结构。

式(5-30)就是所求的弹性系统子结构运动微分方程。

(4) 刚性化子结构的运动微分方程。设有刚性化子结构如图5-24所示，它与3个弹性化子结构相连(即图5-22的肘部)。由于弹性系统子结构的弹性变形，刚性子结构由点画线位置(重心在C_i')变到实线位置(重心在C_i)。设刚性子结构的坐标系为O_i-$x_iy_iz_i$，则对基础坐标系的坐标变换为

$$\boldsymbol{T}_i=\begin{bmatrix}\boldsymbol{R}_i & \boldsymbol{r}_i\\ \boldsymbol{O}^{\mathrm{T}} & 1\end{bmatrix} \tag{5-31}$$

式中各符号的含义同前。

设变形后的重心位置C_i在O_i-$x_iy_iz_i$中的位置向量为$\boldsymbol{r}_{C_i}$，则对基坐标系的位置向量为

$$\boldsymbol{r}_{C_i}^0=\boldsymbol{r}_i^0+\boldsymbol{R}_i\boldsymbol{r}_{C_i}$$

$$\boldsymbol{r}_{C_i}=\boldsymbol{r}_{C_i'}+\boldsymbol{\delta}_{C_i}$$

式中各符号的含义如图5-24所示。

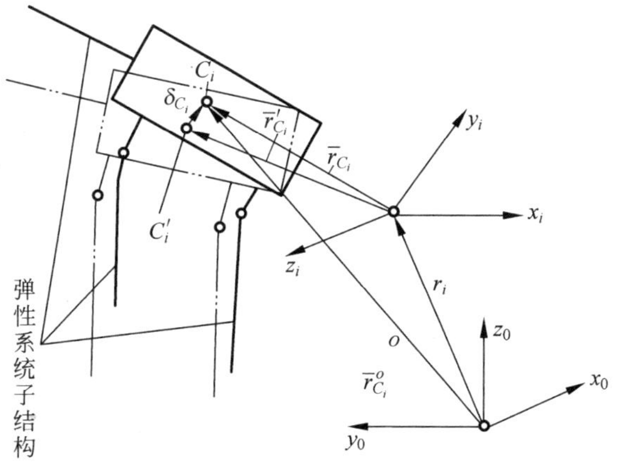

图 5-24 刚性化子结构

$\boldsymbol{\delta}_{C_i}$是由系统弹性变形产生的，并定义其为广义坐标。

$\boldsymbol{r}_{C_i}^0$ 对时间的一阶导数为 C_i 的线速度向量：

$$\dot{\boldsymbol{r}}_{C_i}^0 = \dot{\boldsymbol{r}}_i^0 + \dot{\boldsymbol{R}}_i(\boldsymbol{r}_{C_i'} + \boldsymbol{\delta}_{C_i}) + \boldsymbol{R}_i\dot{\boldsymbol{\delta}}_{C_i} \tag{5-32}$$

根据理论力学可直接将刚体的角速度向量($\boldsymbol{\omega}_i^0$)引入式(5-32)，则可得

$$\boldsymbol{r}_{C_i}^0 = \begin{bmatrix} \boldsymbol{r}_i^0 \\ \boldsymbol{\omega}_i^0 \end{bmatrix} + \begin{bmatrix} \dot{\boldsymbol{R}}_i & \boldsymbol{0} \\ \boldsymbol{0} & \dot{\boldsymbol{R}}_i \end{bmatrix} \begin{bmatrix} \boldsymbol{r}_{C_i'} + \delta_{C_i} \\ \delta_{C_i\theta} \end{bmatrix} + \begin{bmatrix} \boldsymbol{R}_i & \boldsymbol{0} \\ \boldsymbol{0} & \boldsymbol{R}_i \end{bmatrix} \begin{bmatrix} \dot{\boldsymbol{\delta}}_{C_i} \\ \dot{\boldsymbol{\delta}}_{C_i\theta} \end{bmatrix} \tag{5-33}$$

为了统一书写格式，令

$$\dot{\boldsymbol{r}}_i^0 = \begin{bmatrix} \dot{\boldsymbol{r}}_i^0 \\ \boldsymbol{\omega}_i^0 \end{bmatrix}, \quad \boldsymbol{R}_i = \begin{bmatrix} \boldsymbol{R}_i & \boldsymbol{0} \\ \boldsymbol{0} & \boldsymbol{R}_i \end{bmatrix}$$

$$\boldsymbol{r}_{C_i'} = \begin{bmatrix} \boldsymbol{r}_{C_i'} \\ 0 \end{bmatrix}, \quad \boldsymbol{\delta}_{C_i} = \begin{bmatrix} \boldsymbol{\delta}_{C_i} \\ \boldsymbol{\delta}_{C_i\theta} \end{bmatrix}$$

即把三维升为六维，也就是说把线速度和角速度统一起来。

刚性子结构的动能为

$$T_i = \frac{1}{2}(\dot{\boldsymbol{r}}_{C_i}^0)^{\mathrm{T}}\overline{\boldsymbol{M}}_i\dot{\boldsymbol{r}}_{C_i}^0$$

式中，$\overline{\boldsymbol{M}}_i$ 是刚性子结构相对于质心处的惯量矩阵。

刚性子结构的势能为

$$\boldsymbol{U}_i = \boldsymbol{g}^{\mathrm{T}}\boldsymbol{M}\boldsymbol{R}_i\boldsymbol{\delta}_{C_i}$$

式中，$\boldsymbol{g}=[0,0,g,0,0,0]^{\mathrm{T}}$，是六维表示的重力加速度向量。

将动能、势能代入拉格朗日方程得

$$\boldsymbol{M}_i\ddot{\boldsymbol{u}}_i + \boldsymbol{C}_i\dot{\boldsymbol{u}}_i + \boldsymbol{K}_i\boldsymbol{u}_i = \boldsymbol{Q}_i + \boldsymbol{F}_i \tag{5-34}$$

式中，$\boldsymbol{M}_i$ 为质量矩阵，即 $\boldsymbol{M}_i = \boldsymbol{R}_i{}^{\mathrm{T}}\overline{\boldsymbol{M}}_i\boldsymbol{R}_i$；$\boldsymbol{C}_i$ 为“阻尼”矩阵，即 $\boldsymbol{C}_i = 2\boldsymbol{R}_i{}^{\mathrm{T}}\overline{\boldsymbol{M}}_i\dot{\boldsymbol{R}}_i$；$\boldsymbol{K}_i$ 为“刚度”矩阵，即 $\boldsymbol{K}_i = \boldsymbol{R}_i{}^{\mathrm{T}}\overline{\boldsymbol{M}}_i\ddot{\boldsymbol{R}}_i$；$\boldsymbol{F}_i$ 为惯性力向量，即 $\boldsymbol{F}_i = -\boldsymbol{R}_i{}^{\mathrm{T}}\overline{\boldsymbol{M}}_i(\dot{\boldsymbol{r}}_{C_i}^0 + \ddot{\boldsymbol{R}}_i\boldsymbol{r}_{C_i'}) - \boldsymbol{R}_i{}^{\mathrm{T}}\overline{\boldsymbol{M}}_i\boldsymbol{g}^{\mathrm{T}}$。

式(5-30)即为刚性子结构的运动微分方程。将其写成了与弹性系统子结构运动微分方程相同的形式，并对 $\dot{\boldsymbol{u}}_i$、$\boldsymbol{u}_i$ 的系数赋予了“阻尼”“刚度”矩阵的名字。

4. 相邻子结构间位移协调矩阵

有了各子结构的运动微分方程，就可以建立整个系统的弹性动力学方程，关键是子结构间的位移协调矩阵。现以刚性化子结构和弹性杆子结构间的位移协调矩阵为例加以推导，而其他类型子结构间的协调矩阵与之类似，推导从略。

如图 5-25 所示，1 为弹性杆，2 为刚体，二者在 A 点以转动副相连，刚体的质心为 C。在建立各子结构方程时，弹性杆 1 在 A 点处有 6 个广义坐标 $\delta_1 \sim \delta_6$，刚体的广义坐标是质心 C 的位移和转角 $\delta_7 \sim \delta_{12}$。将 δ_6(绕 Z_{1A} 的转角)及 $\delta_7 \sim \delta_{12}$ 设定为系统广义坐标，那么 $\delta_1 \sim \delta_5$ 就要用 $\delta_7 \sim \delta_{12}$ 来表示，它们之间的关系用协调矩阵 $\boldsymbol{B}_2^1$ 表示，即

$$[\delta_1 \cdots \delta_5]^{\mathrm{T}} = \boldsymbol{B}_2^1[\delta_7 \cdots \delta_{12}]^{\mathrm{T}}$$

$\delta_1 \sim \delta_6$ 和 $\delta_7 \sim \delta_{12}$ 分别是坐标系 $O_1\text{-}x_1y_1z_1$ 和 $O_2\text{-}x_2y_2z_2$ 中沿 x、y、z 向的位移和绕 x、y、z 的转角。

子结构 2 的坐标系 O_2-$x_2y_2z_2$ 到子结构 1 的坐标系 O_1-$x_1y_1z_1$ 的变换矩阵为

$$\boldsymbol{T}_2^1=\begin{bmatrix}\boldsymbol{R}_2^1 & \boldsymbol{r}_2^1\\ \boldsymbol{0} & 1\end{bmatrix} \tag{5-35}$$

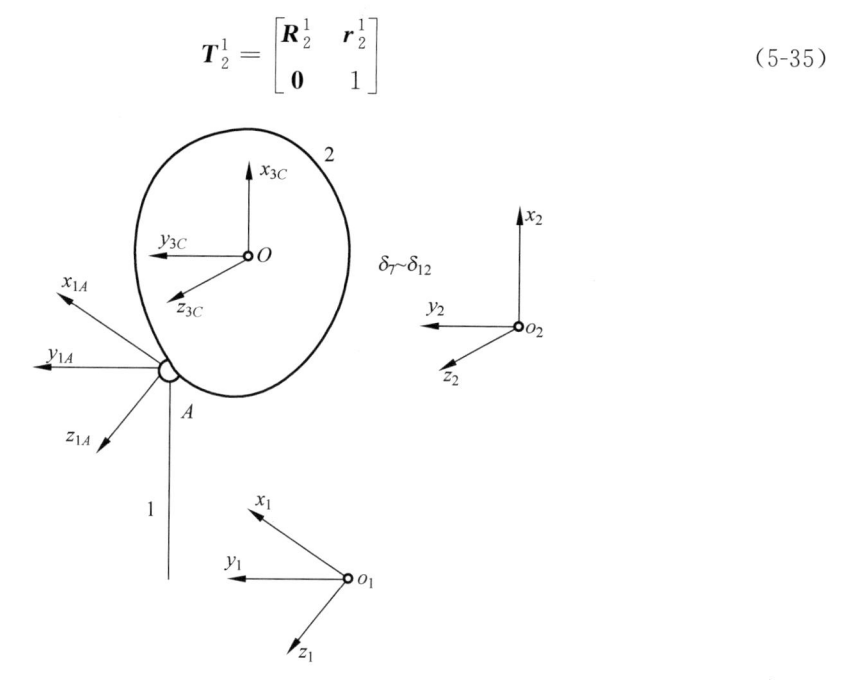

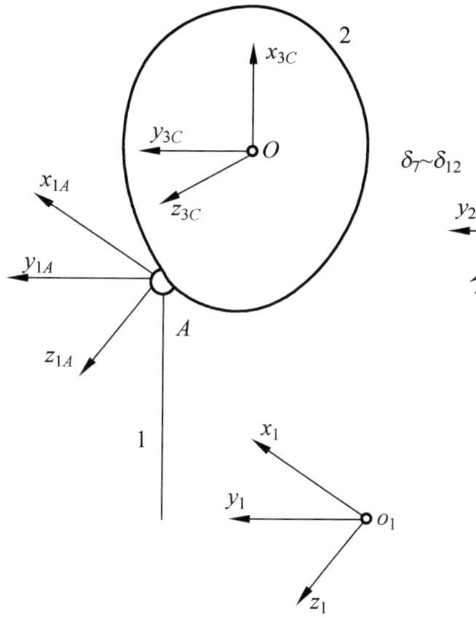

图 5-25 刚弹结构示意图

由机器人运动学可得，固定在质心上的坐标系 C-$x_{2C}y_{2C}z_{2C}$ 到 O_2-$x_2y_2z_2$ 的微分变换矩阵为

$$\boldsymbol{\Delta}=\begin{bmatrix}0 & -\delta_{12} & \delta_{11} & \delta_7\\ \delta_{12} & 0 & -\delta_{10} & \delta_8\\ -\delta_{11} & \delta_{10} & 0 & \delta_9\\ 0 & 0 & 0 & 1\end{bmatrix} \tag{5-36}$$

则子结构 2 上的 A 点相对于坐标系 O_2-$x_2y_2z_2$ 的微小位移是

$$\boldsymbol{\delta}_A^2=\begin{bmatrix}\delta_{Ax}^2\\ \delta_{Ay}^2\\ \delta_{Az}^2\end{bmatrix}=\boldsymbol{\Delta r}_A^C=\begin{bmatrix}0 & -\delta_{12} & \delta_{11} & \delta_7\\ \delta_{12} & 0 & -\delta_{10} & \delta_8\\ -\delta_{11} & \delta_{10} & 0 & \delta_9\end{bmatrix}\begin{bmatrix}x_A^C\\ y_A^C\\ z_A^C\\ 1\end{bmatrix}$$

$$=\begin{bmatrix}-y_A^C\delta_{12} & +z_A^C\delta_{11} & +\delta_7\\ x_A^C\delta_{12} & -z_A^C\delta_{10} & +\delta_8\\ -x_A^C\delta_{11} & +y_A^C\delta_{10} & +\delta_9\end{bmatrix} \tag{5-37}$$

式中，$\boldsymbol{r}_A^C=[x_A^C,y_A^C,z_A^C]$是 A 点相对于坐标系 C-$x_{2C}y_{2C}z_{2C}$ 的位置向量。

将角位移 δ_{10}、δ_{11}、δ_{12} 直接引入式(5-37)，可得

$$\boldsymbol{\delta}_A^2 = \begin{bmatrix} -y_A^C\delta_{12} + z_A^C\delta_{11} + \delta_7 \\ x_A^C\delta_{12} - z_A^C\delta_{10} + \delta_8 \\ -x_A^C\delta_{11} + y_A^C\delta_{10} + \delta_9 \\ \delta_{10} \\ \delta_{11} \\ \delta_{12} \end{bmatrix} \tag{5-38}$$

由式(5-38)可得$\boldsymbol{\delta}_A^2$ 和广义坐标 $\delta_7 \sim \delta_{12}$ 之间的关系表达式：

$$\boldsymbol{\delta}_A^2 = \begin{bmatrix} 1 & 0 & 0 & 0 & z_A^C & -y_A^C \\ & 1 & 0 & -z_A^C & 0 & x_A^C \\ & & 1 & y_A^C & -x_A^C & 0 \\ & & & 1 & 0 & 0 \\ & & & & 1 & 0 \\ & & & & & 1 \end{bmatrix} \begin{bmatrix} \delta_7 \\ \delta_8 \\ \delta_9 \\ \delta_{10} \\ \delta_{11} \\ \delta_{12} \end{bmatrix} = \boldsymbol{J}\boldsymbol{U}_2 \tag{5-39}$$

式中，$\boldsymbol{J}$ 即雅可比矩阵；$\boldsymbol{U}_2 = [\delta_7 \sim \delta_{12}]^{\mathrm{T}}$。

A 点相对于杆 1 坐标系的位移为

$$\boldsymbol{\delta}_A^1 = (\boldsymbol{R}_2^1)^* \ \boldsymbol{\delta}_A^2 = (\boldsymbol{R}_2^1)^* \boldsymbol{J}\boldsymbol{U}_2 \tag{5-40}$$

式中，$(\boldsymbol{R}_2^1)^*$ 是式(5-35)中 $\boldsymbol{R}_2^1$ 构成的 6×6 变换矩阵，即

$$(\boldsymbol{R}_2^1)^* = \begin{bmatrix} \boldsymbol{R}_2^1 & \boldsymbol{0} \\ \boldsymbol{0} & \boldsymbol{R}_2^1 \end{bmatrix} \tag{5-41}$$

需要说明的是 1 杆上 A 点处的广义坐标只有 5 个与 $\boldsymbol{U}_2$ 有关，绕 z_{1A} 轴的转角 δ_6 是独立的，因此$(\boldsymbol{R}_2^1)^*$ 应只取前 5 行。

可得两个子结构间的位移协调矩阵为

$$\boldsymbol{B}_2^1 = (\boldsymbol{R}_2^1)^*_{5\times 6} \boldsymbol{J}_{6\times 6} \tag{5-42}$$

5. 系统运动微分方程的建立

有了相邻子结构间的位移协调矩阵，就可以得到各子结构的广义坐标和系统广义坐标之间的关系：

$$\boldsymbol{u}_i = \boldsymbol{B}_i \boldsymbol{u} \quad (i = 1, 2, \cdots, 9)$$

式中，$\boldsymbol{u}_i$ 为第 i 个子结构的广义坐标；$\boldsymbol{u}$ 为系统的广义坐标；$\boldsymbol{B}_i$ 为协调矩阵。

将 $\boldsymbol{u}_i$ 代入各子结构方程并左乘 $\boldsymbol{B}_i{}^{\mathrm{T}}$，然后把各个方程叠加起来，就得到了系统的弹性动力学方程：

$$\boldsymbol{M}\ddot{\boldsymbol{u}} + \boldsymbol{C}\dot{\boldsymbol{u}} + \boldsymbol{K}\boldsymbol{u} = \boldsymbol{F} + \boldsymbol{Q} \tag{5-43}$$

式中，

$$\boldsymbol{M} = \sum_{i=1}^{9} \boldsymbol{B}_i{}^{\mathrm{T}} \boldsymbol{M}_i \ddot{\boldsymbol{B}}_i$$

$$\boldsymbol{C} = \sum_{i=1}^{9} (\boldsymbol{B}_i{}^{\mathrm{T}} \boldsymbol{C}_i \boldsymbol{B}_i + 2\boldsymbol{B}_i{}^{\mathrm{T}} \boldsymbol{M}_i \dot{\boldsymbol{B}}_i)$$

$$K = \sum_{i=1}^{9} (B_i^{\mathrm{T}} K_i B_i + B_i^{\mathrm{T}} M_i \ddot{B}_i + B_i^{\mathrm{T}} C_i^{\mathrm{T}} \dot{B}_i)$$

$$F = \sum_{i=1}^{9} B_i^{\mathrm{T}} F_i$$

$$Q = \sum_{i=1}^{9} B_i^{\mathrm{T}} Q_i$$

6. 关于系统运动微分方程的讨论

有了系统的运动微分方程，从理论上讲，对该方程进行求解，就可以获得所需要的运动和力学信息，如系统的响应，固有频率，以及静、动态应力和应变所需要的节点位移等。但方程本身是时变系数的，无法直接求解，只能把连续运动机构离散为一系列瞬时不变结构(称作瞬时结构)，才能对相应的构型分析其运动学和力学方面的特性，再把这些结果综合起来，形成原方程的解。下面对各运动学和力学项目的求解都是在瞬时结构这一前提下进行的。

(1) 响应分析。响应分析，即对方程式(5-43)求解，也就是求解弹性变形的时间历程，即变形与时间的函数关系。对于该时变系数方程，本书对机构选取一系列的瞬时结构，与该瞬时结构相对应的某一时刻，如方程的系数矩阵均变为常值，这样就把一个变系数方程离散为多个常系数微分方程，从而可按常系数微分方程的各种算法求解，如直接积分法中的Newmark 法等。

(2) 固有频率分析。令方程(5-43)中的力向量和阻尼系数矩阵为零，即得到该系统的无阻尼自由振动方程：

$$M\ddot{u} + Ku = 0 \tag{5-44}$$

利用特征方程：

$$\det(K - \omega^2 M) = 0 \tag{5-45}$$

按瞬时结构法即可求得系统的固有频率：

$$\omega_1 < \omega_2 < \omega_3 < \cdots < \omega_n$$

(3) 准静态分析。准静态分析是对系统略去弹性加速度($\ddot{u}$)和速度($\dot{u}$)的影响，对系统进行静力和动力结合的性能分析(“响应分析”)，此时方程变为

$$Ku = Q - F \tag{5-46}$$

按瞬时结构法即可求得在外力 Q 和惯性力 F 作用下的节点位移(变形)u，再结合有限元理论，就可以求得各弹性单元的应力和应变分布。

(4) 静态分析。取方程式(5-46)的两项，即

$$Ku = Q \tag{5-47}$$

利用该方程，即可求得在外力 Q 作用下各节点的位移(变形)u，再结合有限元理论，就可以求得各弹性单元的应力应变分布。

总之，对于不同的子结构，组集得出的系统运动微分方程(5-43)包括了机器人自驱动系统、传动系统到各个连杆的运动学、动力学性能，是分析机器人静、动态特性的关键。

(5) 关于刚性子结构的问题。刚性子结构是为了简化动力学建模并考虑到机器人的结构特点而建立的，是刚度比较大的弹性结构件刚性化的结果。如果不采取这一措施，而是把所有零部件作为弹性结构进行建模，得到的解当然会更精确一些，但问题的复杂程度和方程

的维数也会大大提高。所以用含有刚性子结构的方法建立的运动微分方程是一个近似方程，所得的解也是近似解，但作为设计过程中的动态分析，是比较合适和经济的。

7. 实例

在该实例中，为了简化计算，只分析机械部分的动态特性。

将图 5-22 所示的六自由度机器人分成不同的单元，用第 2、3 章讲述的方法求出各运动学、动力学参数和运动学正、逆解；各连杆的尺寸、质量、质心坐标、惯性张量及连杆和传动系统的刚度系数等(具体计算从略)。把这些参数代入式(5-43)，求得各系数矩阵和力向量，进而求得系统的固有频率、准静态变形及动态响应等动态性能的仿真图像和评估数据。

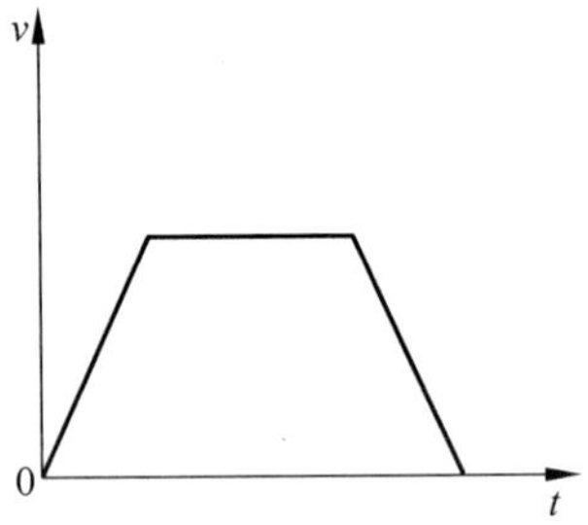

图 5-26 速度图

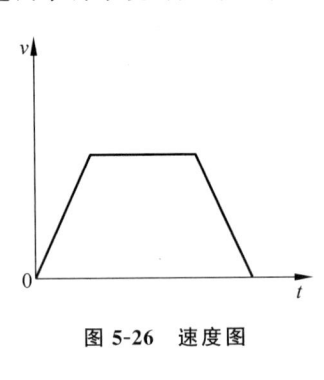

当要求解系统的动态响应时，首先要规划腕点的运动。国家标准要求，在测试机器人的动态性能时，腕点轨迹要求是工作空间内最大包容正方体内某指定对角线的 80%。这里取包含正方体上的对角线点 $P_1(x_1,y_1,z_1)$和点 $P_2(x_2,y_2,z_2)$之间的直线作为腕点的运动轨迹，速度图如图 5-26 所示(等加速、等速、等减速)。

有了腕点轨迹和速度，根据第 2 章中的公式就可求得各关节变量及其速度(具体计算从略)，进而求得方程式(5-43)中的各系数矩阵。

(1) 固有特性分析。求解系统的固有频率和振动类型需解方程：

$$\boldsymbol{K}\boldsymbol{x}=\omega^2\boldsymbol{M}\boldsymbol{x} \tag{5-48}$$

式中，$\boldsymbol{K}$ 为式(5-43)中的刚度矩阵；$\boldsymbol{M}$ 为式(5-43)中的质量矩阵；$\boldsymbol{x}$ 为振动类型向量；ω 为固有频率。

式(5-48)的解法很多，这里采用比较有效的 Householder-QL 迭代法。在无负载的情况下取：(x_1,y_1,z_1)为(−0.25,1,0.9)，(x_2,y_2,z_2)为(0.25,0.5,0.4)(单位为 m)，求得该机器人的固有频率如图 5-27 所示(机构的结构参数和惯性参考数见参考文献[5])。

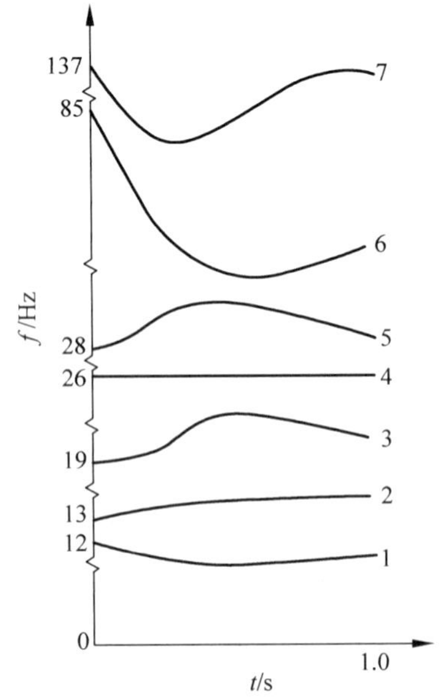

图 5-27 固有频率曲线

图 5-28 表明了前 7 阶固有频率随腕点位置变化的情况。由图中可以看出，前 5 阶固有频率相差不大，而第 6 阶固有频率则大得多。前 5 阶固有频率恰好对应传动系统的 5 个自由度，说明传动系统的刚度与杆的刚度相比小得多，末端的运动误差主要是由传动系统的变形引起的。可见，传动系统的弹性变形在整个系统的变形中占主导地位，是绝对不可忽略的。

(2) 准静态变形和响应分析。如果忽略阻尼力和弹性运动惯性力项，则方程式(5-43)变成：

$$\boldsymbol{K}\boldsymbol{u}=\boldsymbol{F}+\boldsymbol{f} \tag{5-49}$$

方程式(5-49)又叫准静态方程。解该方程可得到系统的准静态变形。虽然它不是准确的响应，但表明了系统的变形趋势。由于它求解简单且能表示机器人的轨迹误差，因此进行准静态分析还是很有意义的。

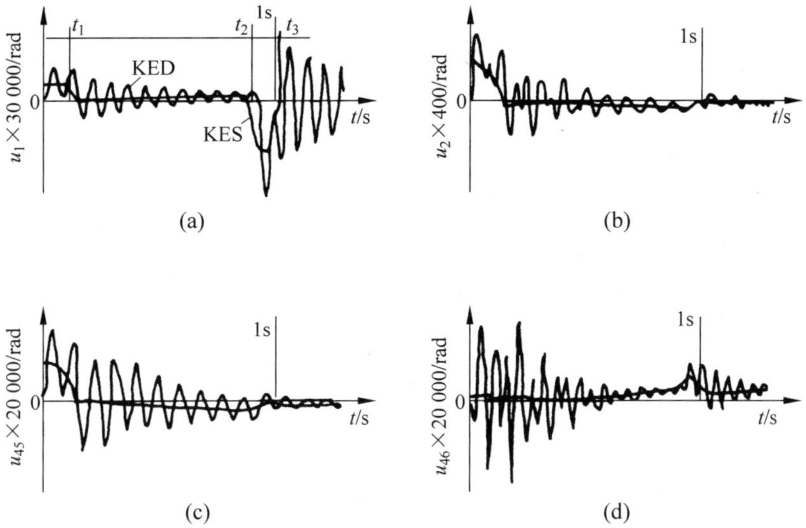

图 5-28　准静态和动态响应曲线

响应分析就是求解方程(5-43)，这里采用 Newmark 积分法。在求解过程中忽略陀螺阻尼和离心刚度项。有资料表明，这样简化引起的误差很小，且能保证计算结果的准确度。

图 5-28 所示是计算机绘出的该机器人传动系统 5 个自由度和腕点 6 个自由度的准静态变形(KES)和响应曲线(KED)中的一部分。其中，图(a)是腰部转角，图(b)是下臂传动系统第一级转角，图(c)是腕点的 x 向位移，图(d)是腕点的 y 向位移。

由图 5-28 可知，所有的响应均可分为 4 个部分。以 u_1 腰部转角的响应(见图 5-28(a))为例：从开始到 t_1 为加速段，由于系统具有较大的惯性力即激振力，系统开始振动，并且振幅较大；$t_1 \sim t_2$ 为匀速段，激振力减小，由于结构阻尼的作用，系统振动的振幅逐渐减小；$t_2 \sim t_3$ 为减速段，激振力又突然增大，系统又加剧振动，直到系统的运动静止下来；t_3 以后为延时段，虽然系统的刚体运动已静止，但此时系统的振动并未停止，还要延续一段时间。

由图 5-28 的曲线还可以发现，动态响应曲线总是围绕准静态变形曲线。机器人在实际工作中，准静态变形可能会引起轨迹误差，但通常可以通过示教方式加以消除，而弹性误差则是由于系统的结构、传动方式及速度规划和控制规律等引起的振动产生的。因此，从各个方面减小振动振幅是提高机器人动态性能的关键。

对照腕点响应曲线和传动系统响应曲线(见图 5-28)，可以进一步得出结论：系统的弹性变形主要是传动系统的弹性变形，要想减小系统振动的振幅，从机械学的角度看最有效的方法就是提高传动件的刚度，比如，选用刚性较好的其他传动方式来实现这一目的。这也正是目前在前 3 个关节采用刚性较大的 RV 摆线针轮减速器代替谐波减速器的原因。

必须说明的是，上述结果是在图 5-26 所示的速度规划条件下得到的，即在笛卡儿坐标系中直线路径上采用等加速、等减速运动方式，并且没有考虑控制方程。如果采用其他的轨迹和速度规划，并考虑控制方程，振动会有显著的变化。这就是本节提出的要做机电统一的动态特性分析的原因。

习　　题

5-1　请给出常见的关节型机器人的类型及其原理图。

5-2　机器人机型的评价指标有哪些?

5-3　简述机器人构型设计的原则及方法。

5-4　关节型机器人的位置机构包括哪几个关节?其传动方式分别是什么?

5-5　简述工业机器人的强度、刚度分析要点。

第 6 章 机器人手腕与末端执行器设计

6.1 概　　述

手腕是机器人的小臂(上臂)和末端执行器(手爪)之间的连接部件,其功能是利用自身的活动度确定被末端执行器夹持物体的空间姿态,也可以说是确定末端执行器的姿态。故手腕也称作机器人的姿态机构。对一般商用机器人,末杆(即与末端执行器相连接的杆)都有独立驱动的自转功能,若该杆能在空间取任意方位,那么与之相连的末端执行器就可在空间取任意姿态,即达到完全灵活的境地。对于任一连杆的姿态(即方向),可用两个方位角确定,如图 6-1 所示。

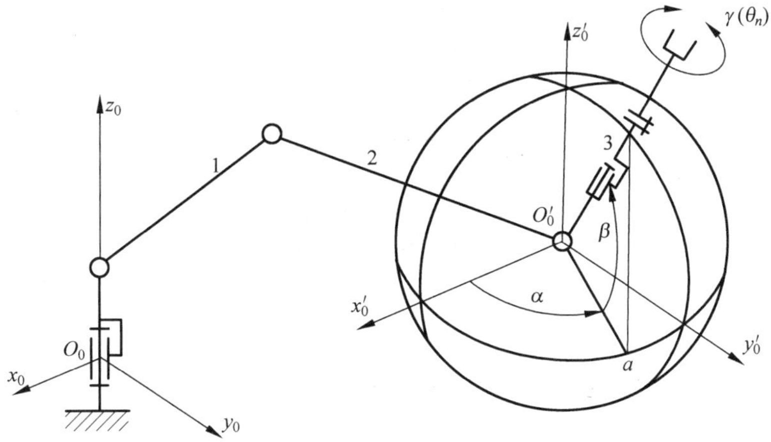

1—大臂; 2—小臂; 3—末杆(L_n)。

图 6-1　末杆姿态示意图

在图 6-1 中,末杆 L_n 的图示姿态可以看作是由处于 x_0'方向的原始位置先绕 z_0'在 $x_0'O_0'y_0'$ 平面内转 α 角,然后在 aO_0'与 z_0'组成的垂直平面内再向上转 β 角得到的。由此可见,α、β 两角决定了末杆的方向(姿态)。从理论上讲,如果 $0°\leqslant\alpha\leqslant360°$,$0°\leqslant\beta\leqslant360°$,则 L_n 在空间可取任意方向。如果 L_n 的自转角 γ(即 θ_n)也满足 $0°\leqslant\beta\leqslant360°$,就说明该机器人具有最大的灵活度,即可自任意方向抓取物体并可将抓取的物体在空间摆成任意姿态。为了定量说明机器人抓取和摆放物体的灵活程度,这里定义组合灵活度(dex)为

$$dex=\frac{\alpha}{360^\circ}+\frac{\beta}{360^\circ}+\frac{\gamma}{360^\circ}=\times\times\%+\times\times\%+\times\times\%$$

上式虽然取“加”的形式，但一般不进行加法运算，因为分开更能显示机构的特点。

腕结构最重要的评价指标就是 dex 值。若为 3 个 100%，该手腕就是最灵活的手腕。一般来说，α、β 的最大值取 360°，而 γ 值可取得更大一些，但如果是拧螺钉，则 γ 值最好无上限。

腕结构是机器人中最复杂的结构，而且因传动系统互相干扰，更增加了腕结构的设计难度。腕部的设计要求是：重量轻，dex 的组合值必须满足工作要求并留有一定的裕量（5%～10%），传动系统结构简单并有利于小臂对整机的静力平衡。

末端执行器，俗称手爪，多为形形色色的夹持器，一般可以开合或吸放。用于电焊、喷涂等的机器人的末端执行器即为焊钳和喷具。

6.2 手　　腕

6.2.1 单自由度手腕

SCARA 水平关节装配机器人多采用单自由度手腕，如图 6-2 所示。

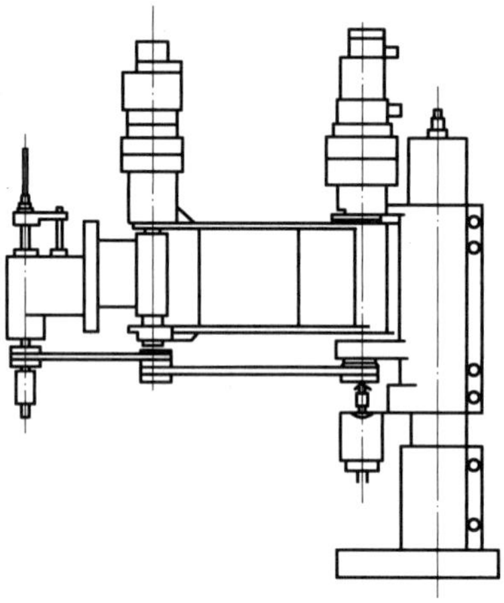

图 6-2 SCARA 机器人

该类机器人的手腕只有绕垂直轴一个旋转自由度。为了减轻机器人的悬臂重量，手腕的驱动电动机固结在机架上。手腕转动的目的在于调整装配件的方位。由于采用两级等径轮齿形带传动，所以大、小臂的转动不影响末端执行器的水平方位（见图 6-3），而该方位的调整完全取决于腕转动的驱动电动机，这是该传动方式的主要优点，特别适合电子线路板的插件作业。也有将驱动器直接装在做上下运动的插杆上的，这时末端执行器方位的角度 γ（以基座坐标系为基准）是大、小臂转角 θ_2、θ_3 及腕转角 θ_4 之和，即

$$\gamma=\theta_2+\theta_3+\theta_4 \tag{6-1}$$

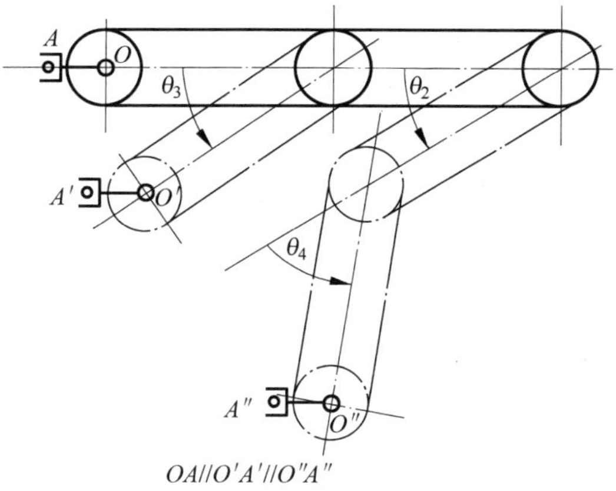

图 6-3　末端执行器水平方位示意图

6.2.2　二自由度手腕

1. 结构形式

二自由度手腕有如图 6-4、图 6-5 所示的两种结构。

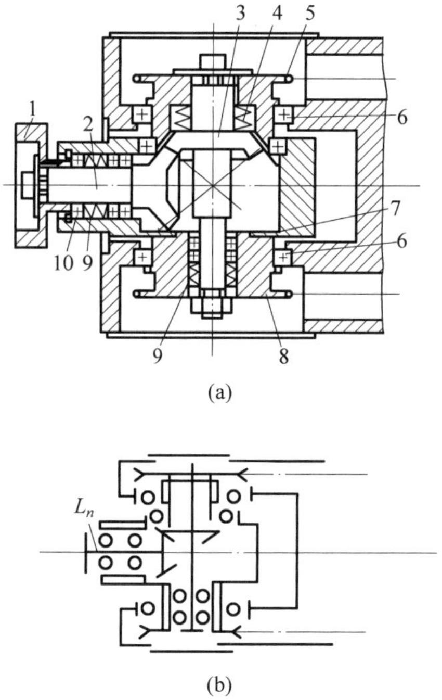

1—法兰；2—锥齿轮轴；3—锥齿轮；4,9—弹簧；5,8—链轮；6,10—轴承；7—壳体。

图 6-4　汇交式二自由度手腕

(a) 结构图；(b) 机构简图

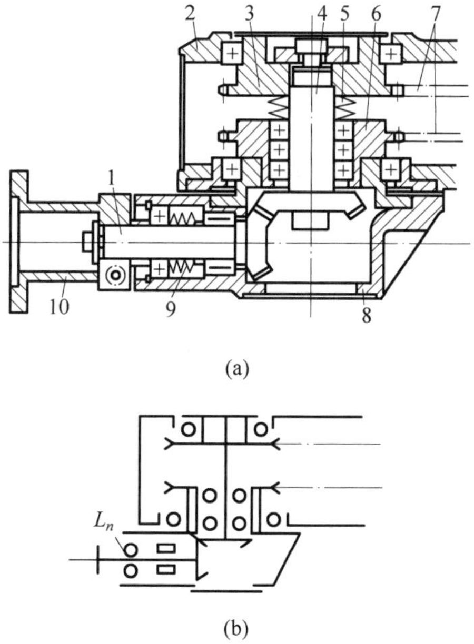

1,4—轴-齿轮；2—小臂；3,6—链轮；5,9—弹簧；7—链；8—壳体；10—法兰。

图 6-5　偏置式二自由度手腕

(a) 结构图；(b) 机构简图

图中链轮由后置的驱动器带动，与锥齿轮相连，通过齿轮副带动末杆自转(γ)；链轮与壳体相连，由后置的驱动器带动，使末杆摆动(β)，从而形成两个自由度。汇交式二自由度手腕的末杆与小臂中线重合，两个链轮对称分配在两边；偏置式二自由度手腕的末杆偏置在小臂中线的一边。两者的末杆 L_n 都能绕自身的轴线旋转 360°以上，即 $\gamma \geqslant 360°$。但两者末杆的摆动，也就是 L_n 杆相对于小臂 L_3 的转动却相差很大。现以 $\beta^{(3)}$ 表示末杆相对于 L_3 的摆角(上标 3 表示对杆 L_3)。对于汇交式二自由度手腕，由于结构限制，$\beta^{(3)} \leqslant 200°$；对于偏置式二自由度手腕，$\beta^{(3)} \geqslant 360°$。也就是说，两种手腕结构的灵活度 dex 的组合值相差很大。对于汇交结构，$dex_{正} = 0 + 80^{(3)}\% + 100\%$；对于偏置结构，$dex_{偏} = 0 + 100^{(3)}\% + 100\%$。偏置结构的另一个优点是腕部结构紧凑，小臂横向尺寸较小(薄)。

二自由度手腕的另两种结构如图 6-6、图 6-7 所示。图 6-6 将谐波减速器置于腕部，驱动器通过齿形带带动谐波，或经锥齿轮再带动谐波使末杆 L_n 获得 β、γ 二自由度运动。图 6-7 则是将驱动电动机和谐波减速器连成一体，放于偏置的腕壳中直接带动 L_n 完成 γ 角转动，β 角则是由链传动完成的。图 6-6、图 6-7 分别属于汇交和偏置两种类型。

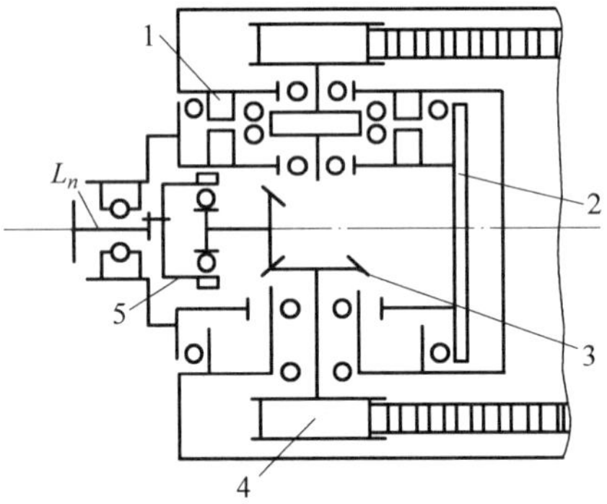

1—扁平谐波；2—腕壳；3—锥齿轮；4—齿形带轮；5—杯式谐波。

图 6-6 谐波前置汇交手腕

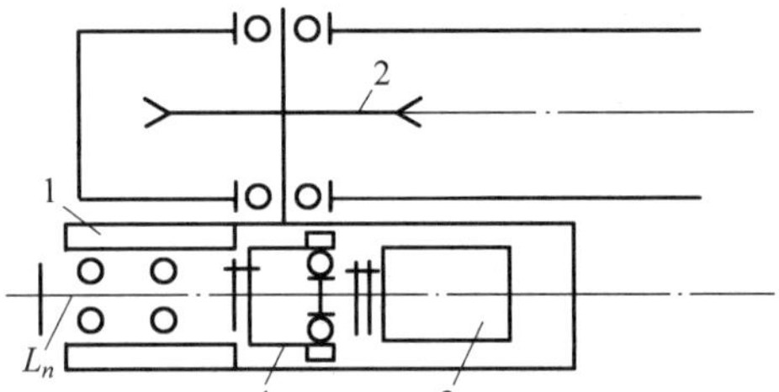

1—腕壳；2—链轮；3—电动机；4—谐波减速器。

图 6-7 电动机前置偏置手腕

2. 末端执行器的姿态问题

对二自由度手腕来说，末杆不能在空间取全方位姿态，只能在一个平面内或呈扇形或呈圆周。所以当末端执行器在主轴线与末杆轴线重合安装时(见图 6-8)，最多只能在一个平面内取“全方位”，这就削弱了末端执行器的灵活度。因此，一般二自由度手腕可采取如图 6-9 所示的安装方法，使手爪既可取得平行安装时的 dex 值，又可借助末杆 L_n 的自转(γ)，对于工作点 P 来说，是取半顶角为 ψ 的圆锥面所确定的姿态。再考虑到末杆的摆动(β)，对于 P 点来说，当 $\beta^{(3)} = 180°$时，末端执行器可取图 6-9(a)所示球块 SR 的所有直径线方向去接近 P 点，以抓取物体，这就大大增加了手爪的 dex 值。正是由于这个原因，配置二自由度手腕的弧焊机器人的焊丝都是按图 6-9(a)所示的方式安装的，其中，称 ψ 为姿态预置角。若 $\psi = 0°$，则手爪只能取某一平面内的方位；若 $\psi = 90°$，则手爪可取整个球体半径的方位。

3. 末杆转角 $\gamma(\theta_n)$ 的计算

除前置驱动器(见图 6-7)外，其他二自由度手腕都用差动轮系传动(见图 6-10)，故 γ 与两个输入转角 θ_n、θ_{n-1} 之间的关系是：

$$\gamma = \frac{Z_b}{Z_a}(\theta_n - \theta_{n-1}) \tag{6-2}$$

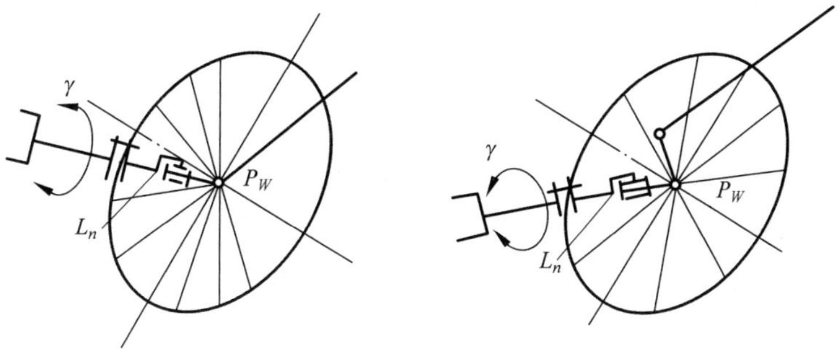

图 6-8 末端执行器的姿态(一)

(a) 汇交式；(b) 偏置式

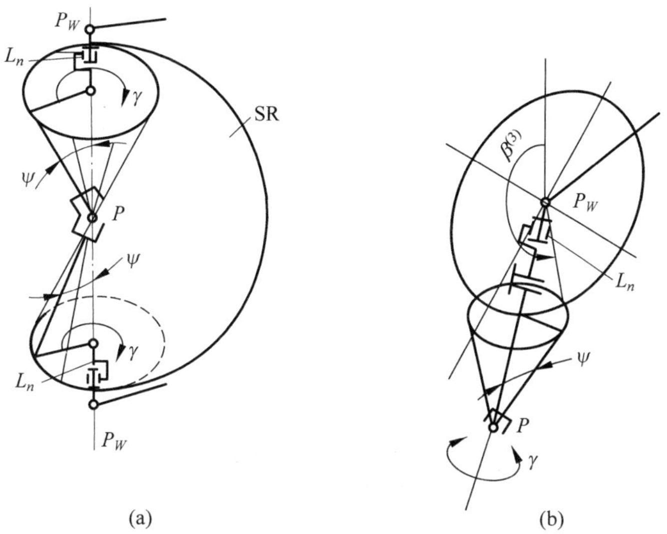

图 6-9 末端执行器的姿态(二)

(a) 工作状态(P 固定)原理示意图；(b) 机动状态(P_W 固定)原理示意图

式中，Z_a 为轮 a 的齿数；Z_b 为轮 b 的齿数。

这里的输入转角 θ_n、θ_{n-1} 是关节 n 和 $n-1$ 的驱动器传递到腕部时的角度。如果腕部有减速器，则计算时要考虑减速器的速比。

4. 诱导运动

由式(6-2)可知，γ 角不仅与末杆驱动器的转角 θ_n 有关，还与末杆的前一杆 L_{n-1} 的驱动转角 θ_{n-1} 有关，即 θ_{n-1} 的运动能引起 θ_n 的变化。通常把某一连杆因另一连杆的驱动而引起的运动称作诱导运动，即 θ_{n-1} 对末杆 L_n 产生诱导运动。

再看腕的摆角，它相对于小臂的角度值表示为 $\beta^{(3)}(=\theta_4)$。在采用后置式(电动机固定于腰部连杆 L_1 上)等径链轮传动时，大、小臂的转角 θ_3、θ_4 的变化也对 $\beta^{(3)}$ 产生诱导运动。由图 6-11 可以看出，当关节 $n-1(=4)$ 的驱动器锁定(也就是主动链轮 1 不转时)，θ_3、θ_2 的变化也改变着末杆相对于杆 L_3 的相对角度 $\beta^{(3)}$(注意：在图示条件下相对于基座坐标的 $\beta^{(0)}$ 值不变)。也就是当 θ_2、θ_3 的改变使杆 L_3 处于倾斜位置时，由于等径链轮的作用，末杆仍处于原来的水平位置（即 $\beta^{(0)}=0$），但它相对于杆 L_3 由 0 变成了 $\beta^{(3)}$，即 θ_2、θ_3 对 $\beta^{(3)}$ 产生诱导运动。

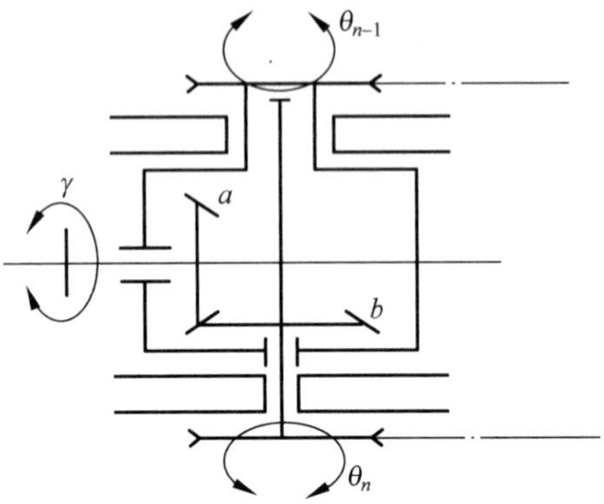

图 6-10 差动轮系

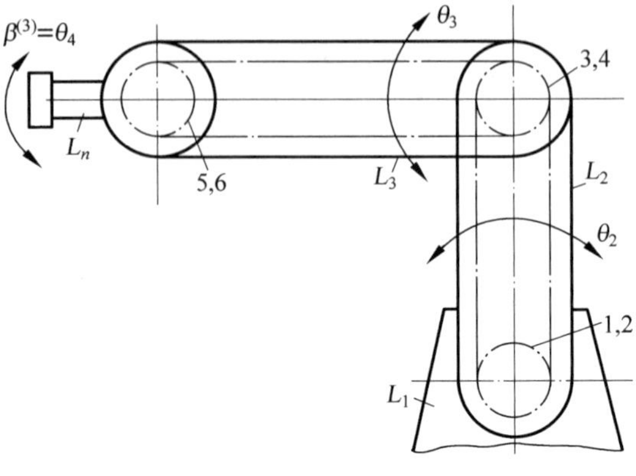

1，2—主动链轮；3~6—从动链轮。

图 6-11 手腕传动示意图

由此，在进行机器人运动学计算时，必须考虑诱导运动。

6.2.3 三自由度手腕

1. 结构形式

三自由度手腕的结构形式繁多。根据参考文献[5]，三自由度手腕的主要形式见表 6-1。

表 6-1 三自由度手腕的典型形式

序 号	机构简图	应 用
1	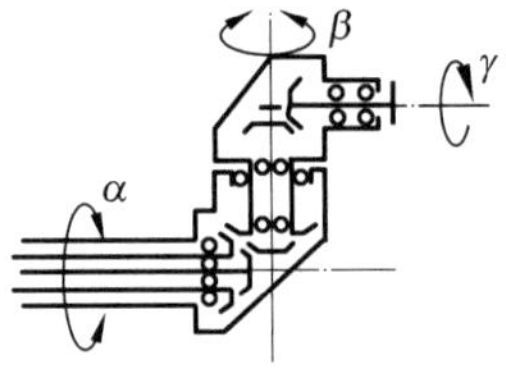 偏置式	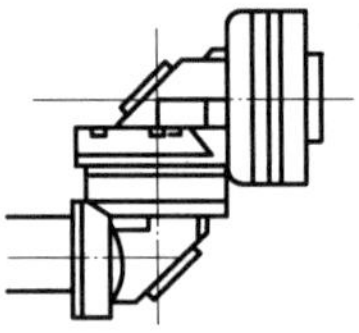
2	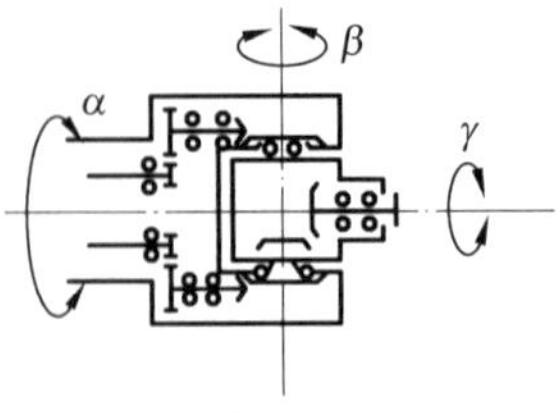 汇交式	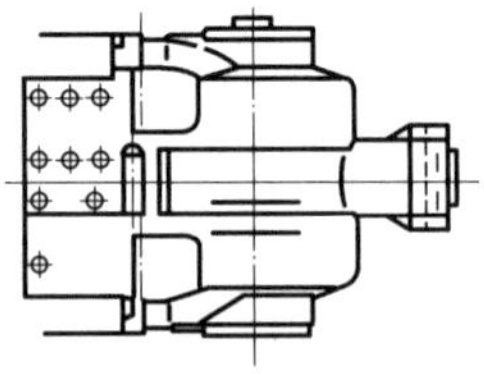

续表

序　　号	机 构 简 图	应　　用
3	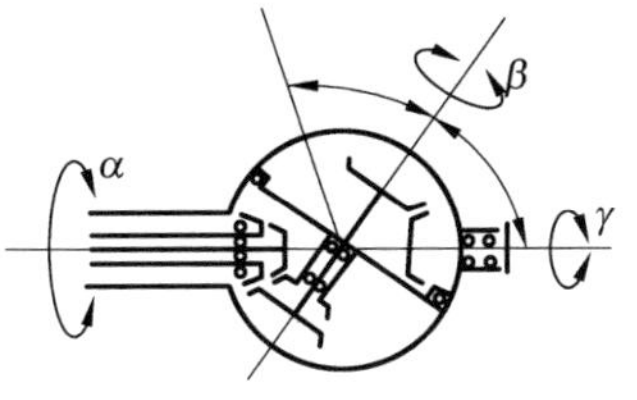 球形汇交式	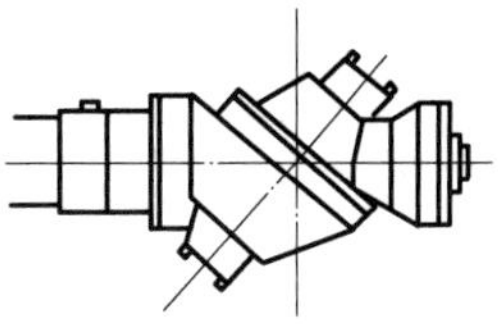
4	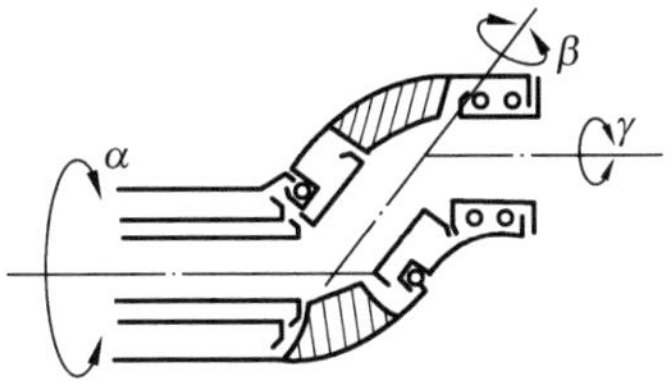 中空偏置式	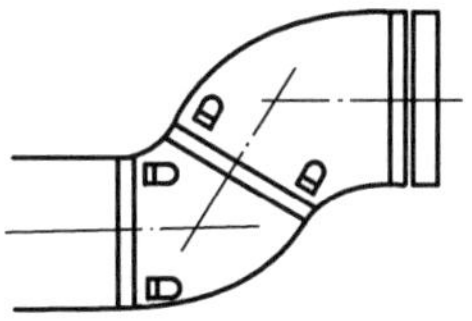
5	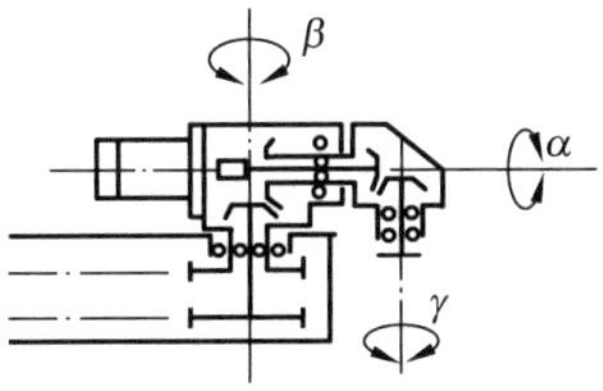 回形偏置式	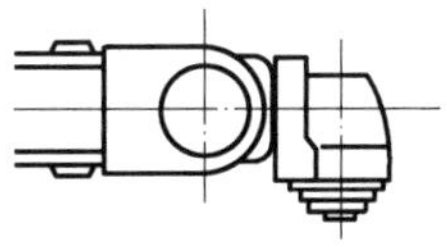

三自由度手腕是在二自由度手腕的基础上加一个整个手腕相对于小臂的转动自由度(用角度参数 α 表示)形成的。当不考虑结构限制，即 α、β、γ 都能在 0°～360°范围内取值时，末端执行器的灵活度 dex＝100％＋100％＋100％，也就是说具有 100％的灵活度。由图 6-12 可以看出，当末杆 L_n 与小臂的夹角 $\beta^{(3)}$ 取 $\beta_1^{(3)}$、$\beta_2^{(3)}$、…、$\beta_i^{(3)}$ 时，由于腕转动角 $\alpha \leqslant 360°$，相应于任意一个 $\beta_i^{(3)}$，末杆就形成一个锥面，锥面素线就是 L_n 可取的方位。一系列锥面(对

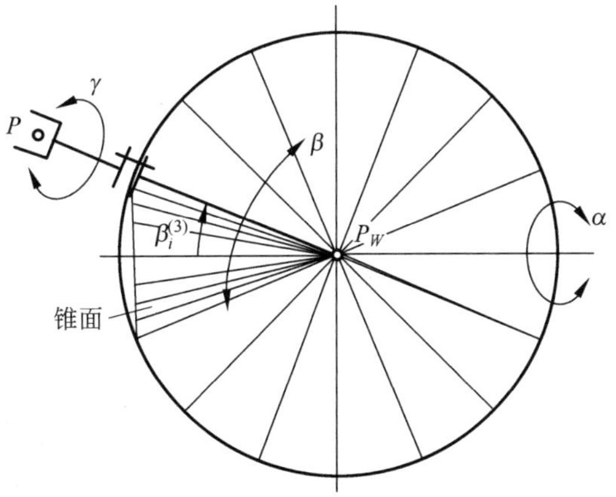

图 6-12　末杆方位图

应于一系列的 $\beta^{(3)}$)形成一个球体($\beta_i^{(3)}$ 为 0°～360°),末杆可将整个球体的半径线取作自己的方位,再加上末杆绕自身轴线的转动,所以手爪可在空间获得任意姿态。也就是说,手爪可自任意方向接近物体,也可将物体转到任意姿态。所以三自由度手腕是“万向”型手腕,可以完成很多二自由度手腕无法完成的作业。近年来,大多数关节型机器人采用了三自由度手腕。

图 6-13 和图 6-14 给出了两个三自由度手腕的详细结构。图 6-13 所示是汇交式手腕(或称正交式手腕),即 α、β、γ 的旋转轴线汇交于一点 P_W。由图可以看出,电动机(1)经锥齿轮副(2、3)和齿形带传动(4、5、6),再经锥齿轮副(7、8)和杯式谐波减速器(9)带动法兰(10,机械接口)转动,完成末杆(法兰)的 γ 运动。电动机(18)经锥齿轮副(16、17)和齿形带传动(13、14、15),通过扁平型谐波减速器(12)带动腕壳(11)摆动,完成末杆的运动。整个手腕又由置于小臂后部的电动机(图中未画),经过谐波传动,带动小臂做绕自身轴线的转动,即 α 运动。

图 6-14 是偏置式手腕,由后置电动机通过齿轮副带动轴(1)旋转,轴(1)再经花键带动锥齿轮副(11、12),经齿轮(4、5)带动 RV 减速器(8),RV 的输出与法兰(7)相连,从而完成末杆 L_n(法兰)的 γ 旋转。轴(2)经花键带动锥齿轮(10、13),后者的尾部是 RV 减速器(9)的输入齿轮,RV 的输出与腕壳(6)相连,从而完成 β 运动。轴(3)由后置电动机通过齿轮副、RV 减速器(图中未画出来)带动,完成整个手腕的 α 旋转运动。

图 6-13 和图 6-14 所示的手腕都是把 γ、β 运动的减速器安装在手腕上,可简化小臂结构,但增加了手腕本身的重量和复杂程度。

必须指出,若机器人为六自由度,当手腕为偏置式时,运动学反解得不出解析的显式,且动力学参数也是强耦合的。设计时必须予以充分注意。

2. 计算转角

转角的计算方法有以下几种:

(1) 偏置式手腕的转角计算。以表 6-1 中的结构简图 1 为例,由图可以看出,α 转角只与腕输入转角 θ_{n-2} 有关,故

$$\alpha=\theta_{n-2} \tag{6-3a}$$

β 虽直接与 θ_{n-1} 有关,但当 θ_{n-2} 使腕转动时,锥齿轮 10 在锥齿轮 13 上滚动(见图 6-14),故 θ_{n-2} 对腕壳产生相反方向的诱导转动,故

$$\beta=\frac{Z_6}{Z_5}(\theta_{n-1}-\theta_{n-2}) \tag{6-3b}$$

θ_{n-1}、θ_{n-2} 都对 γ 产生诱导运动,故 γ 是 θ_n、θ_{n-1}、θ_{n-2} 的函数:

$$\gamma=\frac{Z_2}{Z_1}\frac{Z_4}{Z_3}(\theta_n-\theta_{n-2})-\frac{Z_6}{Z_5}\frac{Z_4}{Z_3}(\theta_{n-1}-\theta_{n-2}) \tag{6-3c}$$

(2) 汇交式手腕的转角计算。以表 6-1 中的结构简图 2 为例,通过与偏置式手腕类似的分析,可得

$$\alpha=\theta_{n-2}$$

$$\beta=\theta_{n-1}\frac{Z_8}{Z_7}\frac{Z_{10}}{Z_9}$$

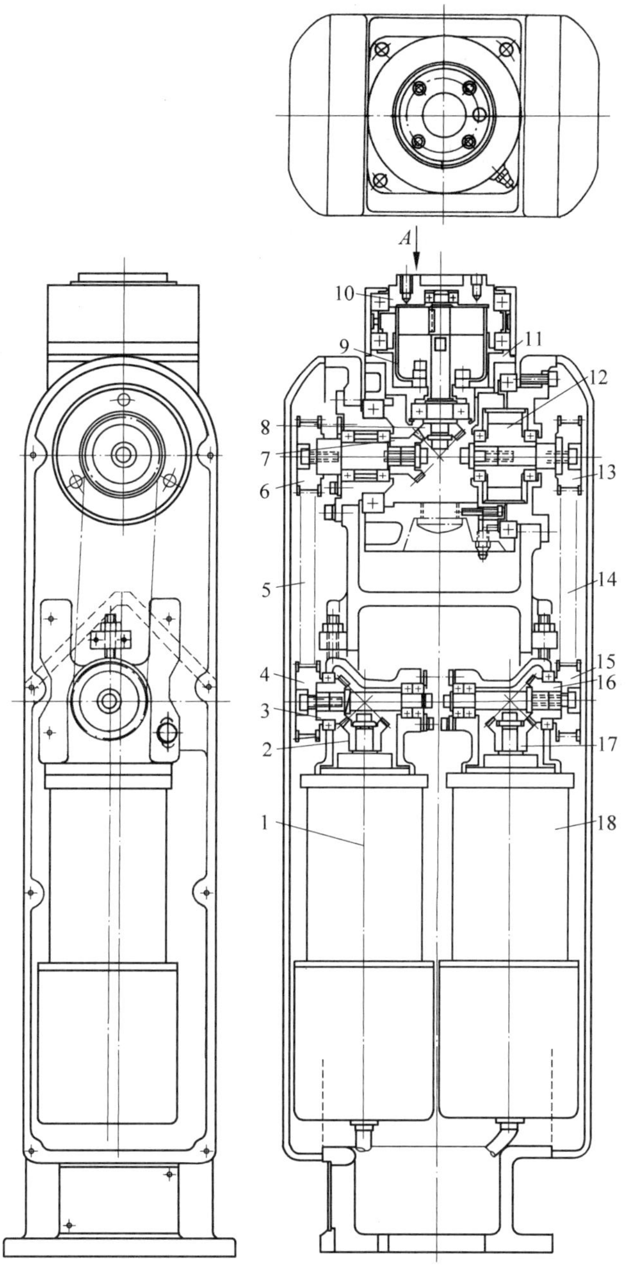

1,18—电动机；2,3,7,8,16,17—锥齿轮副；4,5,6,13,14,15—齿形带传动；9—杯式谐波减速器；10—法兰；11—腕壳；12—扁平型谐波减速器。

图 6-13 汇(正)交式手腕

$$\gamma=\theta_n\frac{Z_2}{Z_1}\frac{Z_4}{Z_3}\frac{Z_6}{Z_5}+\theta_{n-1}\frac{Z_8}{Z_7}\frac{Z_{10}}{Z_9}\frac{Z_6}{Z_5}-\theta_{n-2} \tag{6-4}$$

(3) 球形腕与中腕的转角计算。以表 6-1 中的结构简图 3、4 为例，由图可以看出，它们与偏置式手腕虽然结构不同，但传动方式相似，故 γ、β、α 的计算与偏置式手腕相似。

(4) 双偏置式手腕的转角计算。以表 6-1 中的结构简图 5 为例，由图可知，除 θ_{n-2} 使 α

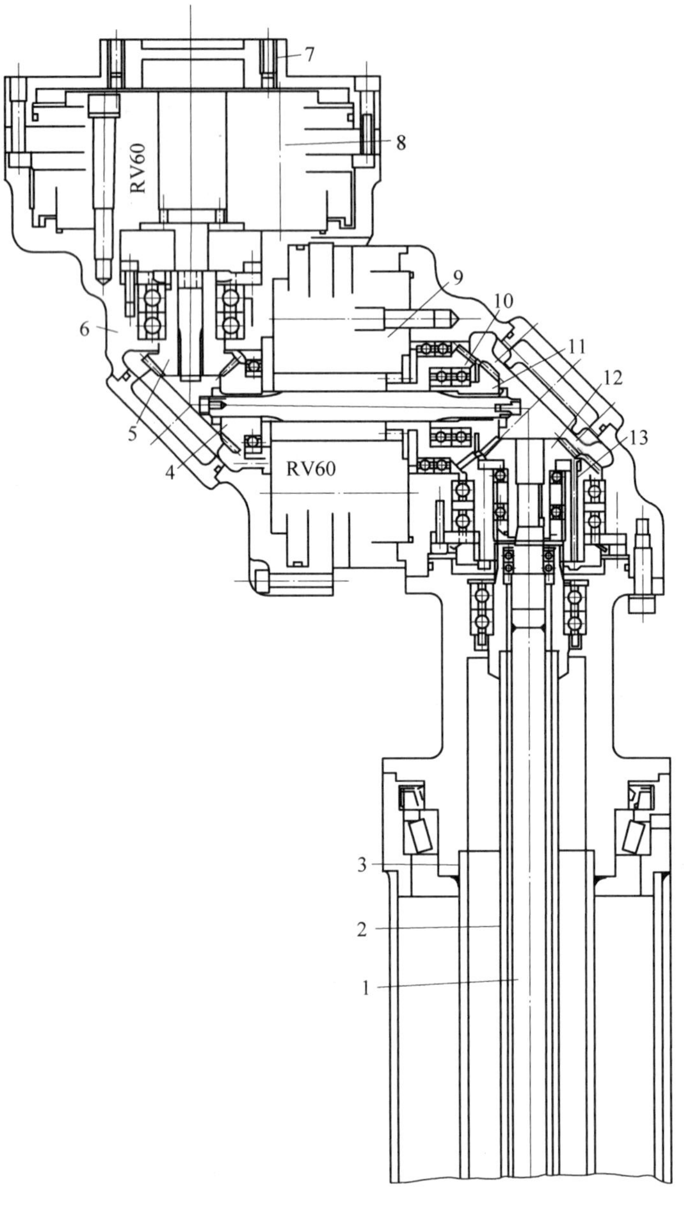

1,2,3—轴；4,5—齿轮；6—腕带；7—法兰；8,9—RV减速器；
10,13—锥齿轮；11,12—锥齿轮副。

图 6-14 偏置式手腕

转动外，θ_{n-1} 对它也有诱导运动；β 转角只与 θ_{n-1} 有关；θ_{n-2}、θ_{n-1} 都对 γ 产生诱导运动，故是 θ_n、θ_{n-1}、θ_{n-2} 的函数。于是

$$\alpha=\theta_{n-2}\frac{Z_2}{Z_1}-\theta_{n-1}\frac{Z_2}{Z_1}$$

$$\beta=\theta_{n-1}$$

$$\gamma=\frac{Z_2}{Z_1}\frac{Z_4}{Z_3}(\theta_{n-1}-\theta_{n-2})+\theta_n\frac{Z_4}{Z_3} \tag{6-5}$$

可以看出，只要传动路线分析清楚，根据轮系原理，γ、β、α 是不难求得的。

3. 驱动系统的布置

θ_n、θ_{n-1}、θ_{n-2} 的输入方式可分为平行轴式和同轴式 2 种。前者见表 6-1 中的结构简图 2 和图 6-13，θ_n 和 θ_{n-1} 的两传动轴平行排列于小臂的前半部，这段小臂整体旋转完成 α 旋转运动。这种布置的优点是结构简单，但加大了小臂前端的尺寸和重量。图 6-14 和表 6-1 中的结构简图 1、3、4 都是同轴式，即 α、β、γ 的三个驱动轴套在一起，这样虽然使后面的 3 台电动机与 3 个轴的连接复杂化，但减小了小臂的尺寸，对小臂的重量平衡也有改善。

减速器的配置可分为前置式和后置式 2 种。表 6-1 中的结构简图 1～4 都为减速器后置式，即经减速后再把输入的 θ_n、θ_{n-1}、θ_{n-2} 传到腕部，这样有利于小臂的平衡。图 6-13 和图 6-14 则是把 β、γ 2 个自由度的减速器装在手腕中，这种方式称作前置式。它加大了腕部的复杂程度和重量，对小臂乃至整机的平衡不利，但可简化整个小臂的结构，而且当腕部使用同步齿形带时，只能采用这种布置，因为齿形带只能用于高速级。这种布置还可简化后面 3 个驱动系统的结构。对于平行轴传动，减速器前置还可以匹配小臂与手腕的几何尺寸。

电动机配置也可分为前置式和后置式 2 种。前置式见表 6-1 中的结构简图 5，即有一台电动机配置在手腕中，其最大优点是大大简化了小臂的结构和减少了传动过程的轴线干涉，但增加了腕部重量。这种结构较适合于小负荷机器人。必须指出，这种结构的手腕也属于非汇交式，由它构成的六自由度机器人无解析解。电动机后置式见表 6-1 中的结构简图 1～图 4，即驱动电动机都布置在手腕的后面。对于中小负载的机器人，电动机可布置在臂的空腔中（见图 6-13），而对于大负载机器人，由于电动机重而且大，多布置在臂的后端，以减小臂的尺寸和前部重量，并与减速器一起对小臂起到平衡作用。

6.3　末端执行器

末端执行器装在机器人的机械接口上，是为了使机器人完成作业任务而专门设计的装置。末端执行器种类繁多，且与机器人的用途密切相关，最常见的有用于抓取物件的夹持器，用于加工工件的锐刀、砂轮和激光切割器，用于焊接、喷涂的焊枪、喷具，用于质量检测的测量头、传感器。一般来说，一种新的作业需要一种新的末端执行器，而一种新的末端执行器的出现又往往为机器人开辟了一种新的应用领域。目前，末端执行器的分析和设计已形成了一个专门领域。这里简要介绍几种常用的抓取物体的末端执行器。

6.3.1　夹持器

夹持器通常有 2 个夹爪。根据不同的运动形式，夹爪又可分为回转式和平移式 2 种。

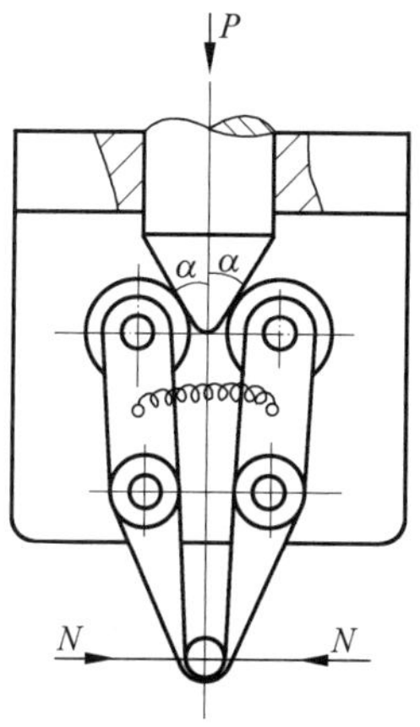

图 6-15　斜楔杠杆式夹持器

图 6-15 是斜楔杠杆式夹持器。当施以力 P 时，楔角为 α 的斜楔前进，使夹爪闭合，夹紧物件，当 α 小于自锁角时，即使 P 消

失，被夹物件也不会滑脱。当施以反方向的力时，斜楔后退，夹爪在弹簧的作用下打开。由于夹爪做回转运动，而回转轴又是固定的，故当夹持不同直径的物件时，物件的中心线将沿对称轴线移动，形成定位误差。故使用这种夹持器时，机器人的应用程序必须有补偿功能。

图 6-16 所示是一种具有定位补偿功能的杠杆式夹持器。这种夹持器的夹爪回转销轴可借助左右螺旋副平移其相对位置，所以通过调整螺旋可对不同直径的物件保持中心位置不变。

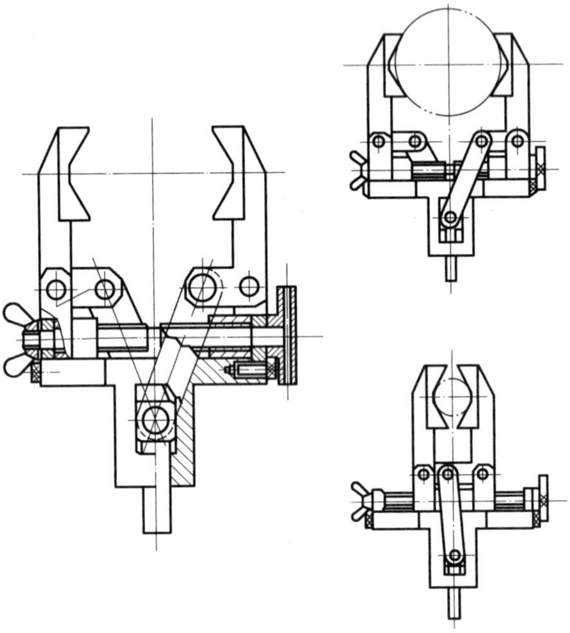

图 6-16 具有定位补偿功能的杠杆式夹持器

图 6-17 所示为平行移动式夹爪。当施以压力 P 时，齿轮在下齿条上滚动，并以 2 倍于齿轮的移动速度带动上齿条移动，2 个齿条分别与 2 个夹爪连接，带动夹爪平行移动，起到夹持物件的作用。夹爪的夹紧力可通过静力平衡求得。

6.3.2 拟手指型执行器

人手是最灵巧的夹持器，如果模拟人手结构，就能制造出结构最优的夹持器。但由于人手自由度较多，驱动和控制都十分复杂，所以到目前为止，只是制造出了一些原理样机，与工业应用还有一定的差距。下面介绍几种较有特色的拟手指型手爪。

图 6-18 所示是 UTACH/MIT 手爪的示意图。它有 4 个手指，可实现对握，每个手指有 3 个屈伸关节和一个摆动关节，共 16 个自由度。各关节采用绳轮驱动，驱动器后置。由于拇指对置，所以 4 个手指不能实现并掌操作，即 4 个手指不能放在一侧实现全握式抓取物体。

图 6-19 所示为三指手爪。第一指相当于拇指，只有一个屈伸关节、一个摆动关节和一个开合关节，其他两指都有两个屈伸关节，故共有 11 个自由度，也是驱动器后置。

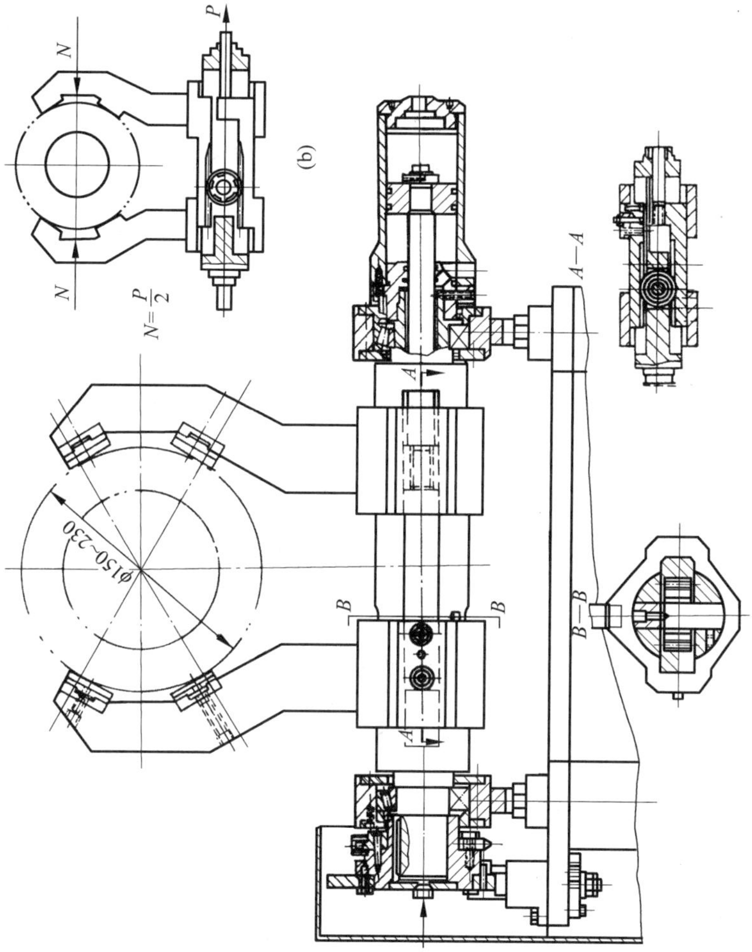

图 6-17　平行移动式夹爪

(a) 构造图；(b) 原理图

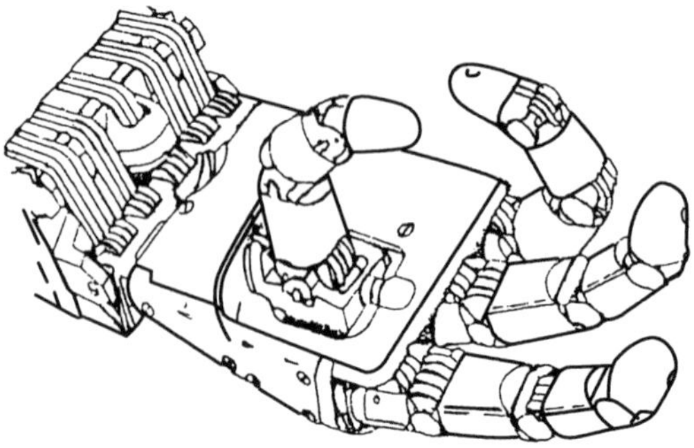

图 6-18 UTACH/MIT 手爪

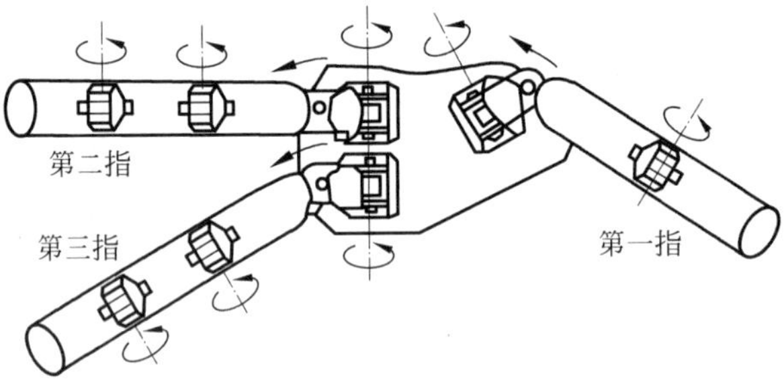

图 6-19 三指手爪

图 6-20 所示是双拇指三指手，每个手指都有 3 个屈伸关节。其中，外面两指有摆动和转动自由度，通过转动，可以和中间指对置，也可以如图示那样，与中指处于同侧(并掌)，中指无转动自由度，故该手共有 14 个自由度。该手可以抓取或握取物件，由于使用了超小型电动机和减速器，实现了驱动器前置配置(即驱动器、减速器与手指配置在一起)，结构紧凑，可作为一个部件安装于机器人的机械接口上。

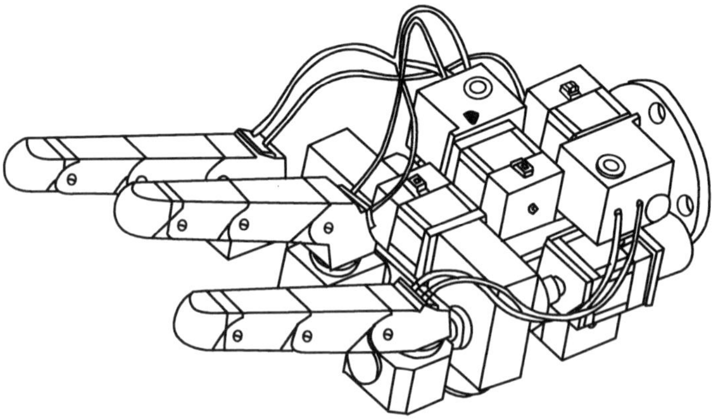

图 6-20 双拇指三指手

6.3.3 吸式执行器

吸式执行器是目前应用较多的一种执行器，特别是用于搬运机器人。该类执行器可分磁吸和气吸两类。

图 6-21 所示是一种很有特点的磁吸式手爪。它利用电磁力和袋装可变形磁粉,可以吸住具有任意表面形状的磁性物件。

图 6-22 所示是一种气吸式手爪。它的下端有一个橡胶吸盘,上面有弹簧缓冲压下装置,靠吸盘内腔的真空度吸住物件。形成真空的方法通常有两种:一种是靠真空泵,另一种是靠气流形成负压。前者工作可靠,吸盘结构简单,但成本较高;后者只需压力为 0.4 MPa 的普通工业气源,根据伯努利原理(文丘里管),在气流高速喷射时即可形成要求的负压,使吸盘吸住物体,因不需要专用真空泵,故成本较低,目前应用较广泛。

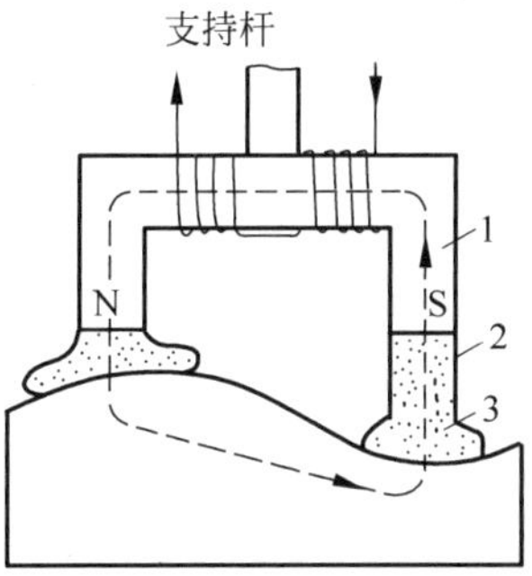

1—磁极;2—袋;3—磁性粉体。

图 6-21 磁吸式手爪

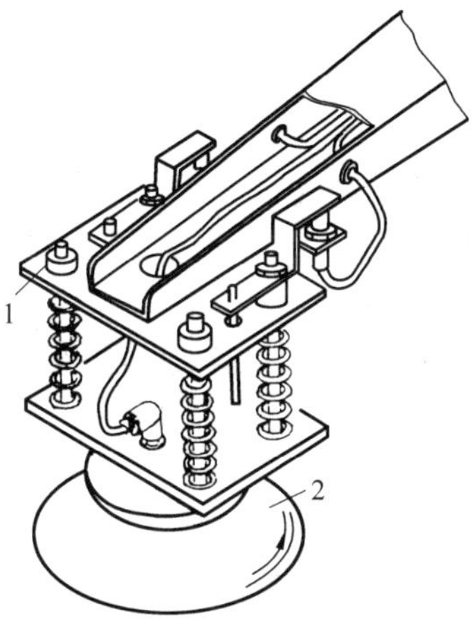

1—压下;2—吸盘。

图 6-22 气吸式手爪

习 题

6-1 画图说明机器人三自由度手腕常见的结构形式。

6-2 简述机器人末端执行器的功能,并说明常用的抓取物体的末端执行器有哪些?

6-3 设计一种抓取物体的夹爪,并绘制其机构原理图。

6-4 调研新结构夹爪的研究进展,如欠驱动夹爪、柔性夹爪等。

第 7 章

典型机器人设计实例

7.1 直角坐标型机器人设计实例

7.1.1 直角坐标型机器人概述

1. 概念及特点

工业应用中，直角坐标型机器人是一种能够实现自动控制的、可重复编程的、多功能的、多自由度的、运动自由度构成空间直角关系、多用途的机器人。它能够搬运物体、操作工具，用以完成各种作业。机器人的定义随着科技的不断发展在不断地完善，直角坐标型机器人作为机器人的一种，其含义也在不断地完善。图 7-1 所示为一款典型的直角坐标型机器人。

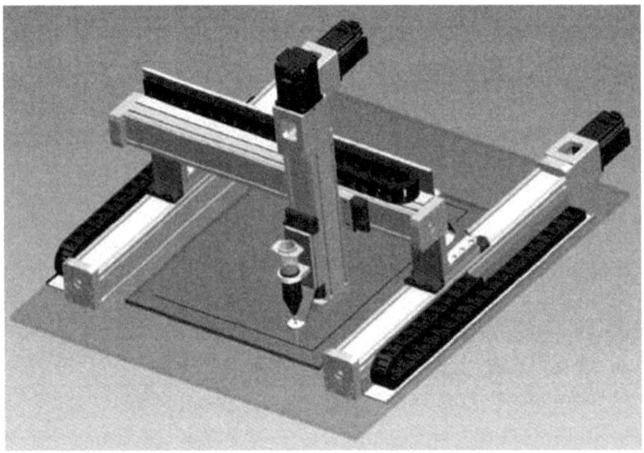

图 7-1 典型的直角坐标型机器人

直角坐标型机器人的特点：

(1) 适应范围广：可任意组合成各种结构风格、不同承载能力和行程的机器人。

(2) 超大行程：采用多个直线运动单元直连和齿轮齿条传动，可形成几十米的超大行程机器人。

(3) 负载能力强：多个直线运动单元和多个滑块结构的负载能力可增加到几吨。

(4) 高动态特性：理论上，最大运行速度可达 8 m/s，加速度可达 4 m/s^2。

(5) 高精度：重复定位精度可达 0.01～0.05 mm。

(6) 简单经济，寿命长：直角坐标型机器人的维护通常就是周期性加注润滑油，寿命一般是10年以上，维护良好寿命可达20年。

2. 直角坐标型机器人的应用及分类

因末端操作工具不同，直角坐标型机器人可以非常方便地用作各种自动化设备，完成如焊接、搬运、上/下料、包装、码垛、拆垛、检测、探伤、分类、装配、贴标、喷码、打码、(软仿型)喷涂、目标跟随、排爆等一系列工作。特别适用于多品种、变批量的柔性化作业，对于稳定提高产品质量、提高劳动生产率、改善劳动条件和产品的快速更新换代起着十分重要的作用。

直角坐标型机器人按用途可分为焊接机器人、码垛机器人、涂胶(点胶)机器人、检测(监测)机器人、分拣机器人、装配机器人、排爆机器人、医疗机器人、特种机器人等；按结构形式可分为壁挂(悬臂)机器人、龙门机器人、倒挂机器人等；按自由度可分为二坐标机器人、三坐标机器人、四坐标机器人、五坐标机器人、六坐标机器人。

3. 设计的基本步骤

1) 机器人设计的特点

(1) 机器人设计是一项复杂的工作，工作量很大，涉及的知识面很广，往往需要多人完成。

(2) 机器人设计是面向客户的设计，不是闭门造车。设计者需要经常和用户在一起探讨，不停分析用户要求，寻求解决方案。

(3) 机器人设计是面向加工的设计，再好的设计，如果工厂不能加工出产品，设计也是失败的，设计者需要掌握大量的加工工艺及加工手段。

(4) 机器人设计是一个不断完善的过程。

2) 机器人设计流程

每一台机器人都是根据特定要求设计的，设计的第一步就是将使用要求分析清楚，确定设计时需要考虑的参数，包括：

(1) 机器人的定位精度、重复定位精度。

(2) 机器人的负载大小、负载特性。

(3) 机器人运动的自由度数量及每个自由度的运动行程。

(4) 机器人的工作周期或运动速度、加减速特性。

(5) 机器人的运动轨迹、动作的关联。

(6) 机器人的工作环境、安装方式。

(7) 机器人的运行工作制、运行寿命。

(8) 其他特殊要求。

第二步：概念设计与方案设计。

(1) 根据使用要求，进行初步的概念构思，提出多种可能的设计方案。

(2) 对每个方案进行评估，考虑技术可行性、成本效益、维护便捷性等因素。

(3) 选择最优方案进行进一步细化。

第三步：详细设计。

(1) 进行机器人的结构设计，包括机械部件的选型与设计、材料的选择等。

(2) 设计电气系统，包括电动机、传感器、控制器等元器件的选型与布局。

(3) 设计软件系统，包括控制算法、运动规划、传感器数据处理等。

第四步：仿真与测试。

(1) 仿真软件模拟直角坐标型机器人的运动轨迹和动作流程，验证设计的正确性和稳定性。

(2) 检查其运动精度、负载能力、稳定性等关键指标是否满足设计要求。

7.1.2 结构布局设计

本节将系统地介绍直角坐标型机器人的结构设计过程，其中包括各零部件的形状及主要设计参数的选择。为了使读者更好地了解直角坐标型机器人的结构，以实际产品的设计过程为主线来安排本章的结构。

1. 质量

目前，直角坐标型机器人主要有两种结构形式：一种是门式直角坐标型机器人，另一种是悬臂式直角坐标型机器人，表 7-1 给出了它们各自的优、缺点。

表 7-1 两种机器人的性能对比

类　型	优　点	缺　点
门式直角坐标型机器人	可承受较大载荷，结构稳定	占据的空间大
悬臂式直角坐标型机器人	使用灵活方便，占据的空间小	具有悬臂梁结构，除安装在基础上的第一根轴外，其余各轴的行程不宜过长

鉴于此，选择了其中一种门式直角坐标型机器人进行结构设计。这里需要指出的是，两种结构还存在一个共同的缺点，就是一台机器人只能对应唯一的工作空间。

2. 直角坐标型机器人外形尺寸的确定

在设计之初，设计参数为 0.8 m×0.6 m×0.3 m，搬运工作质量为 1～2 kg。

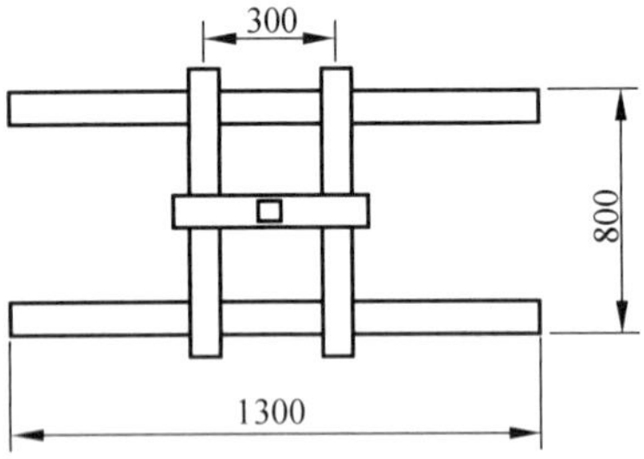

图 7-2 直角坐标型机器人的结构尺寸

根据以上设计要求初步估算各自由度部件的尺寸，如图 7-2 所示。

需要指出的是，第一自由度需要的行程为 800 mm，而设计的长度近 1.3 m。如果第一自由度的跨度较大，则需要第二自由度的跨度相应增大，以减小阻力矩的影响。所以第一自由度的跨度为 800 mm，第二自由度的跨度为 300 mm。经验表明，如果采用单边驱动方式，则相邻自由度的跨度之比应小于 3∶1。

7.1.3 坐标轴机构设计

1. 直角坐标型机器人传动、驱动方式的确定

1) 直角坐标型机器人传动方式的选择

直角坐标型机器人母体(即 3 个自由度部件)的传动方式大致有 4 种，分别是滚珠丝杠传动方式、齿轮齿条传动方式、同步带传动方式及液压传动方式。在设计中选择了滚珠丝杠传动方式与同步带传动方式，主要原因是滚珠丝杠具有精度高、摩擦阻力小等特点，而同步带具有传动平稳、结构紧凑、可靠性能好的特点。至于其他方式在第4章中已做了详细介绍，这里不重述了。

2）直角坐标型机器人驱动方式的选择

直角坐标型机器人的驱动系统是直接驱动各运动部件动作的机构，对于机器人的性能影响很大。如果没有有效的伺服驱动系统，无论机器人具有多高的智能和优越的传感器，也是无济于事的。

直角坐标型机器人的驱动方式有3种：液压、电动和气压。3种方式的比较见表7-2。

表7-2 3种驱动方式的特点比较

项 目	液 压	气 动	电 动
输出力	油液压力大，抓取质量可达100～800 kg	压力较小，抓取质量一般小于30 kg	可得到中小程度的输出力，抓取质量为1～200 kg
传动性能	传动平稳，无冲击，反应灵敏，最高速度可达2 m/s	可达较高的速度，但高速时冲击较大	动作速度低，最高为1 m/s
控制性能	可实现无级调速，达到较高的定位精度	低速时不易控制，定位精度低	步进、伺服电动机的定位精度较高
使用及维护	温度对介质影响大，间接影响工作性能，会有不同程度的漏油	适合在恶劣条件下工作，排气噪声大	使用及维护方便
体积	在同样输出力条件下体积小	压力小，体积大，输出力小	电动机本身体积小，减速装置体积大
寿命	润滑性能好，寿命长	空气无润滑性，寿命短	寿命较长
应用	适用于抓取质量较大的机械手，可实现连续轨迹控制	抓取质量不宜太大，但要求速度快	适用于程序复杂、运动要求严格的机器人

通过以上比较可以看出，液压驱动方式具有输出力大、速度快、易控制、定位精度高的优点，但是液压系统较为复杂，同时对环境要求高。随着步进、伺服电动机的发展，电动驱动逐渐体现出它的优点：动力源简单，维护使用方便，又便于与计算机对接，能实现精确控制。鉴于以上原因，选择了电伺服驱动的方式。对于门式直角坐标型机器人，采用单边驱动方式。

2. 传动部件、驱动部件的类型及主要参数的选择

1）传动部件参数的选择

由于选择了滚珠丝杠和同步带传动方式，应设计滚珠丝杠和同步带的主要参数。在计算之前，先估算各自由度的负载：第一自由度负载80 kg；第二自由度负载50 kg；第三自由度负载20 kg。

（1）第一自由度传动部件的选择。

第一自由度传动带所受到的力主要是摩擦力，由第一自由度的负载估算为80 kg，在这里估算所受力为60 N，要求带传动的最高速度为0.5 m/s，传送的功率估计为500 W，带轮转速100 r/min。

① 确定设计功率 P_d：

由《现代机械零部件设计手册》[83]中的表6.2-24查得 $K_A=1.5$，则有

$$P_d = K_A P = 1.5 \times 0.5\ \text{kW} = 0.75\ \text{kW} \tag{7-1}$$

② 选定带型和节距：

根据 $P_d = 0.75$ kW 和 $n_1 = 100$ r/min，由《现代机械零部件设计手册》[83]中的图 6.2-16 确定为 H 型带，节距 $P_b = 12.7$ mm。

③ 确定小带轮齿数 Z_1：

根据 H 型带和小带轮转速 n_1 由《现代机械零部件设计手册》[83]中的表 6.2-26 查得小带轮的最小齿数 $Z_{min} = 14$，这里取 $Z_1 = 18$。

④ 确定小带轮节圆直径：

$$d_1 = \frac{Z_1 p_b}{\pi} = \frac{18 \times 12.7}{\pi}\ \text{mm} = 72.77\ \text{mm}$$

由《现代机械零部件设计手册》[83]中的表 6.2-31 查得其外径为

$$d_{a1} = d_1 - 2\delta = 72.77 - 1.372\ \text{mm} = 71.398\ \text{mm}$$

在这里大带轮和小带轮相同，传动比为 1，因此大带轮的外径与小带轮相同，所以有 $d_2 = 72.77$ mm，$d_{a2} = 71.39$ mm。

⑤ 确定带速 v：

$$v = \frac{\pi d_1 n_1}{60 \times 1000} = \frac{\pi \times 72.77 \times 100}{60 \times 1000}\ \text{m/s} = 0.38\ \text{m/s} \tag{7-2}$$

⑥ 确定轴间距 a_0：

取 $a_0 = 1200$ mm。

⑦ 确定带长及齿数：

$$L_0 = 2a_0 + \frac{\pi}{2}(d_1 + d_2) + \frac{(d_1 - d_2)^2}{4a_0} = 2 \times 1200 + \frac{\pi}{2}(72.77 + 72.77)\ \text{mm}$$
$$= 2628.50\ \text{mm}$$

查得带长代号为 1100 的 H 型同步带，其节线长 $L_P = 2794$ mm，节线长上的齿数 $Z = 112$。

⑧ 确定实际轴间距 a：

$$a \approx a_0 + \frac{L_P - L_0}{2} = 1200 + \frac{2794 - 2628}{2}\ \text{mm} = 1283\ \text{mm}$$

⑨ 确定小带轮啮合齿数 Z_m：

$$Z_m = \text{ent}\left[\frac{Z_1}{2} - \frac{P_b Z_1}{2\pi^2 \times a}(Z_1 - Z_2)\right] = \text{ent}\left[\frac{18}{2}\right] = 9$$

⑩ 确定基本额定功率 P_0：

由参考文献[83]中的表 6.2-27 查得 $T_a = 2100.85$ N，$m = 0.448$ kg/m，则有

$$P_0 = \frac{(T_a - mv^2)v}{1000} = \frac{(2100.85 - 0.448 \times 0.38^2) \times 0.38}{1000}\ \text{kW} = 0.798\ \text{kW}$$

⑪ 计算带宽 b_s：

由参考文献[83]中的表 6.2-30 查得 H 型带 $b_{s0} = 76.2$，$Z_m = 9$，$K_z = 1$。

$$b_s = b_{s0}\sqrt[1.14]{\frac{P_d}{K_z P_0}} = 76.2 \times \sqrt[1.14]{\frac{0.75}{0.798 \times 1}}\ \text{mm} = 72.1\ \text{mm}$$

由参考文献[83]中的表 6.2-30 查得，应选带宽代号为 300 的 H 型带，其 $b_s =$

76.2 mm。

⑫ 确定带轮结构和尺寸：

传动选用的同步带型号为 1100H300；$Z_1=Z_2=18$，$d_1=d_2=72.77$ mm，$d_{a1}=d_{a2}=71.39$ mm。

(2) 第二自由度传动部件的选择。

为了简化设计步骤，第二自由度的负载小于第一自由度的负载，在这里估算所受力为 60 N，要求带传动的最高速度为 0.4 m/s，传送的功率为 400 W，带轮转速 100 r/min。

① 确定设计功率 P_d：

由参考文献[83]中的表 6.2-24 查得 $K_A=1.5$，$P_d=K_AP=1.5\times0.4$ kW$=0.6$ kW

② 选定带型和节距：

根据 $P_d=0.6$ kW 和 $n_1=100$ r/min，由参考文献[83]中的图 6.2-16 确定为 H 型带，节距 $P_b=12.7$ mm。

③ 确定小带轮齿数 Z_3：

根据带型 H 和小带轮转速 n_1 由参考文献[83]中的表 6.2-26 查得小带轮的最小齿数 $Z_{\min}=14$，这里取 $Z_3=16$。

④ 确定小带轮节圆直径 d_3：

$$d_3=\frac{Z_3P_b}{p_i}=\frac{16\times12.7}{p_i}\ \text{mm}=64.68\ \text{mm}$$

由参考文献[83]中的表 6.2-31 查得其外径

$$d_{a3}=d_3-2\delta=64.68-1.372\ \text{mm}=63.31\ \text{mm}$$

在这里大带轮和小带轮相同，传动比为 1。因此大带轮的外径与小带轮相同，有 $d_4=64.68$ mm，$d_{a4}=63.31$ mm。

⑤ 确定带速 v：

$$v=\frac{\pi d_3n_3}{60\times1000}=\frac{\pi\times64.68\times100}{60\times1000}\ \text{m/s}=0.34\ \text{m/s}$$

⑥ 初定轴间距 a_0：

取 $a_0=1200$ mm。

⑦ 确定带长及齿数：

$$L_0=2a_0+\frac{\pi}{2}(d_3+d_4)+\frac{(d_3-d_4)^2}{4a_0}=2\times1200+\frac{\pi}{2}(64.68+64.68)\ \text{mm}$$
$$=2603.10\ \text{mm}$$

由参考文献[83]中的表 6.2-30 查得带长代号为 840 的 H 型同步带，其节线长 $L_P=2133.6$ mm，节线长上的齿数 $Z=96$。

⑧ 确定实际轴间距 a：

$$a\approx a_0+\frac{L_P-L_0}{2}=1200+\frac{2133.6-2006.28}{2}\ \text{mm}=1263.66\ \text{mm}$$

⑨ 确定小带轮啮合齿数 Z_m：

$$Z_m=\text{ent}\left[\frac{Z_3}{2}-\frac{P_bZ_3}{2\pi^2\times a}(Z_3-Z_4)\right]=\text{ent}\left(\frac{16}{2}\right)=8$$

⑩ 确定基本额定功率 P_0：

由参考文献[83]中的表 6.2-27 查得 $T_a=2100.85$ N，$m=0.448$ kg/m

$$P_0=\frac{(T_a-mv^2)v}{1000}=\frac{(2100.85-0.448\times0.34^2)\times0.34}{1000}\text{ kW}=0.71\text{ kW}$$

⑪ 计算带宽 b_s：

由参考文献[83]中的表 6.2-30 查得 H 型带的 $b_{s0}=76.2$，$Z_m=9$，$K_z=1$

$$b_s=b_{s0}\sqrt[1.14]{\frac{P_d}{K_zP_0}}=76.2\times\sqrt[1.14]{\frac{0.6}{0.71\times1}}\text{ mm}=65.74\text{ mm}$$

由参考文献[83]中的表 6.2-30 查得，应选带宽代号为 300 的 H 型带，其 $b_s=76.2$ mm。

⑫ 确定带轮结构和尺寸：

传动选用的同步带型号为 840H300；$Z_3=Z_4=16$，$d_3=d_4=64.68$ mm，$d_{a3}=d_{a4}=63.31$ mm。

(3) 第三自由度传动部件的选择。

由于第三自由度为竖直方向，通过对传动部件的分析，不适合采用带传动，因此，采用丝杠传动，丝杠的轴向力为第三自由度负载的全部作用力，于是，丝杠的轴向载荷为 200 N。必要的条件为：丝杠载荷 $F_a=200$ N；电动机最大转速 $n=3000$ r/min；丝杠导程 $P_h=10$ mm；当量转速 $n_m=1500$ r/min(考虑在运动过程中，轴向载荷较小，电动机转速较高，这里简化取当量转速为 1500 r/min)；当量负载 $F_m=F_a=200$ N(根据运动中负载不变的原则)。

① 计算动负载：

$$C_{aj}=\frac{K_h}{K_nf_\Sigma}F_m \tag{7-3}$$

式中，K_h 为寿命系数，$K_h=\left(\frac{L_h}{500}\right)^{\frac{1}{3}}$；$K_n$ 为转速系数，$K_n=\left(\frac{33.3}{n}\right)^{\frac{1}{3}}$；$L_h$ 为要求寿命，$L_h=300\times16\times10$ h$=48\ 000$ h；f_Σ 为综合系数，$f_\Sigma=\frac{f_tf_hf_af_k}{f_w}$，查表 7-3 得 $f_t=1$，查表 7-4 得 $f_h=1$，查表 7-5 得 $f_a=0.8$，查表 7-6 得 $f_w=1.2$，查表 7-7 得 $f_k=1$。

表 7-3　温度系数 f_t

工作温度/℃	<100	125	150	175	200	225	250
$f_t=1$	1	0.95	0.90	0.85	0.80	0.75	0.70

表 7-4　硬度系数 f_h

硬度	58	55	52.5	50	47.5	45	40
f_h	1.0	1.11	1.35	1.56	1.92	2.4	3.85

表 7-5　精度系数 f_a

精度等级	1、2、3	4、5	7	10
f_a	1.0	0.9	0.8	0.7

表 7-6 负载性质系数 f_w

负荷性质	无冲击平稳运转	一般运动	有冲击和振动运转
f_w	1～1.2	1.2～1.5	1.5～2.5

表 7-7 可靠性系数 f_k

可靠度	90	95	96	97	98	99
f_k	1.00	0.62	0.53	0.44	0.33	0.21

经计算，得 $f_\Sigma=0.67$，因此得到 $C_{aj}=5300$ N。选用 NSK 公司标准型螺帽小导程丝杠，其型号为 W2507SS-1P-C5Z10，额定动载荷为 11.6 kN>5.3 kN，符合要求。

根据竖直方向的工作行程为 300 mm，选用标准螺杆长度为 500 mm 的滚珠丝杠副。

② 不发生共振临界转速校核：

$$n_c=302\mu_1^2\sqrt{\frac{EL}{mL^3}}\ \text{r/min} \tag{7-4}$$

式中，μ_1 为与螺杆端部有关系数，查参考文献[83]中的表 6.1-28，采用两端铰接，故取 $\mu_1=0.8$；E 为材料的拉、压弹性模量，钢的 $E=2.1\times10^{11}\ \text{N/m}^2$；$L$ 为临界转速计算长度，m，此处取 0.6 m；m 为丝杠的点质量，kg。

对于钢制丝杠，

$$n_c=12.3\times10^6\frac{\mu_1^2d_1}{L^2} \tag{7-5}$$

式中，d_1 为丝杠的直径，$d_1=20.05$ mm。

经计算得 $n_c=4.38\times10^5$ r/min，$n_c\gg n_{max}$，符合要求。

③ 临界压缩载荷校核。

不发生失稳的最大压缩载荷以 F_c 表示，采用欧拉公式计算。

$$F_c=\frac{f_1\pi^2EJ}{L_0^2}K_1\ \text{N} \tag{7-6}$$

式中，E、J 含义同上；L_0 为最大受压长度，m；f_1 为丝杠支承方式系数；E 为材料的拉、压弹性模量，钢的 $E=2.1\times10^{11}\ \text{N/m}^2$；$J$ 为丝杠轴最小截面惯性矩，m，$J=\frac{\pi}{64}d_2^4$；K_1 为安全系数，取 $K_1=\frac{1}{3}$；将 E、J、K_1、π 的值代入式(7-6)可得

$$F_c=3.4\times10^{10}\frac{f_1d_2^4}{L_0^2}\ \text{N} \tag{7-7}$$

其中，查表 7-8 得，$f_2=2.00$，由滚珠丝杠副参数可知，丝杠螺纹底径 $d_2=0.020\,05$ m，临界转速长度：$L_0=0.85$ m。

表 7-8 支撑方式系数

支撑方式	一端固定、一端自由	一端固定、一端游动	两端固定
f_1	0.25	2.00	4.00
f_2	1.875	3.927	4.730
适应范围	低速短轴垂直安装	中速、较高精度	高速、高精度、高刚度

经计算得 $F_c=30.5$ kN，$F_a<F_c$ 符合要求。

2）驱动部件的选择

（1）控制电动机概述。

随着自动控制系统和计算装置的发展，在普通旋转电动机的基础上衍生出多种具有特殊性能的小功率电动机，它们在自动控制系统和计算装置中分别作为执行元件、检测元件和解算元件，这种电动机统称为控制电动机。控制电动机与普通旋转电动机的基本工作原理没有本质上的区别，但普通旋转电动机着重于对启动和运行状态能力指标的要求，而控制电动机更专注于实现高精度的位置、扭矩控制和快速响应的特性。

控制电动机的输出功率一般较小，通常从数百毫瓦到数百瓦，系列产品的机壳外径一般为 12.5～130 mm，质量从数十克到数千克，这类电动机也称微电动机或微控电动机。在大功率的自动控制系统中，有些控制电动机的输出功率也可以达数十千瓦，机壳外径达数百毫米。

控制电动机已成为现代工业自动化系统及军事装备中必不可少的重要元件。它与一些典型环节进行适当组合，就可以构成不同用途的伺服系统和解算元件。

控制电动机的用途与分类见表 7-9。

由上述内容可知，第一、二自由度的电动机选用步进电动机，第三自由度选用伺服电动机。由第一自由度的受力及带轮的尺寸可知，所需转矩 $T=2.18$ N·m，在考虑振动、波动、过载等因素时，取电动机的驱动转矩为 $1.5T$，则选择永磁感应式步进电动机，其型号为 110BYG450A，步进角 1.8°，最大转矩 10.3 N·m。由于第二自由度的负载小于第一自由度负载，为了使设计简化，第二自由度采用同样型号的电动机。

表 7-9　电动机的分类与用途

电动机名称	用　　途
AC、DC 伺服电动机	堵转矩与信号电压成正比，转速随着转矩的增加而均匀下降。在系统中，通过齿轮带动负载，作为执行元件
步进电动机	定子上有多相绕组，由专门的电源供给电脉冲。角位移与接收的电脉冲数成正比，转速与每秒电脉冲数成正比。一般应用于开环系统；作为执行元件
力矩电动机	能长期在堵转矩状态下工作，低速运行时，能够产生足够大的转矩。系统中作为直接驱动负载的执行元件
电动机扩大机	用输入端较小的功率变化来控制输出端较大的功率变化。在系统中作为功率放大元件
低速电动机	无须齿轮减速，每分钟仅可转数十转。其转动惯量小，启动、停止快。通入交流电可低速旋转，通过脉冲可步进运转。在系统中可作为直接驱动负载的执行元件

第三自由度采用丝杠传动，所以轴向力即为负载的重力。驱动力主要由三部分组成，即外载荷产生的摩擦力矩 T_F、丝杠副预紧力摩擦力矩 T_0、惯性力矩 T_G。

① 外载荷产生的摩擦力矩 T_F：

$$T_F=\frac{F_a P_h}{2\pi\eta_0} \tag{7-8}$$

式中，F_a 为轴向载荷；P_h 为基本导程；η_0 为预紧时的传动效率，对 1、2、3 级精度丝杠副，取 0.9；4 级以下精度取 0.85。

② 丝杠副预紧力摩擦力矩 T_0：

$$T_0=\frac{F_{a0}P_h}{2\pi}\cdot\frac{1-\eta_0^2}{\eta_0} \tag{7-9}$$

式中，F_{a0} 为预加载荷。

③ 惯性力矩 T_G：

$$T_G=\frac{\pi n_m J_M}{30t_a} \tag{7-10}$$

式中，J_M 为折合到电动机轴上的总的转动惯量；n_m 为电动机当量转速；t_a 为加速时间。

折合转动惯量的计算式为

$$J_M=J_m+\sum J_i\left(\frac{\omega_i}{\omega_m}\right)^2+\sum m_i\left(\frac{v_j}{\omega_m}\right)^2$$

式中，J_m 为电动机转动惯量；J_i 为各转动件的转动惯量；ω_i 为各转动件的角速度；m_i 为各直线运动件的质量；v_j 为各直线运动件的速度。

通过以上计算可得，外载荷产生的摩擦力矩 $T_F=0.37\ \text{N}\cdot\text{m}$，丝杠副预紧力摩擦力矩 $T_0=0.04\ \text{N}\cdot\text{m}$，$F_{a0}=\frac{1}{3}F_a=68\ \text{N}$，第三自由度总负载估算为 20 kg，$t_a$ 的确定需要做轨迹规划。

(2) 直角坐标型机器人的轨迹规划。

由于直线导轨的运行距离较长，需做“抛物线—直线—抛物线”形式的轨迹规划。

由图 7-3 可知，加速度是不变的，则加速时间为最快速度与加速度之比。取加速度为 0.2 g，则加速时间为 0.255 s。于是得惯性转矩 $T_G=0.08\ \text{N}\cdot\text{m}$，驱动力矩 $T_M=T_G+T_0+T_F=0.37+0.04+0.08=0.49(\text{N}\cdot\text{m})$，再综合考虑其他因素的影响，取电动机的驱动力矩为 $1.5T_M$，选 AC 伺服电动机 60CB 系列，其型号为 60CB020C，功率为 200 W，转矩为 0.64 N·m。同时 PLS80 精密行星减速器的减速比 $i=3$。

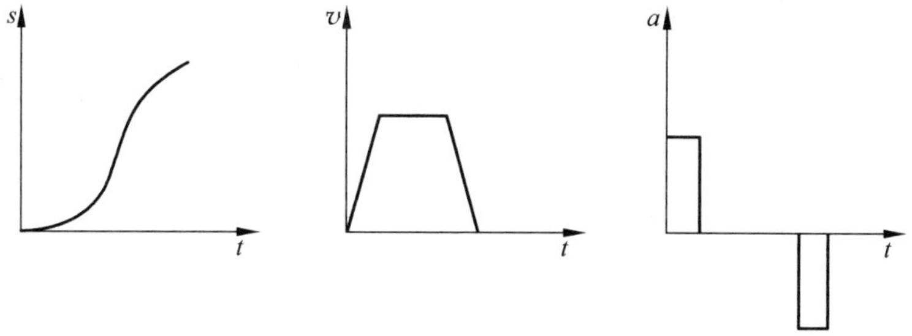

图 7-3　轨迹规划图

7.1.4　辅助装置设计

1. 直线导轨的选择原则

(1) 精度互不干涉原则。导轨的各项精度在制造和使用时互不影响才易得到较高的精度。例如，矩形导轨的直线性与侧面导轨的直线性在制造时互不影响；平-V 导轨的组合，上导轨(工作台)横向尺寸的变化不影响导轨的工作精度。

(2) 静、动摩擦系数相接近原则。例如,选用滚动导轨或塑料导轨,由于摩擦系数小且静、动摩擦系数相近,所以可获得较低的运动速度和很高的重复定位精度。

(3) 导轨能自动贴合的原则。要使导轨精度高,必须使相互结合的导轨有自动贴合的性能。对水平位置工作的导轨,可以靠工作台的自重来贴合;其他导轨靠附加的弹簧力或者滚轮的压力使其贴合。

(4) 移动导轨(如工作台)在移动过程中,始终全部接触的原则。该原则的意思是固定的导轨长,移动的导轨短。

(5) 对水平安置的导轨,以下导轨为基准,上导轨为弹性体的原则。长的固定不动的下导轨为刚性较强的刚体,可将其作为基准;而上导轨为具有变形能力的弹性体,可作为移动部件。

(6) 补偿力变形和热变形原则。例如,龙门式机床的横梁导轨将中间部位制成凸形,以补偿主轴箱(或刀架)移动到中间位置产生的弯曲变形。二自由度的受力主要是由径向压力引起的摩擦力,因此,选择凹形对称 V 形导轨,具有导向精度高,磨损后能自动补偿,易保存润滑油,高低速均可使用的特点。V 形导轨的尺寸为 $B=20$,$b=2$,$\alpha=90°$,第一、二自由度分别采用四根导轨,第三自由度采用两根微型直线导轨。

2. 滚动轴承的选择

在选择轴承时,首先要选择轴承类型,可以根据常用标准轴承的基本特点进行选择,同时在选择轴承时还要考虑以下主要因素:

1) 轴承的载荷

根据载荷的大小选择轴承类型时,由于滚子轴承中的主要元件间是线接触,宜用于承受较大载荷的场合,承载后变形也较小。而球轴承中则主要为点接触,宜用于承受较轻或中等载荷的场合,在载荷较小时,可优先选用球轴承。

根据载荷的方向选择轴承类型时,对于纯轴向载荷,一般选用推力轴承。较小的纯轴向载荷可选用推力轴承,较大的纯轴向载荷可选用推力滚子轴承,纯径向载荷一般选用深沟球轴承、圆柱滚子轴承或滚针轴承。在承受径向载荷的同时,还有不大的轴向载荷时,可选用深沟球轴承或接触角不大的角接触球轴承或圆锥滚子轴承;当轴向载荷较大时,可选用接触角较大的角接触球轴承或圆锥滚子轴承,或者选用向心轴承和推力轴承组合在一起的结构,分别承担径向载荷和轴向载荷。

2) 轴承的转速

在一般转速下,转速的高低对类型的选择不产生影响,只有在转速较高时,才会有比较显著的影响。

3) 轴承的调心性能

当轴的中心线与轴承座中心线不重合且有角度误差时,或因轴受力弯曲或倾斜时,会造成轴承的内外圈轴线发生偏斜。这时可采用有一定调心性能的调心轴承或带座外球面轴承。

4) 轴承的安装和拆卸

便于装拆,也是在选择轴承类型时应考虑的一个因素,在轴承座没有部分面而必须沿轴向安装和拆卸轴承部件时,应优先选择内外圈可分离的轴承(如 N0000、NA0000、30000 等)。

根据以上要求可知，由于在本传动中，第一、二自由度分别用带传动，其承受的轴向力较小，主要以承受径向力为主。因此，对于第一、二自由度选用深沟球轴承，为了设计简化而采用相同的型号；第三自由度主要以承受轴向载荷为主，所以采用两个角接触球轴承将对背安装。根据以上分析，选用的轴承型号为6205、7202AC。

3. 机器人拖链的选择

机器人采用科瑞斯品牌尼龙拖链，其主要参数为：内腔尺寸15 mm×30 mm，外腔尺寸20 mm×30 mm，弯曲半径28 mm，拖链的长度$L=1000$ mm。

7.2 关节型机器人设计实例

7.2.1 发那科LR-MATE-100iB机器人简介

LR-MATE-100iB是一款由发那科（FANUC）公司生产的工业机器人，如图7-4所示。作为FANUC LR-MATE系列的一员，LR-MATE-100iB旨在提供紧凑且高效的解决方案，适用于各种小型装配和加工任务。LR-MATE-100iB机器人因具备许多优异特点和功能，使其成为自动化领域中备受推崇的机器人之一。

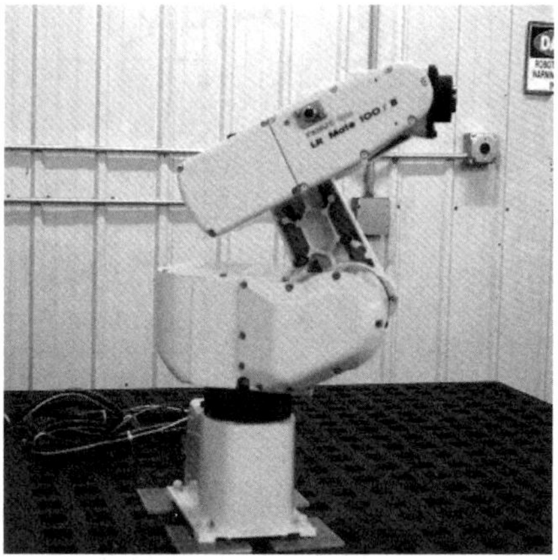

图7-4 发那科LR-MATE-100iB机器人

LR-MATE-100iB机器人拥有紧凑的设计和出色的负载能力。紧凑的设计使其能够在有限的工作空间中灵活移动和操作。它的尺寸小，重量轻，可以在狭窄和拥挤的环境中工作，这对于许多应用场景来说是非常重要的，特别是在电子制造、小型装配线和狭小工作站等场合。除此之外，LR-MATE-100iB机器人还具有出色的负载能力。尽管其尺寸紧凑，仍然能够处理相当大的工件和负载。具有3～4 kg的名义负载能力和5 kg的最大负载能力（有限尺寸内），使得它成为处理重型或大型零件的理想选择，为生产线的自动化提供了更大的灵活性和效率。同时，该机器人在手腕内部集成了六个末端工具输入接口，这使得其能够在多个方向上灵活运动，并便于连接和操作各种末端工具。

LR-MATE-100iB机器人采用先进的位置控制系统和重复性控制系统，能够实现精确的位置和运动控制。机器人具有±0.04 mm的重复定位精度和绝对编码器定位，能够确保高精度的操作。该机器人配备了FANUC的先进控制系统，以确保精准和平滑的运动，提高了工作效率和质量。综合这些性能特点，LR-MATE-100iB机器人能够在各种应用场景展现出卓越的表现。

在可靠性方面，LR-MATE-100iB机器人采用齿轮和谐波传动装置及密封设计，提高了可靠性并降低了维护成本。其密封轴承和传动装置设计能够在恶劣的工厂环境中稳定运行。不仅如此，机器人内部充分润滑，减少了各种零件的磨损，延长了机器人的使用寿命。

本节以 LR-MATE-100iB 机器人为例，主要介绍机器人设计过程中机器人的正运动学及机器人工作空间的相关计算过程，并结合 MATLAB 轨迹计算，实现在 Adams 软件中绘制五角星图形的基本操作。

7.2.2 机器人正运动学计算

首先根据机器人的尺寸和运动关系建立机器人的运动机构简图，并在此基础上建立 D-H 坐标系，利用得到的 D-H 参数表在 MATLAB 中建立一系列 D-H 矩阵，再根据正运动学将 D-H 矩阵相乘得到正运动学的齐次变换矩阵，从而完成正运动学的计算。

1. 机器人机构简图和 D-H 坐标系的建立

首先，根据机器人的尺寸示意图(见图 7-5)确定机器人转轴的运动和位置关系。

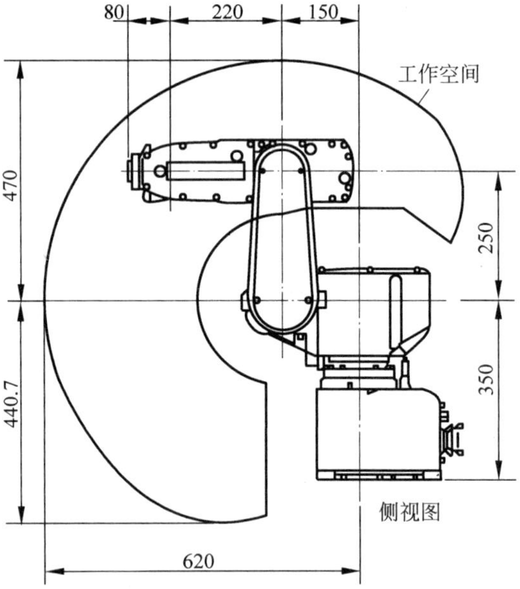

图 7-5 机器人尺寸示意图

利用 MATLAB 中的机器人工具箱建立机器人运动机构简图，如图 7-6 所示。

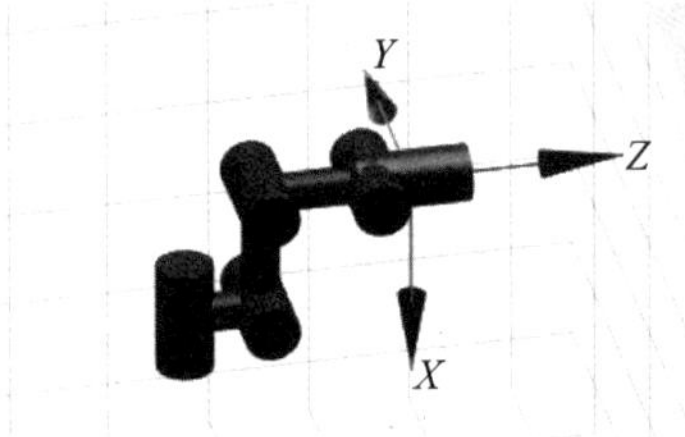

图 7-6 机器人运动机构简图

根据机器人的转轴的运动和位置关系，建立机器人的 D-H 坐标系，如图 7-7 所示。

根据已知尺寸参数，建立 D-H 参数表，见表 7-10。

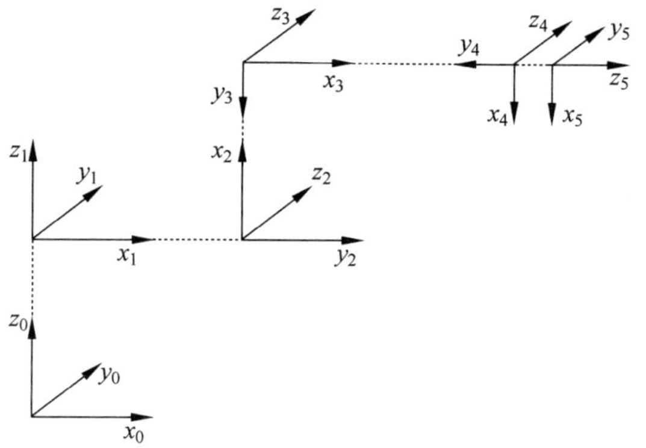

图 7-7 D-H 坐标系

表 7-10 发那科 LR-MATE-100iB 机器人的连杆参数

连杆 i	a_{i-1}/mm	α_{i-1}	d_i/mm	变量 θ_i
1	0	0	350	$\theta_1(0)$
2	150	90°	0	$\theta_2(-90°)$
3	250	0	0	$\theta_3(90°)$
4	220	0	0	$\theta_4(90°)$
5	0	90°	80	$\theta_5(0)$

2. MATLAB 运动学计算

在确定 D-H 坐标系和 D-H 参数表后，建立每两个关节之间的变换矩阵，通过矩阵相乘，得到正运动学的齐次变换矩阵，由坐标系变换链式法则，坐标系$\{i-1\}$到坐标系$\{i\}$的变换矩阵可以写成：

$$
\begin{aligned}
{}^{i-1}_{\ i}\boldsymbol{A} &= {}^{i-1}_{\ R}\boldsymbol{A}\,{}^{R}_{Q}\boldsymbol{A}\,{}^{Q}_{P}\boldsymbol{A}\,{}^{Q}_{i}\boldsymbol{A} \\
&= \mathrm{Rot}_{x_{i-1}}(\alpha_{i-1})\mathrm{Trans}_{x_{i-1}}(a_{i-1})\mathrm{Rot}_{z_i}(d_i) \\
&= \begin{bmatrix} \cos\theta_i & -\sin\theta_i & 0 & a_{i-1} \\ \sin\theta_i\cos\alpha_{i-1} & \cos\theta_i\cos\alpha_{i-1} & -\sin\alpha_{i-1} & -d_i\sin\alpha_{i-1} \\ \sin\theta_i\sin\alpha_{i-1} & \cos\theta_i\sin\alpha_{i-1} & \cos\alpha_{i-1} & d_i\cos\alpha_{i-1} \\ 0 & 0 & 0 & 1 \end{bmatrix}
\end{aligned}
$$

根据改进的 D-H 建模法变换矩阵公式及 D-H 参数表，可写出 5 个变换矩阵，计算出正运动学的齐次变换矩阵，对应的 MATLAB 代码如下：

```
function [T05] = zhengyundongxue(theta1, theta2, theta3, theta4, theta5)
%连杆偏移
d1 = 350;
d2 = 0;
d3 = 0;
d4 = 0;
d5 = 80;
%连杆长度
a1 = 0;
a2 = 150;
```

```
a3 = 250;
a4 = 220;
a5 = 0;
%连杆扭角
alpha1 = 0;
alpha2 = -pi/2;
alpha3 = 0;
alpha4 = 0;
alpha5 = pi/2;
MDH = [theta1  d1  a1  alpha1;
theta2-pi/2  d2  a2  alpha2;
theta3+pi/2  d3  a3  alpha3;
theta4+pi/2  d4  a4  alpha4;
theta5  d5  a5  alpha5];
```

$$T_{01}=\begin{bmatrix} \cos(MDH(1,1)) & -\sin(MDH(1,1)) & 0 & MDH(1,3) \\ \sin(MDH(1,1))\cos(MDH(1,4)) & \cos(MDH(1,1))\cos(MDH(1,4)) & -\sin(MDH(1,\ 4)) & -MDH(1,\ 2)\sin(MDH(1,4)) \\ \sin(MDH(1,1))\sin(MDH(1,4)) & \cos(MDH(1,1))\sin(MDH(1,4)) & \cos(MDH(1,4)) & MDH(1,2)\cos(MDH(1,4)) \\ 0 & 0 & 0 & 1 \end{bmatrix}$$

$$T_{12}=\begin{bmatrix} \cos(MDH(2,1)) & -\sin(MDH(2,1)) & 0 & MDH(2,3) \\ \sin(MDH(2,1))\cos(MDH(2,4)) & \cos(MDH(2.1))\cos(MDH(2.4)) & -\sin(MDH(2.4)) & -MDH(2.2)\sin(MDH(2,4)) \\ \sin(MDH(2,1))\sin(MDH(2,4)) & \cos(MDH(2,1))\sin(MDH(2,4)) & \cos(MDH(2,4)) & MDH(2,2)\cos(MDH(2,4)) \\ 0 & 0 & 0 & 1 \end{bmatrix}$$

$$T_{23}=\begin{bmatrix} \cos(MDH(3,1)) & -\sin(MDH(3,1)) & 0 & MDH(3,3) \\ \sin(MDH(3,1))\cos(MDH(3,4)) & \cos(MDH(3,1))\cos(MDH(3,4)) & -\sin(MDH(3,4)) & -MDH(3,2)si(MDH(3,4)) \\ \sin(MDH(3,1))\sin(MDH(3,4)) & \cos(MDH(3,1))\sin(MDH(3,4)) & \cos(MDH(3,4)) & MDH(3,2)\cos(MDH(3,4)) \\ 0 & 0 & 0 & 1 \end{bmatrix}$$

$$T_{34}=\begin{bmatrix} \cos(MDH(4,1)) & -\sin(MDH(4,1)) & 0 & MDH(4,3) \\ \sin(MDH(4,1))\cos(MDH(4,4)) & \cos(MDH(4,1))\cos(MDH(4,4)) & -\sin(MDH(4,4)) & -MDH(4,2)\sin(MDH(4,4)) \\ \sin(MDH(4,1))\sin(MDH(4,4)) & \cos(MDH(4,1))\sin(MDH(4,4)) & \cos(MDH(4,4)) & MDH(4,2)\cos(MDH(4,4)) \\ 0 & 0 & 0 & 1 \end{bmatrix}$$

$$T_{45}=\begin{bmatrix} \cos(MDH(5,1)) & -\sin(MDH(5,1)) & 0 & MDH(5,3) \\ \sin(MDH(5,1))\cos(MDH(5,4)) & \cos(MDH(5,1))\cos(MDH(5,4)) & -\sin(MDH(5,4)) & -MDH(5.2)\sin(MDH(5,4)) \\ \sin(MDH(5,1))\sin(MDH(5,4)) & \cos(MDH(5,1))\sin(MDH(5,4)) & \cos(MDH(5,4)) & MDH(5.2)\cos(MDH(5,4)) \\ 0 & 0 & 0 & 1 \end{bmatrix}$$

```
T05 = T01 * T12 * T23 * T34 * T45;
    end
```

3. 机器人工作空间计算

求解机器人工作空间的方法主要有图解法、解析法和数值法三种。**图解法**是指根据机器人的运动过程绘制机器人工作空间，该方法精确性较差且容易受到复杂结构的限制，主要用于设计初期做方案对比。**解析法**是根据机器人运动学约束关系，利用数学推导的方式得到机器人末端坐标系位姿关于各关节变量的数学解析表达式，这种方法虽然严谨，但是不具有直观性，并且对于关节数目较多的机器人求解过程较为烦琐。**数值法**是指按照特定的方法给定一定数目的关节变量值，运用运动学正解或逆解方程，求解这些关节变量对应的机器人末端坐标系位姿，典型的数值方法有网格法、蒙特卡罗(Monte-Carlo)法等。该方法虽然牺牲了一定的精度，但是计算效率高、易于图形化表达，是目前主要的工作空间求解方法。本节选择蒙特卡罗法对机器人工作空间进行求解，其本质是随机遍历的方法，令每个关节在其转动范围内生成一个随机的转动角度，再进行正运动学计算，从而生成一个个工作空间点，当其生成的点数足够多时，便可大致勾勒出工作空间的情况。

主要计算步骤为：

(1) 利用 MATLAB 中的机器人工具箱建立简易的机器人模型。

(2) 查询手册得到每个关节的转角范围，从而对模型各个关节的转动角度加以限制。

(3) 利用蒙特卡罗法生成 30 000 个随机工作点。

其对应的 MATLAB 代码如下：

```
% %% MOD-DH 参数
% %定义连杆的 D-H 参数
% %连杆偏移
d1 = 350;
d2 = 0;
d3 = 0;
d4 = 0;
d5 = 80;
%连杆长度
a1 = 0;
a2 = 150;
a3 = 250;
a4 = 220;
a5 = 0;
%连杆扭角
alpha1 = 0;
alpha2 = -pi/2;
alpha3 = 0;
alpha4 = 0;
alpha5 = pi/2;
%建立机器人模型
% theta d a alpha
L1=Link([0 d1 a1 alpha1 ],'modified');
L2=Link([-0.5 * pi d2 a2 alpha2 ],'modified');L2.offset=-pi/2; % theta2 有偏移角-pi/2
L3=Link([pi * 0.5 d3 a3 alpha3 ],'modified');L3.offset=pi/2; % theta3 有偏移角 pi/2
L4=Link([pi * 0.5 d4 a4 alpha4 ],'modified');L4.offset=pi/2;% theta4 有偏移角 pi/2
L5=Link([0 d5 a5 alpha5 ],'modified');

%限制关节转角范围
L1.qlim = [deg2rad(-160) deg2rad(160)];
L2.qlim = [deg2rad(-70) deg2rad(100)];
L3.qlim = [deg2rad(-90) deg2rad(5)];
L4.qlim = [deg2rad(-60) deg2rad(60)];
L5.qlim = [deg2rad(-200) deg2rad(200)];

%连接连杆,机器人取名为 FANUC
robot=SerialLink([L1 L2 L3 L4 L5],'name','FANUC');
q = [0 0 0 0 0];
robot.plot(q,'tilesize',100);
robot.plot([0 0 0 0 0]);            %展示机器人模型
robot.teach;
hold on;

N=30000;                            %随机次数
x=zeros;y=zeros;z=zeros;
for i = 1:N
%theta1=0;                          %观察截面
    theta1=-160/180 * pi+(160/180 * pi+160/180 * pi) * rand;        %关节 1 限制
    theta2=-70/180 * pi+(100/180 * pi+70/180 * pi) * rand;          %关节 2 限制
    theta3=-90/180 * pi+(5/180 * pi+90/180 * pi) * rand;            %关节 3 限制
    theta4=-60/180 * pi+(60/180 * pi+60/180 * pi) * rand;           %关节 4 限制
```

```
    theta5=-200/180 * pi+(200/180 * pi+200/180 * pi) * rand;                %关节 5 限制
    Tws=zhengyundongxue(theta1,theta2,theta3,theta4,theta5);
    x(i)=Tws(1,4);y(i)=Tws(2,4);z(i)=Tws(3,4);
end

plot3(x,y,z,'b.','MarkerSize',0.5)
hold on
xlabel('x 轴(millimeter)','color','k','fontsize',15);
ylabel('y 轴(millimeter)','color','k','fontsize',15);
zlabel('z 轴(millimeter)','color','k','fontsize',15);
```

运行结果如图 7-8、图 7-9 所示。

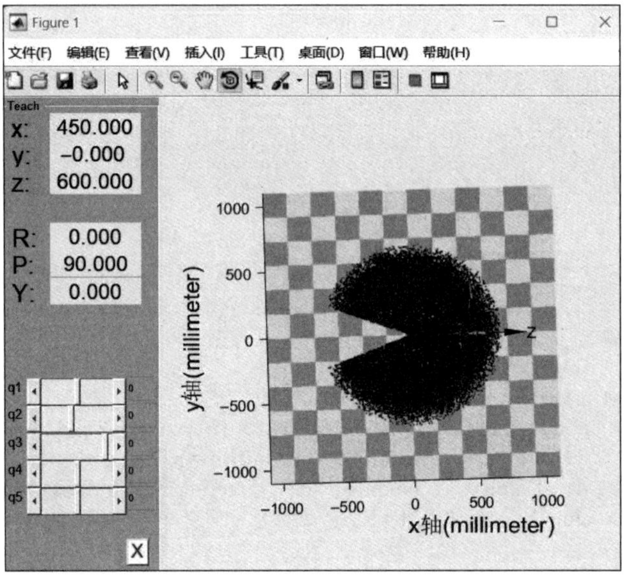

图 7-8 工作空间俯视图

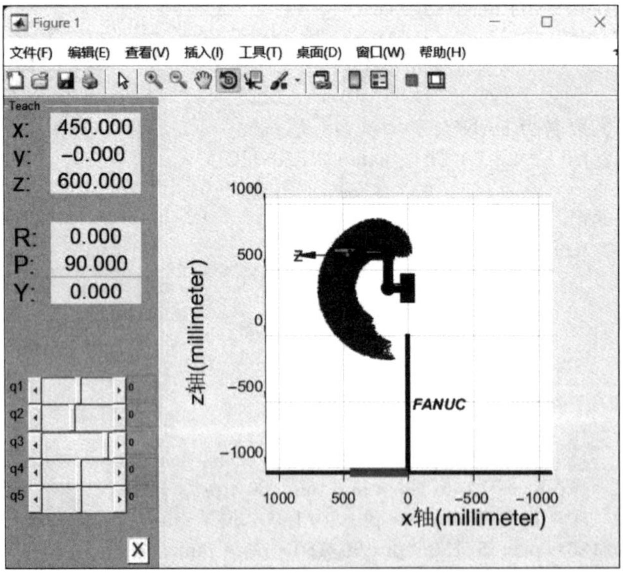

图 7-9 机器人工作空间截面图

7.2.3 机器人动力学分析

1. 动力学理论计算

采用牛顿-欧拉法进行动力学分析，首先从连杆 1～5 递推计算各连杆的速度和加速度，再由牛顿-欧拉公式计算每个连杆的惯性力和力矩，最后从连杆 5 递推计算各连杆内部相互作用的力和力矩。

1）递推计算各连杆速度和加速度

外推计算各连杆速度和加速度，再由牛顿-欧拉公式计算每个连杆质心的惯性力和力矩，由于均为旋转关节，故有

$$^{i+1}w_{i+1} = {}^{i+1}_{i}T\,{}^{i}w_i + \dot{\theta}_{i+1}\,{}^{i+1}Z_{i+1}$$

$$^{i+1}\dot{w}_{i+1} = {}^{i+1}_{i}T\,{}^{i}\dot{w}_i + {}^{i+1}_{i}T\,{}^{i}w_i \times \dot{\theta}_{i+1}\,{}^{i+1}Z_{i+1} + \ddot{\theta}_{i+1}\,{}^{i+1}Z_{i+1}$$

$$^{i+1}\dot{v}_{i+1} = {}^{i+1}_{i}T[{}^{i}\dot{v}_i + {}^{i}w_i \times {}^{i}P_{i+1} + {}^{i}w_i \times ({}^{i}w_i \times {}^{i}P_{i+1})]$$

$$^{i+1}\dot{v}_{C_i+1} = {}^{i+1}\dot{v}_{i+1} + {}^{i+1}\dot{w}_{i+1} \times {}^{i+1}P_{C_i+1} + {}^{i+1}w_{i+1} \times ({}^{i+1}w_{i+1} \times {}^{i+1}P_{C_i+1})$$

$$^{i+1}f_{C_i+1} = m_{i+1}\,{}^{i+1}\dot{v}_{C_i+1}$$

$$^{i+1}n_{C_i+1} = {}^{C_i+1}I_{i+1}\,{}^{i+1}\dot{w}_{i+1} + {}^{i+1}w_{i+1} \times ({}^{C_i+1}I_{i+1}\,{}^{i+1}w_{i+1})$$

2）向内的推力和力矩

$$^{i}\boldsymbol{f}_i = {}^{i+1}_{i}\boldsymbol{T}\,{}^{i+1}\boldsymbol{f}_{i+1} + {}^{i}\boldsymbol{f}_{C_i}$$

$$^{i}n_i = {}^{i+1}_{i}T\,{}^{i+1}n_{i+1} + {}^{i}n_{C_i} + {}^{i}P_{C_i} \times {}^{i}f_{C_i} + {}^{i}P_{i+1} \times {}^{i+1}_{i}T\,{}^{i+1}f_{i+1}$$

$$\tau_i = {}^{i}n_i^{T}\,{}^{i}Z_i$$

3）已知条件

（1）基座静止：

$$w_0 = 0, \quad \dot{w} = 0$$

（2）重力作用：

$$\dot{v}_0 = gY_0$$

（3）假设末端执行器的作用力：

$$f_6 = 0, \quad n_6 = 0$$

（4）假设连杆的质量都集中在连杆末端，则 ${}^{C_i}I_i = 0$，${}^{i}P_{C_i}$-连杆 i 的质心在 $\{i\}$ 坐标系下的矢径；${}^{i}P_{i+1}$-连杆 $i+1$ 的质心在 $\{i+1\}$ 坐标系下的矢径。

（5）变换矩阵：

$$^{1}_{0}\boldsymbol{T} = \begin{bmatrix} \cos\theta_1 & -\sin\theta_1 & 0 & 0 \\ \sin\theta_1 & \cos\theta_1 & 0 & 0 \\ 0 & 0 & 1 & 350 \\ 0 & 0 & 0 & 1 \end{bmatrix}$$

$$^{2}_{1}\boldsymbol{T} = \begin{bmatrix} \cos(\theta_2 - \pi/2) & -\sin(\theta_2 - \pi/2) & 0 & 150 \\ 0 & 0 & 1 & 0 \\ -\sin(\theta_2 - \pi/2) & -\cos(\theta_2 - \pi/2) & 0 & 0 \\ 0 & 0 & 0 & 1 \end{bmatrix}$$

$$
{}_2^3\boldsymbol{T}=\begin{bmatrix}\cos(\theta_3+\pi/2) & -\sin(\theta_3+\pi/2) & 0 & 250\\ \sin(\theta_3+\pi/2) & \cos(\theta_3+\pi/2) & 0 & 0\\ 0 & 0 & 1 & 0\\ 0 & 0 & 0 & 1\end{bmatrix}
$$

$$
{}_3^4\boldsymbol{T}=\begin{bmatrix}\cos(\theta_4+\pi/2) & -\sin(\theta_4+\pi/2) & 0 & 220\\ \sin(\theta_4+\pi/2) & \cos(\theta_4+\pi/2) & 0 & 0\\ 0 & 0 & 1 & 0\\ 0 & 0 & 0 & 1\end{bmatrix}
$$

$$
{}_4^5\boldsymbol{T}=\begin{bmatrix}\cos\theta_5 & -\sin\theta_5 & 0 & 0\\ 0 & 0 & -1 & -80\\ \sin\theta_5 & \cos\theta_5 & 0 & 0\\ 0 & 0 & 0 & 1\end{bmatrix}
$$

4）根据已知条件代入相关数据进行外推

(1）连杆 1：

$$
{}^1w_1=\dot{\theta}_1{}^1Z_1 \quad {}^1\dot{w}_1=\ddot{\theta}_1{}^1Z_1
$$

$$
{}^1v_1={}_0^1T^0\dot{v}_0 \quad {}^1\dot{v}_{C_1}={}^1\dot{v}_1+{}^1\dot{w}_1\times{}^1P_{C_1}+{}^1w_1\times({}^1w_1\times{}^1P_{C_1})
$$

所以有

$$
{}^1f_{C_1}=m_1{}^1\dot{v}_{C_1},\quad {}^1n_{C_1}=0
$$

(2）连杆 2：

$$
{}^2w_2={}_1^2T^1w_1+\dot{\theta}_2{}^2Z_2
$$

$$
{}^2\dot{w}_2={}_1^2T^1\dot{w}_1+{}_1^2T^1w_1\times\dot{\theta}_2{}^2Z_2+\ddot{\theta}_2{}^2Z_2
$$

$$
{}^2\dot{v}_2={}_1^2T[{}^1\dot{v}_1+{}^1w_1\times{}^1P_2+{}^1w_1\times({}^1w_1\times{}^1P_2)]
$$

$$
{}^2\dot{v}_{C_2}={}^2\dot{v}_2+{}^2\dot{w}_2\times{}^2P_{C_2}+{}^2w_2\times({}^2w_2\times{}^2P_{C_2})
$$

所以有

$$
{}^2f_{C_2}=m_2{}^2\dot{v}_{C_2},\quad {}^2n_{C_2}=0
$$

以此类推,可以求得

$$
{}^1f_{C_1}\sim{}^5f_{C_5},\quad {}^1n_{C_1}\sim{}^5n_{C_5}
$$

5）根据已知条件代入相关数据进行内推

(1）连杆 5：

$$
f_6=0,\quad n_6=0
$$

$$
{}^5f_5={}^5f_{C_5},\quad {}^5n_5={}^5P_{C_5}\times{}^5f_{C_5},\quad \tau_{C_5}={}^5\boldsymbol{n}_5^{\mathrm{T}}{}^5Z_5
$$

(2）连杆 4：

$$
{}^4\boldsymbol{f}_4={}_4^5\boldsymbol{T}^5\boldsymbol{f}_5+{}^4\boldsymbol{f}_{C_4}
$$

$$
{}^4n_4={}_4^5T^5n_5+{}^4n_{C_4}+{}^4P_{C_4}\times{}^4f_{C_4}+{}^4P_5\times{}_4^5T^5f_5
$$

所以有

$$
\tau_4={}^4\boldsymbol{n}_4^{\mathrm{T}}Z_4
$$

以此类推，可以求得

$$ {}^1f_1 \sim {}^5f_5, \quad {}^1n_1 \sim {}^5n_5 $$

同时也可以算出驱动力 $\tau_1 \sim \tau_5$。

综上所述，可以求出以关节位置、速度和加速度为变量的关节驱动力 $\tau_1 \sim \tau_5$ 的表达式。

2. Adams 动力学仿真

进行动力学仿真的前期准备工作需要先将三维模型文件导出为“x_t”格式再导入 Adams 中，然后给模型的各个部件添加约束和驱动。添加完驱动后的模型如图 7-10 所示。

设定合适的仿真时间和步长进行仿真。仿真结束后进入“Adams Postprocessor”中选择要观测的对象，即可得到对应关节的速度、加速度、力和力矩、功率在仿真过程中随时间变化的曲线。

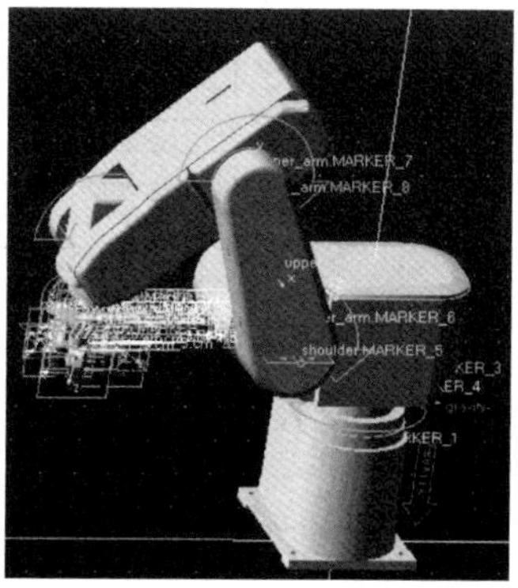

图 7-10 添加约束与驱动后的模型

根据 Adams 动力学仿真，得到了关节 1～5 的力矩曲线图(见图 7-11)，以及驱动的功率曲线图(见图 7-12)。

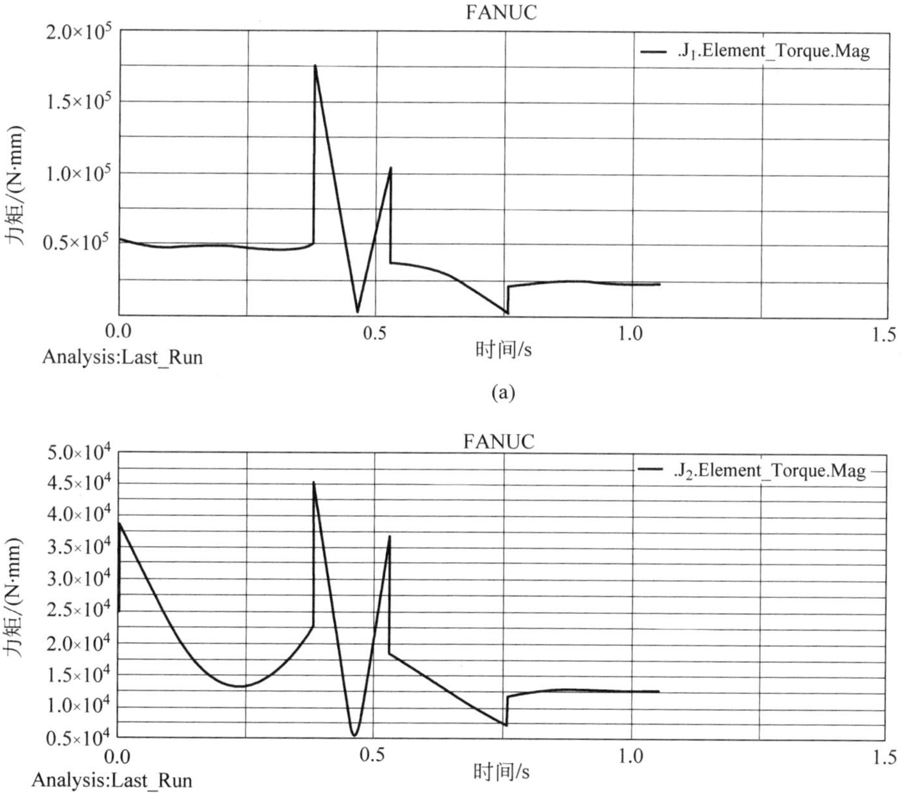

(a)

(b)

图 7-11 关节 1～5 的力矩变化曲线

(a) 关节 1 的力矩曲线图；(b) 关节 2 的力矩曲线图；(c) 关节 3 的力矩曲线图；(d) 关节 4 的力矩曲线图；(e) 关节 5 的力矩曲线图

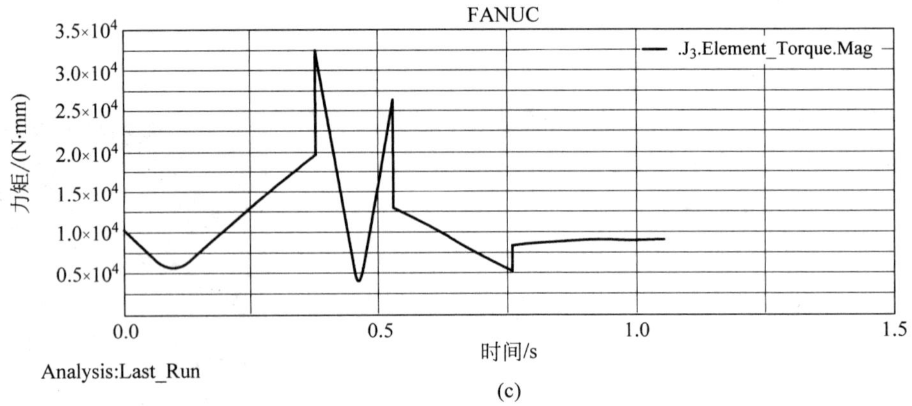

(c)

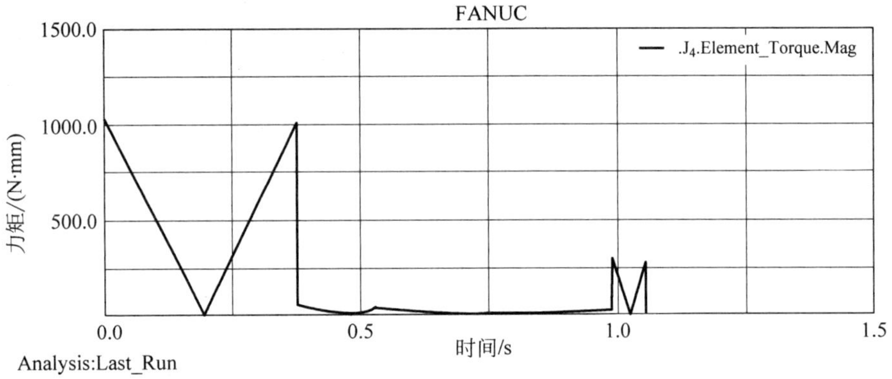

(d)

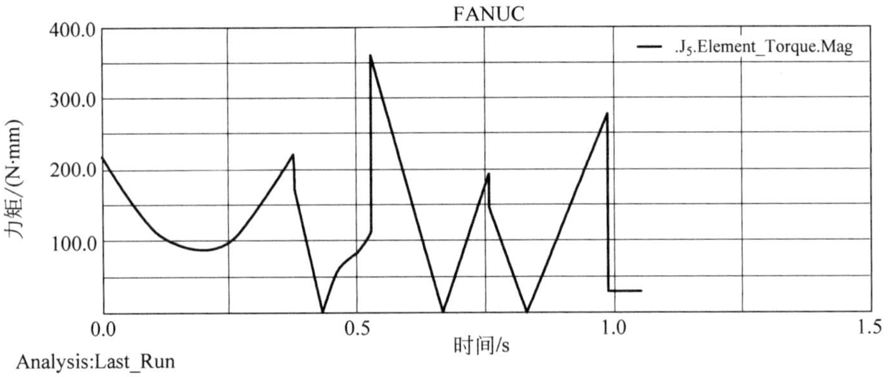

(e)

图 7-11 （续）

3. 电动机选型

根据驱动的关节功率曲线图 7-12，选择汇川伺服电动机中的 MS1H1-20B30CB-A331Z 与 MS1H1-10B30CB-A330Z 两种型号，根据电动机规格，如图 7-13、图 7-14 所示，$J_1 \sim J_3$ 轴用前者，$J_4 \sim J_5$ 用后者。

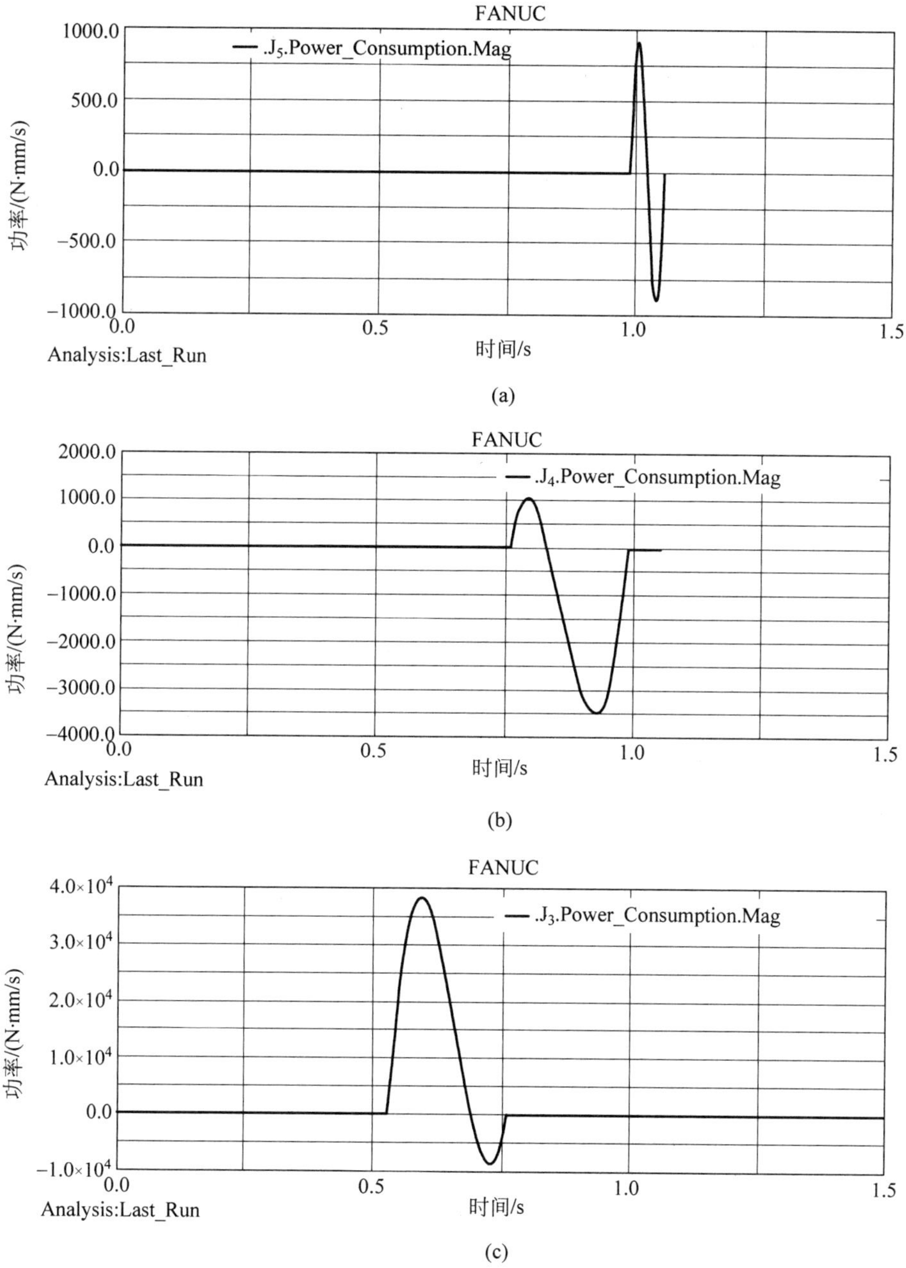

图 7-12　驱动的功率曲线图

(a) 关节 5 的功率曲线图；(b) 关节 4 的功率曲线图；(c) 关节 3 的功率曲线图；
(d) 关节 2 的功率曲线图；(e) 关节 1 的功率曲线图

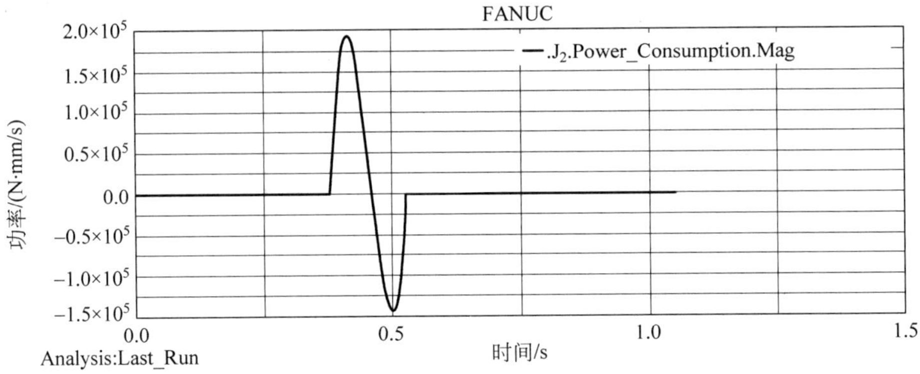

(d)

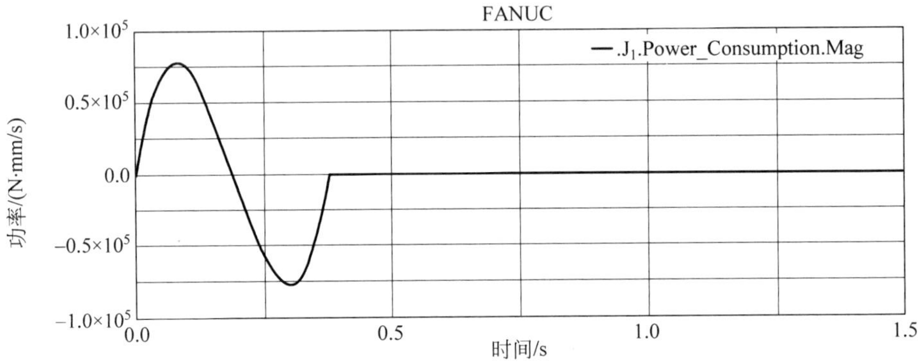

(e)

图 7-12 （续）

型号	轴	额定功率/kW	额定扭矩/(N · m)
MS1H1-20B30CB-A331Z	J_1	0.2	0.64
MS1H1-20B30CB-A331Z	J_2	0.2	0.64
MS1H1-20B30CB-A331Z	J_3	0.2	0.64
MS1H1-10B30CB-A330Z	J_4	0.1	0.32
MS1H1-10B30CB-A330Z	J_5	0.1	0.32

图 7-13 关节 1～5 的电动机型号

伺服MS1电动机规格

电动机规格-自然冷

型号	额定输出 /(kW)[1]	额定转矩 /(N·m)	瞬时最大转矩 /(N·m)	额定电流 /(Arms)	瞬时最大电流/(Arms)	额定转速 /(r/min)	最高转速 /(r/min)	转矩参数 /(N·m/Arms)	转子转动惯量 /(10^{-4}kg·m²)	电压 /V
MS1H1(Vn=3000rpm，Vmax=6000rpm)系列额定值规格										
MS1H1-05B30CB-A330Z(-S)	0.05	0.16	0.56	1.3	4.7	3000	6000	0.15	0.026	220
MS1H1-05B30CB-A332Z(-S)									(0.028)	
MS1H1-10B30CB-A330Z(-S)	0.1	0.32	1.12	1.3	4.7			0.26	0.041	
MS1H1-10B30CB-A332Z(-S)									(0.043)	
MS1H1-20B30CB-A331Z(-S)	0.2	0.64	2.24	1.5	5.8			0.46	0.207	
MS1H1-20B30CB-A334Z(-S)									(0.220)	
MS1H1-40B30CB-A331Z(-S)	0.4	1.27	4.46	2.8	10.1			0.53	0.376	
MS1H1-40B30CB-A334Z(-S)									(0.390)	
MS1H1-55B30CB-A331Z(-S)	0.55	1.75	6.13	3.8	15.0			0.49	1.06	
MS1H1-75B30CB-A331Z(-S)	0.75	2.39	8.36	4.8	16.9			0.58	1.38	
MS1H1-75B30CB-A334Z(-S)									(1.43)	
MS1H1-10C30CB-A331Z(-S)	1.0	3.18	11.1	7.6	28.0			0.46	1.75	

图 7-14　电动机相关参数

7.2.4　关键零部件校核

1. 齿轮校核

J_4 轴的结构如图 7-15 所示，对 J_4 轴三级齿轮减速装置中的第一级齿轮进行校核。

已知电动机末端的小齿轮齿数 $Z_1=18$，传递功率 $P_1=0.1$ kW，大齿轮齿数 $Z_2=78$，小齿轮转速 $n_1=3000$ r/min，小齿轮直径 $d_1=26$ mm，大齿轮直径 $d_2=112$ mm。若按两班制，每班 8 小时，该电动机工作寿命为 8 年(每年按 260 个工作日计)。

1）齿轮材料和热处理、准确度等级

考虑到一级小齿轮与输入轴为一体结构且转速快，大、小齿轮材料均选用 38CrMoAIA 合金结构钢，调质后氮化，齿面硬度 255～321HBS，7 级精度，软齿面。

2）确定许用应力

按小齿轮齿面硬度 255～321HBS，即均值 288HBS，查得小齿轮接触疲劳极限 $\sigma_{\mathrm{Hlim1}}=750$ MPa，弯曲疲劳极限 $\sigma_{\mathrm{Flim1}}=615$ MPa。

同理，查得大齿轮接触疲劳极限 $\sigma_{\mathrm{Hlim2}}=750$ MPa，弯曲疲劳极限 $\sigma_{\mathrm{Flim2}}=615$ MPa；

$$N_2=\frac{N_1}{u}=1.38\times10^9$$

方便计算，查表得

接触寿命系数：$Z_{N1}=1$，$Z_{N2}=1$；

弯曲寿命系数：$Y_{N1}=1$，$Y_{N2}=1$；

取安全系数：$S_{\mathrm{Hmin}}=1$，$S_{\mathrm{Fmin}}=1.25$

故可以求得

$$[\sigma_{\mathrm{H1}}]=\frac{\sigma_{\mathrm{Hlim1}}}{S_{\mathrm{H}}}Z_{N1}=750\ \mathrm{MPa}$$

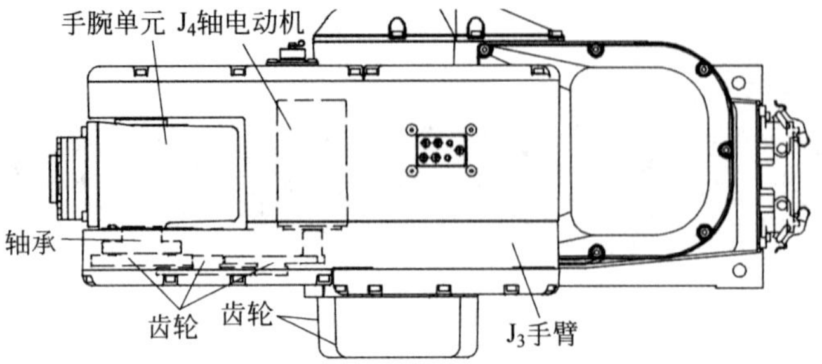

(a)

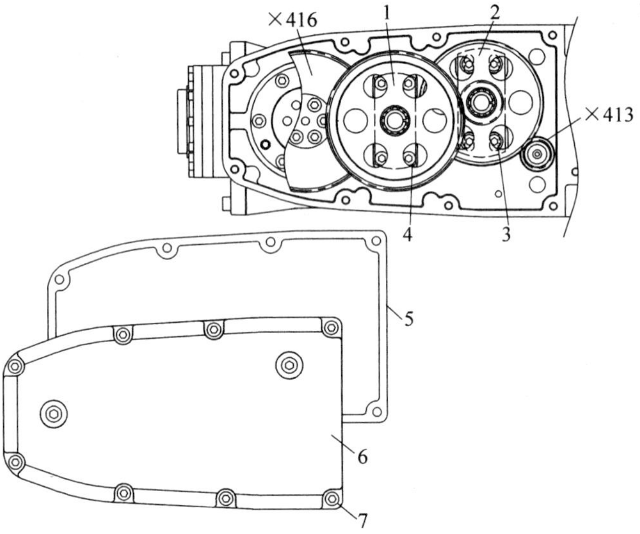

(b)

1—齿轮w_3；2—齿轮w_2；3—密封罩；4,7—螺栓；5—箱体；6—顶盖。

图 7-15 J_4 驱动关节

(a) J_4 关节俯视图；(b) J_4 关节主视图

$$[\sigma_{H2}]=\frac{\sigma_{Hlim2}}{S_H}Z_{N2}=750\ \text{MPa}$$

$$[\sigma_{F1}]=\frac{\sigma_{Flim1}}{S_F}Y_{N1}=492\ \text{MPa}$$

$$[\sigma_{F2}]=\frac{\sigma_{Flim2}}{S_F}Y_{N2}=492\ \text{MPa}$$

3）接触疲劳强度校核

$$\sigma_H=\sqrt{\frac{KT_1}{\Phi_d d_1^3}\times\frac{u+1}{u}}Z_H Z_E$$

查表取载荷系数 $K=1.5$，弹性系数 $Z_E=189.8$。

由表 7.14 查得额定转矩 $T_1=3.18\ \text{N}\cdot\text{m}$。

取标准齿轮 $Z_H=2.5$，软齿面取 $\Phi_d=1$。

代入数据得

$$\sigma_{H1}=\sqrt{\frac{1.5\times1000}{26^3}\times\frac{4.3+1}{4.3}}\times2.5\times189.8=502.4\leqslant[\sigma_{H1}]$$

符合要求，显然 σ_{H2} 也符合要求。

4）弯曲疲劳强度校核

$\sigma_H=\dfrac{2KT_1}{\Phi_d Z_1^2 m^3}Y_{F1}$ 由 $Z_1=18$，$Z_2=78$，查表得 $Y_{F1}=4.45>Y_{F2}$。

代入数据得

$$\sigma_{F1}=\frac{2\times1.5\times3.18\times1000}{18^2\times1.44^3}\times4.45=43.92\ \text{MPa}<[\sigma_{F1}]$$

符合要求，显然 σ_{F2} 也符合要求。

2. 螺栓校核

对 J_3 齿轮箱部分的螺栓进行校核。

对图 7-16 中序号为 1 的 8 个螺栓进行校核。

已知螺栓直径 $d=5$ mm，长度为 35 mm，所受扭矩 $T=5.6\ \text{N}\cdot\text{m}$，旋转力矩将使螺栓杆受到剪切并与被连接件的孔壁互相挤压。设在 T 作用下，每个螺栓受到的工作剪力为 F_S，假设每个螺栓至回转中心的距离 r 相等，均为 $r=30$ mm。则每个螺栓所受剪力

$$F_S=\frac{T}{nr}=\frac{5.6\times1000}{8\times30}\ \text{N}=23.3\ \text{N}$$

假设螺栓材料为 35 钢，强度级别为 5.6 级，则 $\sigma_S=300$ MPa。

取安全系数 $S=4$，则 $[\tau]=\dfrac{\sigma_S}{S}=\dfrac{300}{4}\ \text{MPa}=75\ \text{MPa}$

抗剪面数目 $m=1$，故有

$$\tau=\frac{4F_S}{\pi d^2 m}=\frac{4\times23.3}{\pi\times5^2}<[\tau]$$

可以看到，螺栓强度符合要求。

3. 轴承校核

对图 7-16 中序号为 16 的轴承进行校核。

经拆装可知，该轴承为角接触轴承，型号为 7209AC，测量内径 $d=45$ mm，外径 $D=85$ mm，宽度 $B=19$ mm。

轴承基本额定动载荷 $C_r=36.8$ kN，额定静载荷 $C_{0r}=27.2$ kN，轴承采用正装，要求寿命为 72 000 h。

当 $\dfrac{F_a}{F_r}\leqslant0.68$ 时，$P_r=F_r$；

当 $\dfrac{F_a}{F_r}>0.68$ 时，$P_r=F_r+0.87F_a$；

根据 Adams 动力学仿真，可得轴水平和垂直面的支反力，则可以计算得到合成支反力，即

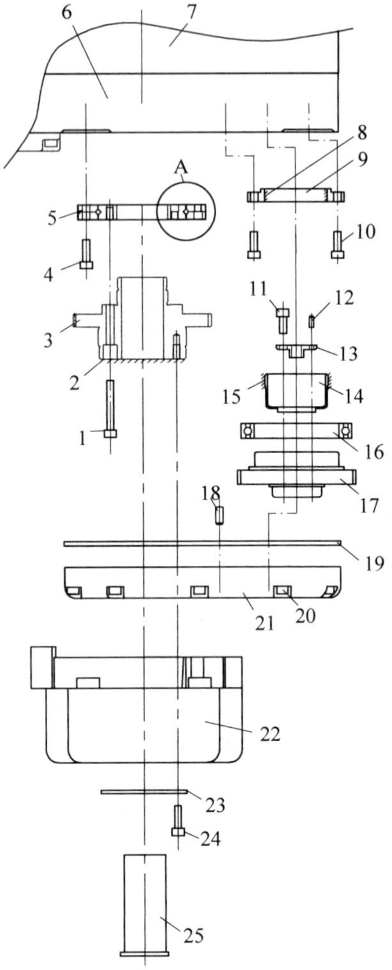

1,4,10,11,20,24—螺栓；2—LT518；3—齿轮S2；5—交叉滚子轴承；6—J_3臂；7—外壳；8,15—SK3；9—圆形花键；12,18—销钉；13—法兰；14—柔性花键；16—轴承；17—齿轮S1；19—齿轮箱密封圈；21—齿轮箱盖；22—J_2臂；23—垫圈板；25—J_3轴。

图 7-16　J_3 驱动关节组成

$$F_R=\sqrt{F_{RB}^2+F_{RB}'^2}=\sqrt{319.23^2+169.28^2}\ \text{N}=361.34\ \text{N}$$

$$F_R'=\sqrt{F_{RA}^2+F_{RA}'^2}=\sqrt{1033.53^2+336.61^2}\ \text{N}=1086.96\ \text{N}$$

$$F_{d1}=0.68F_R=245.71\ \text{N}$$

$$F_{d2}=0.68F_R'=739.13\ \text{N}$$

轴向力 $F_{ae}=319.26\ \text{N}$。

由计算可知，轴承 1 被“压紧”，轴承 2 被“放松”，则有

$$F_{a1}=F_{ae}+F_{d2}=1058.39\ \text{N}$$

$$F_{a2}=F_{d2}=739.13\ \text{N}$$

$\dfrac{F_{a1}}{F_R}=\dfrac{1058.39}{361.34}=2.93>\dfrac{F_{a2}}{F_R}=\dfrac{739.13}{1086.96}=0.68$，得 $X_1=0.41, Y_1=0.87, X_2=1, Y_2=0$。

查表可知 $f_t=1, f_p=1.5$

$$P_{r1}=X_1F_R+Y_1F_{a1}=0.41\times361.34+0.87\times1058.39\ \text{N}=1068.95\ \text{N}$$

$$P_{r2}=X_2F'_R+Y_2F_{a2}=1\times1086.96+0\times739.13\ \text{N}=1086.96\ \text{N}$$

将两轴承的当量动载荷较大值代入轴承寿命计算公式，有

$$L_h=\frac{10^6}{60n}\left(\frac{f_tC_r}{f_pP_r}\right)^3=199\ 621\ \text{h}>72\ 000\ \text{h}$$

由此可知，该轴承的工作寿命满足设计需求。

4. 键校核

对谐波减速器中的花键进行校核：

$$\sigma_P=\frac{2T}{\Psi zhld_m}\leqslant[\sigma_P] \tag{7-11}$$

式中，T 为花键连接传递的扭矩，N·mm；Ψ 为载荷在键齿上的分配不均匀系数，通常 $\Psi=0.7\sim0.8$；z 为键齿数；h 为齿的工作高度，mm；l 为齿的工作长度，mm；d_m 为平均直径，mm；对于渐开线花键，有 $d_m=d$，$h=m$（模数）。

查表可得$[\sigma_P]=100$ MPa。

代入数据得 $\sigma_P<[\sigma_P]$，故符合设计要求。

参考文献

[1] 马香峰,余达太,许纪倩,等.工业机器人的操作机设计[M].北京：冶金工业出版社,1996.

[2] 熊有伦.机器人技术基础[M].武汉：华中科技大学出版社,1996.

[3] 蔡自兴.机器人学基础[M].北京：机械工业出版社,2009.

[4] 付京逊,冈萨雷斯,李.机器人学：控制·传感技术·视觉·智能[M].杨静宇,李德昌,李根深,等译.北京：中国科学技术出版社,1989.

[5] 马香峰.机器人机构学[M].北京：机械工业出版社,1991.

[6] 于靖军,刘辛军,丁希仑,等.机器人机构学的数学基础[M].北京：机械工业出版社,2008.

[7] 克雷格.机器人学导论(原书第4版)[M].负超,王伟,译.北京：机械工业出版社,2018.

[8] 西西利亚诺,哈提卜.机器人手册[M].《机器人手册》翻译委员会,译.北京：机械工业出版社,2013.

[9] ANGELES J. Fundamentals of robotic mechanical systems: theory, methods, and algorithms[M]. 3rd ed. New York: Springer, 2007.

[10] SARCINELLI-FILHO M, CARELLI R. Control of ground and aerial robots[M]. cham Springer Nature.

[11] BARRETO J P, ARAUJO H. Geometric properties of central catadioptric line images and their application in calibration[J]. IEEE Transactions on Pattern Analysis and Machine Intelligence, 2005, 27(8): 1327-1333.

[12] 张立勋,王克义,徐生林.绳索牵引康复机器人控制及仿真研究[J].智能系统学报,2008,3(1):51-56.

[13] 张奇志,周亚丽.机器人学简明教程[M].西安：西安电子科技大学出版社,2013.

[14] 张炜.环境智能化与机器人技术的发展[J].机器人技术与应用,2008(2):13-16.

[15] 谈自忠.机器人学与自动化的未来发展趋势[J].中国科学院院刊,2015,30(6):772-774.

[16] 王飞跃.机器人的未来发展：从工业自动化到知识自动化[J].科技导报,2015,33(21):39-44.

[17] 中国成为机器人产业发展重要推动力[EB/OL].(2022-08-29)[2024-05-08]. http://paper.chinahightech.com/pad/content/202208/29/content_128427.html.

[18] 王田苗,陶永.我国工业机器人技术现状与产业化发展战略[J].机械工程学报,2014,50(9):1-13.

[19] SILVER D, HUANG A, MADDISON C J, et al. Mastering the game of Go with deep neural networks and tree search[J]. Nature, 2016, 529(7587): 484-489.

[20] 蔡自兴.机器人学[M].2版.北京：清华大学出版社,2009.

[21] HALPERIN D, KAVRAKI L E, SOLOVEY K. Robotics[M]//GOODMAN J E, O'ROURKE, TÓTH C D. Handbook of discrete and computational geometry. 3rd ed. Boca Raton, CRC Press, 2017: 1343-1376.

[22] 肖英.机器人操作机末杆位姿图的几何解[J].工程图学学报,1990(1):65-70.

[23] GRUVER W A, SOROKA B I, CRAIG J J, et al. Industrial robot programming languages: A comparative evaluation. IEEE Transcations on Systems, Man and Cybernetics, 1984, 14(4): 565-570.

[24] QUINTANA J J, FERRER M A, DIAZ M, et al. Uniform vs. Lognormal kinematics in robots: perceptual preferences for robotic movements[J]. Applied Sciences, 2022, 12(23): 12045.

[25] SCHIEHLEN W O. Computer generation of equations of motion[M]//HAUG E J. Computer aided analysis and optimization of mechanical system dynamics. Berlin: Springer-Verlag, 1984: 183-215.

[26] JIN J F, GANS N. Parameter identification for industrial robots with a fast and robust trajectory design approach[J]. Robotics and Computer-Integrated Manufacturing, 2015, 31: 21-29.

[27] ROTH B, RASTEGAR J, SCHEINMAN V, et al. On the design of computer controlled manipulators

[C]//On Theory and Practice of Robots and Manipulators. Berlin: Springer-Verlag,1974: 93-113.

[28] ROTH B. Performance evaluation of manipulators from a kinematic viewpoint[J]. NBS Special Publication,1976,459: 39-62.

[29] BILLARD A,KRAGIC D. Trends and challenges in robot manipulation[J]. Science, 2019, 364 (6446): eaat8414.

[30] SHERIDAN T B. Human-robot interaction: status and challenges[J]. Human factors,2016,58(4): 525-532.

[31] TSAI L W, MORGAN A P. Solving the kinematics of the most general six-and five-degree-of-freedom manipulators by continuation methods[J]. Journal of Mechanial Design, 1985, 107(2): 189-200.

[32] DAVIDSON J K, HUNT K H, PENNOCK G R. Robots and screw theory: applications of kinematics and statics to robotics[J]. Joural of Mechanical Design,2004,126(4): 763-764.

[33] LEE C S G,ZIEGLER M. Geometric approach in solving inverse kinematics of PUMA robots[J]. IEEE Transactions on Aerospace and Electronic Systems,1984,20(6): 695-706.

[34] TAYLOR R H. Planning and execution of straight line manipulator trajectories[J]. IBM Journal of Research and Development,1979,23(4): 424-436.

[35] BROOKS R A. Solving the find-path problem by good representation of free space[J]. IEEE Transactions on Systems,Man and Cybernetics,1983,13(2): 190-197.

[36] KHATIB O. Real-time obstacle avoidance for manipulators and mobile robots[J] International Journal of Robotics Research,1986,5(1): 500-505.

[37] MORAVEC H P. Obstacle avoidance and navigation in the real world by a seeing robot rover[D]. Palo Alto: Stanford University,1980.

[38] BARRAQUAND J,KAVRAKI L, LATOMBE J C, et al. A random sampling scheme for path planning[J]. The International Journal of Robotics Reasearch,1997,16(6): 759-774.

[39] KAVRAKI L E,SVESTKA P,LATOMBE J C,et al. Probabilistic roadmaps for path planning in high-dimensional configuration spaces[J]. IEEE Transactions on Robotics and Automation, 1996, 12(4): 566-580.

[40] BARRAQUAND J,LATOMBE J C. Robot motion planning: A distributed representation approach [J]. The International Journal of Robotics Research,1991,10(6): 628-649.

[41] LIN C,CHANG P,LUH J. Formulation and optimization of cubic polynomial joint trajectories for industrial robots[J]. IEEE Transactions on Automatic Control,1983,28(12): 1066-1074.

[42] CHETTIBI T. Synthesis of dynamic motions for robotic manipulators with geometric path constraints[J]. Mechatronics,2006,16(9): 547-563.

[43] BOBROW J E,DUBOWSKY S,GIBSON J S. Time-optimal control of robotic manipulators along specified paths[J]. The International Journal of Robotics Research,1985,4(3): 3-17.

[44] MENDOZA-ARAYA P,MUNOZ C J,COTOS N J,et al. Lab-scale TCR-based SVC systems for educational and DG application[J]. IEEE Transactions on Power Systems: A Publication of the Power Engineering Society,2011,26(1): 3-11.

[45] 霍伟. 机器人动力学与控制[M]. 北京: 高等教育出版社,2005.

[46] 摩雷,李泽湘,萨思特里. 机器人操作的数学导论[M]. 徐卫良,钱瑞明,译. 北京: 机械工业出版社,1998.

[47] LUH J Y S, WALKER M W, PAUL R P C. On-line computational scheme for mechanical manipulators[J]. Journal of Dynamic Systems,Measurement,and Control,1980,102(2): 69-76.

[48] FEATHERSTONE R. Rigid body dynamics algorithms[M]. New York: Springer,2008.

[49] MONTERO E,RIFF M C, NCVEU B. A beginner's guide to tuning methods[J]. Applied Soft

Computing,2014,17: 39-51.

[50] RODRIGUEZ G,JAIN A,KREUTE-DELGADO K. A spatial operator algebra for manipulator modeling and control[J]. The International Journal of Robotics Research,1991,10(5): 123-130.

[51] JAIN R K,MAJUMDER S,DUTTA A. SCARA based peg-in-hole assembly using compliant IPMC micro gripper[J]. Robotics and Autonomous Systems,2013,61(3): 297-311.

[52] DE SCHUTTER J,VAN BRUSSEL H. Compliant robot motion II. A control approach based on external control loops[J]. The International Journal of Robotics Research,1988,7(4): 18-33.

[53] KUCUK S,BINGUL Z. Robot kinematics: forward and inverse kinematics[M]//CUBERO S. Industrial robotics theory,modelling and control. Heidelberg: Pro Literatur Verlag,2006: 117-148.

[54] 张鑫,温显斌,孟庆霞. 基于颜色特征的图像检索方法研究[J]. 计算机科学,2012,39(11): 243-245,260.

[55] 王慧锋,战桂礼,罗晓明. 基于数学形态学的边缘检测算法研究及应用[J]. 计算机工程与应用,2009,45(9): 223-226.

[56] SELIG J M. Geometrical methods in robotics[M]. 2nd ed. New York: Springer,2013.

[57] BARRETO J P,ARAUJO H. Geometric properties of central catadioptric line images and their application in calibration[J]. IEEE Transactions on Pattern Analysis and Machine Intelligence,2005,27(8): 1327-1333.

[58] GARDNER R J. Geometric tomography[M]. Cambridge: Cambridge University Press,1995.

[59] BELOT G. Geometric possibility[M]. Oxford: Oxford University Press,2011.

[60] BAY H,ESS A,TUYTELAARS T,et al. Speeded-up robust features (SURF)[J]. Computer Vision and Image Understanding,2008,110(3): 346-359.

[61] BICCHI A,MARIGO A,PICCOLI B. On the reachability of quantized control systems[J]. IEEE Transactions on Automatic Control,2002,47(4): 546-563.

[62] BORGES G A,ALDON M J. Line extraction in 2D range images for mobile robotics[J]. Journal of intelligent and Robotic Systems,2004,40(3): 267-297.

[63] GARCIA E,JIMÉNEZ M A,SANTOS P G D,et al. The evolution of robotics research[J]. IEEE Robotics & Automation Magazine,2007,14(1): 90-103.

[64] BREAZEAL C,DAUTENHAHN K,KANDA T. Social robotics[M]//SICILIANO B,KHATIB O. Springer handbooks of robits. 2nd ed. Berlin: Springer-Verlag,2016: 1935-1972.

[65] SICILIANO B,KHATIB O. Springer handbook of robotics[M]. 2nd ed. Berlin: Springer-Verlag,2016.

[66] BOSSE M,NEWMAN P,LEONARD J,et al. Simultaneous localization and map building in large-scale cyclic environments using the atlas framework[J]. The International Journal of Robotics Research,2004,23(12): 1113-1139.

[67] BRUCE J,BALCH T,VELOSO M. Fast and inexpensive color image segmentation for interactive robots[C]//Proceedings of 2000 IEEE/RSJ International Conference on Intelligent Robots and Systems (IROS 2000). Takamatsu,Japan: IEEE,2000: 2061-2066.

[68] BURGARD W,CREMERS A B,Fox D,et al. Experiences with an interactive museum tour-guide robot[J]. Artificial Intelligence,1999,114(1/2): 3-55.

[69] CENSI A,CARPIN S. HSM3D: feature-less global 6DOF scan-matching in the hough/radon domain[C]//Proceedings of the 2009 IEEE International Conference on Robotics and Automation. Piscataway,NJ: IEEE,2009: 3899-3906.

[70] COLLINS S,RUINA A,TEDRAKE R,et al. Efficient bipedal robots based on passive-dynamic walkers[J]. Science,2005,307(5712): 1082-1085.

[71] CORKE P,STRELOW D,SINGH S. Omnidirectional visual odometry for a planetary rover[C]//

Proceedings of the 2004 IEEE/RSJ International Conference on Intelligent Robots and Systems (IROS 2004). Piscataway, NJ: IEEE, 2004: 4007-4012.

[72] DUDEK G, JENKIN M. Inertial sensing, GPS and odometry[M]//Siciliano B, Khatib O, eds. Springer Handbooks. Cham: Springer International Publishing, 2016: 737-752.

[73] KIM S B, BAZIN J C, LEE H K, et al. Ground vehicle navigation in harsh urban conditions by integrating inertial navigation system, global positioning system, odometer and vision data[J]. IET Radar, Sonar & Navigation, 2011, 5(8): 814-823.

[74] DIANKOV R, KANADE T, KUFFNER J. Integrating grasp planning and visual feedback for reliable manipulation[C]//Proceedings of the 2009 9th IEEE-RAS International Conference on Humanoid Robots. Piscataway, NJ: IEEE, 2009: 646-652.

[75] MCNAUGHTON M. Parallel algorithms for real-time motion planning[D]. Pittsburgh: Carnegie Mellon University, 2011.

[76] BURGARD W, BROCK O, STACHNISS C. A tree parameterization for efficiently computing maximum likelihood maps using gradient descent[C]//Robotics: Science and Systems III. Cambridge, MA: MIT Press, 2008: 65-72.

[77] KLEIN G, MURRAY D. Parallel tracking and mapping for small AR workspaces[C]//Proceedings of the 2007 6th IEEE and ACM International Symposium on Mixed and Augmented Reality. Piscataway, NJ: IEEE, 2007: 225-234.

[78] YANG S X, MENG M. An efficient neural network approach to dynamic robot motion planning[J]. Neural Networks, 2000, 13(2): 143-148.

[79] KLEIN G, VELLENGA E, FRAAIJE M W, et al. The possible role of matrix metalloproteinase (MMP)-2 and MMP-9 in cancer, e. g. acute leukemia[J]. Critical Reviews in Oncology/Hematology, 2004, 50(2): 87-100.

[80] LOWE D G. Distinctive image features from scale-invariant keypoints[J]. International Journal of Computer Vision, 2004, 60(2): 91-110.

[81] MAIMONE M, CHENG Y, MATTHIES L. Two years of visual odometry on the Mars exploration rovers[J]. Journal of Field Robotics, 2007, 24(3): 169-186.

[82] MASOUD A A. Kinodynamic motion planning[J]. IEEE Robotics & Automation Magazine, 2010, 17(1): 85-99.

[83] 于惠力，冯新敏. 现代机械零部件设计手册[M]. 北京：机械工业出版社，2013.